개정판 선박 재료학

양현수 저

철강공업을 비롯하여 조선공업, 자동차, 항공, 농기계 등 이들이 기계공업의 기초를 이루고 있음은 두말 할 것도 없는 것이다. 이 책은 선박 및 조선 즉 기계공업분야에 종사하는 산업체 기술자는 물론 조선, 자동차, 기계계열 학생들에게 꼭 알아 두어야한다고 생각되는 선박재료 및 기계재료 전반에 걸친 것을 총망라하였다.

훌륭한 조선설계 및 기계설계, 공작기술이 있어도 재료에 대하여 이해하지 못한다면 신뢰도와 안전율이 낮으면 쓸모가 없게 된다. 재료의 내마모가 낮아지거나 경년변화가 있으면 고성능의 유지가 불가능하기 때문이다.

따라서 본 책은 선박에 입문하는 분들이 단시간에 그 개요를 파악해야 할 모든 이에게 가장 적절한 교과서 또는 참고서가 될 것으로 믿는다. 뿐만 아니라 미리 선박 및 기계공학 전반의 내용을 알고자 하는 공학도에게는 안내서로서 또는 관련 기계계통에서 종사하는 현장기술자에게도 선박 및 기계공학의 입문 및 참고지침서로써 적절하리라 믿어 의심치 않는 바이다. 광범위한 기계공학의 내용을 한정된 지면에 축소하여 기술한 만큼 잘 이해할 수 있었으면 하는 바람이다. 마지막으로 조선산업기사 시험을 대비하기 위하여 뒷장에 재료역학과 유체기계를 첨부하여 기초적으로 꼭 알아야 하는 부분을 기술하였고 또한 문제와 문제풀이도 삽입하였다. 그러므로 학생들은 물론 산업체에 종사하는 분들에게도 보탬이 되었으면 합니다.

본 책으로 선박과 기계공학을 마스터할 수는 없다. 그러므로 보다 깊은 내용의 것은 전공도서를 참고하기 바란다.

끝으로 본 책이 조선 및 기계공업 발전에 다소나마 기여할 수 있기를 기원하면서 뜻하지 않은 오류가 있으면 독자 여러분들의 기탄없는 질책과 조언을 받아 수정해 나갈 것을 약속드리며 출간을 위해 수고해 주신 기한재 여러분께 감사드립니다.

저자

Chapter 1 기계재료의 개요_9

Chapter 2 기계재료의 성질_13

2-1 금속의 성질 ········· 13
2-2 금속의 물리적 성질 ········· 13
2-3 금속의 기계적 성질 ········· 15
2-4 기계적 성질의 시험 방법 ········· 17
2-5 화학적 성질 ········· 37
2-6 비파괴 검사(nondestructive inspection) ········· 38

Chapter 3 상의 변화와 평형상태도_53

3-1 합금의 성분과 농도 표시 방법 ········· 53
3-2 열 분석(thermal analysis) ········· 57
3-3 합금의 평형상태도 ········· 58
3-4 금속의 조직 ········· 73

Chapter 4 철강의 재료_79

4-1 철과 강의 제조 방법 ········· 79
4-2 탄소강(carbon steel) ········· 90

Chapter 5 철강의 열처리_107

5-1 강철의 표준조직 ········· 107
5-2 열처리 조직 ········· 108
5-3 열처리의 종류 ········· 110
5-4 강철의 표면경화(surface hardening) ········· 116

Chapter 6 특수강(합금강)_127

6-1 특수강의 분류와 합금원소의 영향 ······ 127
6-2 구조용 특수강 ······ 128
6-3 공구용 특수강 ······ 131
6-4 내부식 및 내열 특수강 ······ 133
6-5 특수 목적 특수강 ······ 135

Chapter 7 주철_139

7-1 주철의 개요 ······ 139
7-2 주철의 조직 ······ 140
7-3 주철의 기계적 성질 ······ 145
7-4 주철의 종류 ······ 146

Chapter 8 비철금속 및 그 합금_153

8-1 알루미늄 및 그 합금 ······ 153
8-2 구리 및 그 합금 ······ 160
8-3 니켈과 니켈 합금 ······ 167
8-4 베어링 합금 ······ 168

Chapter 9 합성수지_171

9-1 합성수지의 개요 ······ 171
9-2 합성수지의 분류 ······ 171

Chapter 10 신소재_177

10-1 파인 세라믹(fine ceramic) ······ 177
10-2 형상기억 합금(shape memory alloy) ······ 177
10-3 초전도 합금(super conductivity alloy) ······ 178

Chapter 11 복합재료_181

11-1 복합재료의 개요 ··· 181
11-2 복합재료의 종류 ··· 181
11-3 복합재료의 용도 ··· 182

Chapter 12 재료역학_189

12-1 응력 및 변형률 ··· 189
12-2 응력(stress) ··· 192
12-3 변형률(變形率) ··· 194
12-4 후크의 법칙과 복합 원리 ··· 197
12-5 허용 응려과 안전계수 ··· 199
12-6 탄성계수 ··· 199
12-7 열응력 ··· 201
12-8 충격 응력 ··· 202
12-9 응력 집중 ··· 203
12-10 보(beam) ··· 204

Chapter 13 유체기계_231

13-1 유체기계의 정의 ··· 231
13-2 유체기계의 분류 ··· 231
13-3 펌프(pump) ··· 233
13-4 축류 펌프(Axial Flow Pump) ··· 251
13-5 왕복 펌프 ··· 253
13-6 회전 펌프 ··· 256
13-7 특수 펌프 ··· 261
13-8 수차(Water Turbine) ··· 263
13-9 공기기계(空氣 機械) ··· 267
13-10 유압기계 ··· 284

CHAPTER 1

기계재료의 개요

기계는 그 종류와 형상에 따라 많은 부품들로 구성되어 있으며, 이들 부품들은 여러 가지 재료로 제작된다. 기계재료란 기계나 그 구조물의 설계·제작에 필요한 일반적인 재료를 말한다. 따라서 기계제작에 필요한 공구재료들도 기계재료에 속한다. 현재 사용되고 있는 기계재료에는 순수한 금속뿐만 아니라 여러 가지 원소를 포함하고 있으며, 금속(metal)재료와 비금속(no metal)재료로 분류된다.

자연계에는 100여종 이상의 원소가 있으며, 이들 원소 중 공통적인 성질을 지니고 있는 약 60여종을 금속이라 하고, 금속의 공통적인 성질을 지니지 못한 것을 비금속이라 한다. 금속은 또 철 금속과 비철금속으로 분류된다. 철 금속은 철(Fe)을 주성분으로 하고 이것에 여러 가지 원소를 첨가하여 필요로 하는 여러 가지 성질을 나타낸다. 철 금속에는 탄소강, 합금강(또는 특수강), 주철 등이 있으며, 주철이나 탄소강은 철 이외에 탄소(C)와 작은 양의 규소(Si), 망간(Mn), 인(P), 황(S) 등이 포함되어 있다.

또 비철금속에는 구리(Cu)와 구리합금, 알루미늄(Al)과 알루미늄합금, 마그네슘(Mg)과 마그네슘합금, 베어링 합금 등이 있다. 순금속 및 합금을 포함한 금속의 공통적인 성질은 다음과 같다.

① 상온에서 고체상태이며, 고체상태에서 결정을 형성한다(단, 수은(Hg)은 제외).

② 비중이 크고, 금속 특유의 색체를 지닌다.

③ 불투명하며, 열과 전기의 좋은 전도체이다.

④ 전성과 연성이 풍부하다.

⑤ 강도가 크고, 가공변형이 쉽게 된다.

⑥ 용융점이 높고 경도가 크다.

비금속재료에는 반도체, 합성수지(플라스틱), 다이아몬드, 내화재료, 보온재료, 윤활 재료, 절삭제, 나무, 시멘트, 페인트 등이 있다. 비금속재료의 경우 재질, 온도,

화학성분의 결합 등에 따라 다양하게 변화하며, 기계재료로서의 용도가 넓다.

기계재료는 실용상의 용도에 따라 기계구조용, 기계요소용, 공구용, 금형용, 전자기구용 등으로 구분하며, 주요 성질에 따라서 내열재료, 내부식성 재료, 내산성 재료, 내마모성 재료, 고강도 재료 등으로 구분된다. 중요한 기계재료의 범위는 다음과 같다.

[기계재료의 범위]

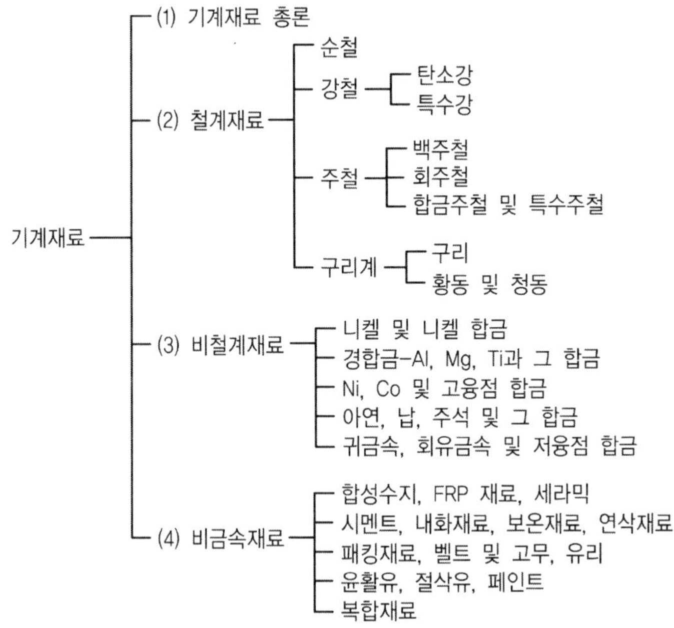

연습문제

1. 금속재료의 물리적 성질이 아닌 것은?

㉮ 비중 ㉯ 열진도율
㉰ 취성 ㉱ 선팽창계수

2. 다음 중에서 비중이 작은 순서 것부터 차례대로 나열된 것은?

㉮ Fe 〈 Cu 〈 Pb ㉯ Cu 〈 Mg 〈 Pb
㉰ Mg 〈 Pb 〈 Fe ㉱ Fe 〈 Pb 〈 Mg

3. 다음 금속 중 용융점이 가장 높은 것은?

㉮ Al ㉯ Cu
㉰ Pt ㉱ Fe

4. 다음 기계재료를 열팽창 계수가 큰 것부터 순서대로 나열한 것은?

㉮ Al 〉 Cu 〉 탄소강 ㉯ Al 〉 탄소강 〉 Cu
㉰ Cu 〉 Al 〉 탄소강 ㉱ 탄소강 〉 Al 〉 Cu

5. 다음 중 온도변화에 대한 길이의 변화(열팽창 계수)가 가장 큰 재료는?

㉮ 합금강 ㉯ 초경합금
㉰ 구리 ㉱ 알루미늄

6. 다음 금속 중 열전도성이 가장 우수한 것은?

㉮ 주철 ㉯ 알루미늄
㉰ 구리 ㉱ 연강

7. 압축하여 눌렀을 때에 넓게 퍼져 늘어나는 금속재료의 기계적 성질을 의미하는 용어는?

㉮ 강도 ㉯ 인성
㉰ 전성 ㉱ 취성

8. 강재료의 200 300℃ 에서 나타나는 취성인 것은?

㉮ 적열 취성　　㉯ 청열 취성
㉰ 고온 취성　　㉱ 크리프 취성

9. 다음 중 질긴 성질, 즉 충격에 대한 재료의 저항을 나타내는 성질은?

㉮ 인성　　㉯ 전성
㉰ 연성　　㉱ 탄성

10. 금속재료의 시험에서 인장시험에 의해서 산출하는 것이 아닌 것은?

㉮ 항복강도　　㉯ 연신율
㉰ 단면수축률　　㉱ 피로강도

1 ③
2 ①
3 ③
4 ①
5 ④
6 ③
7 ③
8 ②
9 ①
10 ④

CHAPTER 2

기계재료의 성질

2-1 금속의 성질

금속을 공업적으로 이용할 때 중요한 성질은 다음과 같은 것들이 있다.

① 물리적 성질 : 비중, 용융온도, 비열, 선팽창계수, 열전도율, 전기전도율, 자성

② 기계적 성질 : 강도, 연성, 전성, 취성, 인성, 소성, 탄성

③ 화학적 성질 : 내열성, 부식

④ 제작상 성질 : 주조성, 용접성, 절삭성

2-2 금속의 물리적 성질

1. 비중(specific gravity)

비중이란 4℃에서 어떤 물체의 무게와 그 물체와 같은 체적의 물의 무게와의 비율을 말한다. 금속은 비중이 작은 것은 리듐(Li) 0.53부터 큰 것은 이리듐(Ir) 22.5이다.

비중은 금속의 종류 및 순도에 따라서 다르며, 또 단조압연한 것이 주조한 것보다 크다.

다음 표는 순금속 및 합금의 비중을 나타낸 것이다.

【표】 순금속 및 합금의 비중

순금속 재료	비중	합금	비중
마그네슘(Mg)	1.74	선철(회선철)	6.7~7.6
알루미늄(Al)	2.7	보통주철	7.1~7.3
철(Fe)	7.86	탄소강	7.7~7.87
백금(Pt)	21.4	황동	8.35~8.8
수은(Hg)	13.6	두랄루민	2.6~2.8

2. 용융점(melting point)

금속에 열을 가하면 녹아서 액체로 된다. 이때의 온도를 용융점 또는 용융온도라 한다. 또 액체상태의 금속을 냉각시키면 고체로 된다. 이때의 온도를 응고점(freezing point)이라 부른다. 같은 금속에서 용융점과 응고점은 같으며, 합금에서는 용융(또는 응고)이 시작되는 온도와 끝나는 온도가 다르다. 금속 중에서 용융점이 가장 높은 것은 텅스텐(W)으로 3400℃이고, 가장 낮은 것은 수은(Hg)으로 -38.8℃이다. 철(Fe)은 1530℃, 백금(Pt)은 1774℃, 니켈(Ni)은 1455℃ 정도이다.

3. 비열(specific heat)

비열이란 단위 무게의 물체 온도를 14.5℃에서 15.5℃로 1℃ 높이는 필요한 열량을 말한다. 일반적으로 금속의 비열은 작으나 마그네슘(Mg)과 알루미늄(Al)은 비열이 크다. 합금의 비열은 금속성분의 비열과 합금비율로부터 계산한 평균비열에 가까운 값을 지니고 있다.

4. 선팽창 계수(coefficiently of thermal expansion)

금속은 열을 가하면 늘어나고, 냉각하면 수축한다. 물체의 단위 길이에 대하여 온도 1℃가 상승하였을 때 늘어난 길이와 늘어나기 전의 길이와의 비율을 선팽창 계수라 한다. t_0℃에서 길이 l_0인 물체를 온도 t℃로 가열하였을 때 그 길이가 l로 늘어났다면 선팽창 계수 E는 다음과 같이 표시한다.

$$E = \frac{l - l_0}{l_0}(t - t_0)$$

금속 중에서 선팽창 계수가 큰 것은 아연(Zn), 납(Pb), 마그네슘(Mg) 순서이며, 가장 작은 것은 이리듐(Ir), 텅스텐(W), 몰리브덴(Mo) 등이다.

5. 열전도율(coefficiently of heat conductivity)

열전도율이란 길이 1cm에 대해 1℃의 온도 차이가 있을 때 $1cm^2$의 단면을 통하여 1초 동안에 전달되는 열량의 비율을 말한다. 열전도율은 순금속일수록 좋고, 불순물의 양이 증가함에 따라 불량해지며, 열전도율 순서는 은(Ag)>구리(Cu)>백금(Pt)>알루미늄(Al)>아연(Zn)>니켈(Ni)>철(Fe)이다.

6. 전기 전도율(electric conductivity)

일반적으로 열전도율이 큰 것이 전기 전도율도 크며, 순금속일수록 크고 불순물의 양이 증가하면 그 값은 감소한다. 열전도율 순서와 비슷하다. 20℃에서 전기전도율이 큰 것부터 작은 것을 순서로 표시하면 다음과 같다. 은(Ag)>구리(Cu)>알루미늄(Al)>마그네슘(Mg)>아연(Zn)>니켈(Ni)>철(Fe)>납(Pb)>주석(Sn)이다.

7. 자성(magnetic properties)

철(Fe)을 자계(magnetic field)에 놓으면 유도되어 자기를 띠어 자석이 된다. 또 자화의 강도가 증가함에 따라서 자화의 정도는 증가하지만, 자계의 강도를 계속 증가하여도 자화의 강도가 어느 포화점에 도달하는 금속을 상자성체라 하며, 그렇지 못한 것을 반자성체라 한다. 또 상자성체 중 자화의 강도가 뚜렷히게 큰 것을 강자성체라 한다.

2-3 금속의 기계적 성질

1. 강도(strength)

재료가 외부의 작용력에 대한 저항력을 말하며, 기계적 성질 중 가중 중요하다. 즉 인장(tension), 압축(compression), 굽힘(bending), 비틀림(torsion), 충격(impact), 피로(fatigue) 등의 힘에 저항하는 세기를 강도로 표시한다. 강도는 소정의 형상과 치수로 제작한 시험재료를 이용하여 위의 여러 가지 항목에 대해 시험하여 측정한다.

2. 연성(ductility)

재료가 외부의 작용력을 받고도 파괴되지 않고 늘어나서 소성 변형되는 성질을 말한다. 금(Au), 은(Ag), 백금(Pt), 구리(Cu) 등은 연성이 풍부하며, 합금이 되면 연성은 감소한다.

3. 전성(malleability)

재료를 눌렀을 때 넓게 펴지는 성질을 말한다. 금(Au), 알루미늄(Al), 구리(Cu) 등은 전성이 크다.

4. 취성(메짐, brittleness)

재료에 힘을 가했을 때 부스러지는 정도, 즉 강도가 크면서 연성이 없어지는 것을 말한다. 취성의 종류는 다음과 같다.

① 냉간 취성(cold shortness) : 인(P)은 강철의 결정입자를 거칠게 하여 강철을 여리게 만든다.

② 적열취성(red shortness) : 황(S)을 많이 함유한 강철이 적열 상태에서 취성을 일으키는 성질을 말한다.

③ 청열 취성(blue shortness) : 강철이 200~300℃ 정도에서 취성을 일으키는 성질을 말한다.

5. 인성(toughness)

재료의 질긴 성질 즉, 충격에 대한 재료의 저항을 나타내는 성질을 말한다. 충격에 대해 금속이 저항하는 성질로서 굽힘이나 비틀림 작용을 반복적으로 가할 때 이 힘에 저항하는 성질이다.

6. 소성(plasticity)

재료에 가한 힘이 크면 변형을 일으키며 이때 힘을 제거하여도 본래의 상태로 완전히 복귀되지 않고 변형이 남게 되는 성질을 말한다.

7. 탄성(elasticity)

재료에 가한 힘이 적은 경우에는 외부의 작용력을 제거하면 늘어났던 길이가 완전히 원래의 상태로 복귀되어 아무런 변형이 없는 성질을 말한다.

2-4 기계적 성질의 시험 방법

기계 및 구조물을 제작할 때 금속재료를 주로 사용함으로 사용할 재료를 실험이나 검사를 하여야 할 필요성이 있다. 재료시험은 금속재료의 기계적 성질을 시험하는 것이며, 한국공업규격 KSD 0801~0811에 규정되어 있다. 재료시험은 재료의 성질을 시험하는 것이므로 그 재료의 일부를 잘라내어 그 성질을 시험한다.

또 공업용 재료는 시험재료(test piece)을 잘라내는 부분이나 방향에 따라 재질이 불균일할 수도 있기 때문에 그 재료를 실제로 사용할 때의 상태에 가장 가까운 대표적인 것으로 선정하고 제작하여야 한다. 기계적 성질을 시험하는 재료시험에는 다음과 같은 것이 있다.

① 인장시험(tensile test)

② 압축시험(compressive test)

③ 굽힘 시험(bending test)

④ 전단시험(shearing test)

⑤ 비틀림 시험(torsion test)

⑥ 충격시험(impact test)

⑦ 피로시험(fatigue test)

⑧ 경도시험(hardness test)

⑨ 크리프 시험(creep test)

⑩ 마모시험(abrasion test)

1. 인장시험(tensile test)

재료에 외부의 힘이 정적(靜的)으로 작용하여 재료가 파단되려고 할 때 재료단면의 단위면적에 대한 최대 저항력을 강도(strength)라 한다. 강도에는 정적강도(static strength)와 동적강도(dynamic strength)가 있으나 일반적으로 강도라 함은 정적 강도를 의미한다.

정적강도는 외부의 힘이 작용하는 방법에 따라 인장강도, 압축강도, 굽힘 강도, 전단강도, 비틀림 강도 등이 있다.

인장시험의 목적은 인장강도, 항복점, 연신율, 단면수축률, 최대 인장하중 등을 측정하는 것이다. 인장시험은 만능재료 시험기를 사용하며, 시험재료의 양끝을 인장 시험기에 고정시키고 시험재료의 축 방향으로 인장하중을 증가시키면서 시험재료의 연신율을 기록하면 그림 2-2와 같은 연강의 응력-연신율 선도(인장시험 곡선)를 얻을 수 있다.

최대하중을 시험재료의 본래의 단면적으로 나눈 값을 인장강도라 하는데, 재료의 강도를 나타내는 기초적 값이다. 또 이 시험에서 연신율과 단면수축률을 구할 수 있다. 연신율은 재료가 절단될 때 늘어난 양, 즉 절단된 후 표점거리와 본래의 표점거리의 차이를 본래의 표점거리로 나눈 값을 백분율(%)로 나타낸 것이다.

이와 같은 값으로 재료의 연성과 전성의 크기를 알 수 있다.

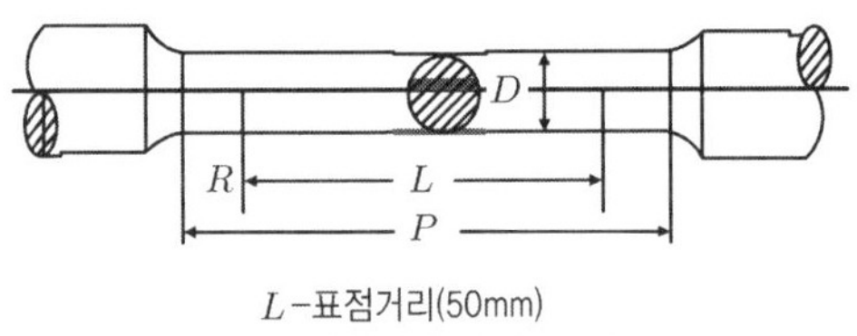

L-표점거리(50mm)
P-평행부의 길이(60mm)

【그림 2-1 인장 시험재료】

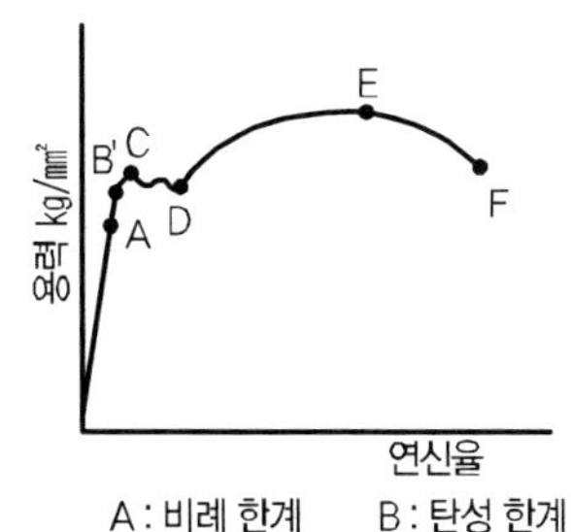

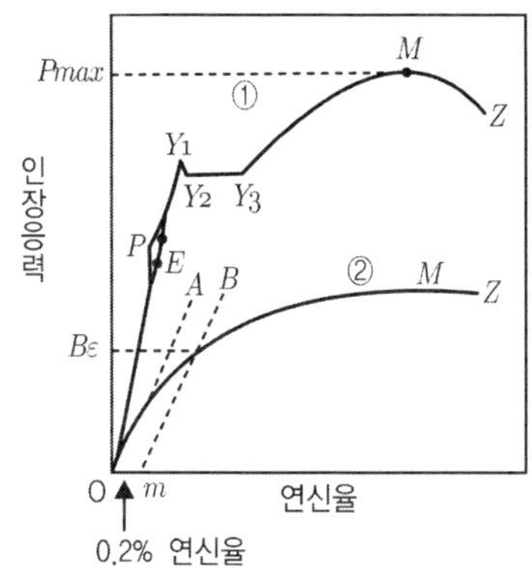

【그림 2-2 응력-연신율 선도】

[1] 탄성한계 및 비례한도

그림 2-2의 ①의 곡선(연강의 경우)에서 연신(elongation)은 탄성적으로 변화하지만 하중을 제거하면 길이는 본래의 길이로 된다. E점의 하중을 시험재료의 원단면적으로 나눈 값이 탄성한계이다. OE사이에서는

$$\frac{\text{응력}(\sigma)}{\text{연신율}(\epsilon)} = \text{상수}(E)$$

여기서 E는 상수이며, 영 계수(Young's modules) 또는 세로탄성계수라 부른다. 세로탄성계수 E의 값은 재료의 성질에 관계없이 일정하며, 일반적으로 강철에서는 $1.9 \sim 2.1 \times 10^6 \text{kgf/cm}^2$이다.

[2] 항복점(yielding point)

그림 2-2의 P점을 초과한 하중이 작용하면 하중과 연신의 관계는 비례하지 아니하고 Y_1점에서 갑자기 하중이 감소되어 Y_2점으로 되고 하중을 증가시키지 않아도 시험재료가 늘어난다.

이때 Y_1점을 상항복점(upper yielding point), Y_2점을 하항복점(lower yielding point)이라 한다. 항복점이 뚜렷하게 나타나지 않을 경우에는 그림 2-2의 ②곡선(비철금속의 경우)과 같이 0.2% 연신이 되는 점 M에서 탄성적으로 변화하는 OA에 평행선을 그어 B점의 하중을 그 시험재료의 원단면으로 나눈 값을 항복강도(yield strength)로 하고 이것을 항복점으로 취급한다.

[3] 인장강도(tensile strength)

그림 2-2의 ①곡선에서 점 M으로 표시되는 최대하중(ultimate tensile load, P_{max})을 시험재료의 본래 단면적(A_0)으로 나눈 값이며, 다음과 같이 나타낸다.

$$\sigma_B = \frac{P_{max}}{A_0}[\mathrm{kgf/cm^2}] = \frac{\text{최대하중}}{\text{본래의 단면적}}$$

【응력】

연신율 선도에서 최대 하중점 M까지는 대부분 균일하게 늘어나지만 점 M을 지나면 시험재료의 단면은 급격하게 줄어들고, 하중이 감소되면서 Z점에서 파괴된다.

[4] 연신율(elongation ratio)

시험재료가 절단된 후 다시 접촉시켜 측정한 표점거리 L_1과 시험재료 본래의 표점거리 L과의 차이(늘어난 길이)를 L로 나눈 값을 백분율로 표시한 것이다.

$$\epsilon = \frac{L_1 - L}{L} \times 100 = \frac{\text{시험 후 늘어난 길이}}{\text{표점거리}} \times 100$$

[5] 단면수축률(reduction of area)

단면수축률 Φ는 시험 전의 단면적 A_0와 시험 후의 단면적 A의 차이를 A_0로 나눈 값을 백분율로 표시한다.

$$\Phi = \frac{A_0 - A}{A_0} \times 100$$

[6] 세로탄성계수(영률)

탄성한계 이하에서 응력(σ)과 연신율(ϵ)은 비례(후크의 법칙)하는데 응력을 연신률로 나눈 상수이다.

$$E = \frac{\sigma}{\epsilon}$$

2. 압축시험(compression test)

압축시험의 목적은 압력을 가하는 힘에 대한 재료의 저항력(항압력)을 시험하여 압축강도, 비례한도, 항복점, 탄성계수 등을 결정한다. 압축강도는 취성재료를 시험하였을 때 잘 나타난다.

그러나 연성재료에서는 파괴를 일으키지 않기 때문에 압축강도를 결정하기가 어렵다. 따라서 편의상 시험재료의 주위에 균열이 발생할 때, 즉 균열을 일으키는 응력을 압축강도로 하는 경우도 있다.

압축시험의 용도는 주로 내압(耐壓)에 사용되는 재료에서 응용된다. 예를 들면 주철, 베어링 합금, 벽돌, 콘크리트, 나무, 타일(tile), 플라스틱, 경질고무 등에서 응용된다.

압축시험의 공식은 인장시험과 같다. 압축시험에서는 필요한 시험재료의 길이 h와 단면 d의 비율은 h = (1.5~2.0)d이다.

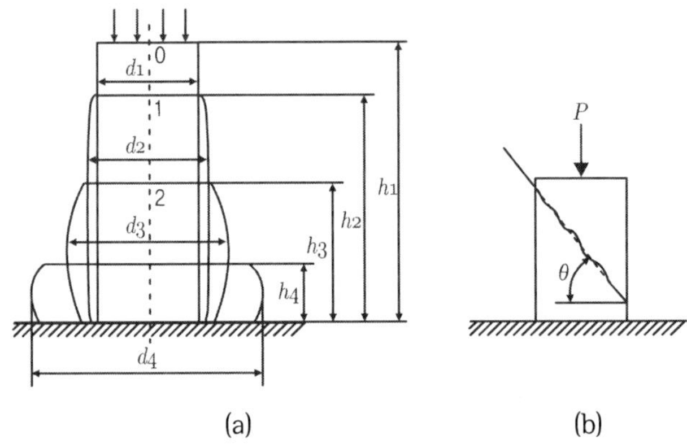

【그림 2-3 압축 시험재료의 변형】

3. 굽힘 시험(bending test)

굽힘 시험은 굽힘에 대한 재료의 저항력(굽힘 강도), 재료의 탄성계수 및 탄성 에너지를 결정하기 위한 굽힘 저항시험과 전성 및 균열의 유무를 시험하여 가공의 적정여부를 결정하기 위한 굴곡시험(bending crack test)이 있다.

굽힘 시험에서 굽힘량과 하중의 관계는 전단을 고려하지 않을 경우는 다음의 공식을 일반적으로 사용한다. 즉 단순보(simple beam)의 중앙에 집중하중이 작용하면

$$\sigma_{max} = \frac{PL^3}{48EI} \text{ 및 } \theta = \frac{PL^2}{16EI}$$

주철의 항절(抗切)시험에서 지지점의 중앙에 하중을 가하여 파괴될 때 하중과 휨을 측정하여 이것으로부터 강도를 계산한다. 주철에 대한 항절 최대 굽힘응력은 다음 공식으로 구한다.

$$\sigma_B = \frac{PL}{4} / \frac{\pi}{32} d^3$$

여기서, P : 파단 하중

L : 스팬의 길이

d : 시험재료의 지름

4. 비틀림 시험(torsion test)

비틀림 하중을 가하고 회전력(torque)에 대한 저항력(T), 전단강도(τ), 비틀림 각도(Θ), 탄성계수(G) 등을 구하는 시험이다.

시험 방법은 한쪽 끝을 고정하고 다른 쪽 끝 부분을 비틀어서 그림 2-4와 같은 회전력-비틀림 각도 곡선을 그리며, 이 시험에 사용하는 기구를 비틀림 시험기라 한다.

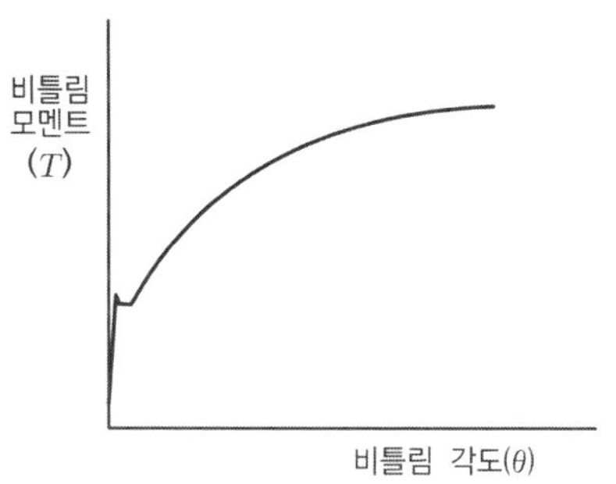

【그림 2-4 회전력-비틀림 각도 곡선】

그림 2-4의 곡선의 직선부분의 경사(T/Θ)를 측정하면 다음 공식에서 원형단면의 전단탄성계수를 구할 수 있다.

$$G=\frac{32}{\pi}\times\frac{l}{d^4}\times\frac{T}{\theta}$$

여기서, l : 표점거리

d : 시험재료의 지름

또 비틀림에서 발생하는 전단응력은 다음 공식으로 구한다.

$$\tau=\frac{16\,T}{\pi d^3}$$

5. 전단시험(shearing test)

전단응력은 전단하려고 생각하고 있는 면에 평행으로 작용하는 힘에 이해 발생한다. 그리고 한쪽 부분에서 다른 쪽 부분으로 미끄럼을 일으키도록 하는 경향이 있다. 면에 대해 수직으로 작용하는 인장 및 압축시험과 좋은 대조가 된다.

그림 2-5(a)의 단면 X-X′와 (b)의 Y-Y′ (c)의 A-A′ 그리고 B-B′에는 전단력이 작용하고 있다. 그림 (d)에 표시된 판재(板材)는 전단력이 리벳(river)의 단면(3-3)에 의해 작용하고 있는 것을 나타낸다.

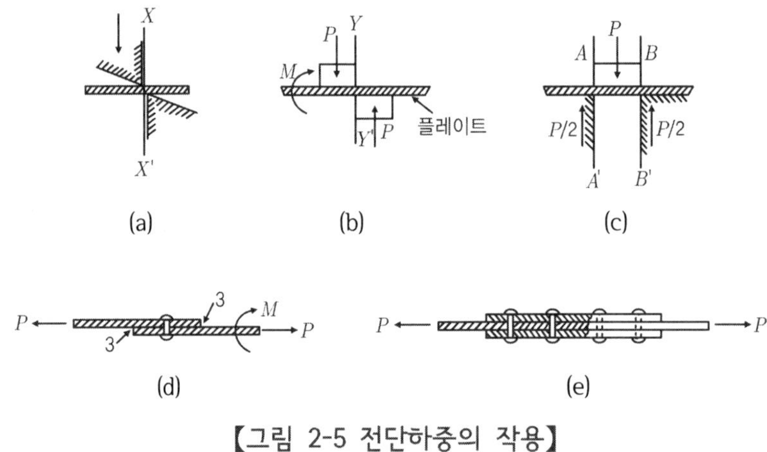

【그림 2-5 전단하중의 작용】

그림 (e)에서는 리벳이 2중으로 전단력에 저항하고 있는 것을 나타낸다. 그림 2-5에서 표시된 여러 가지 예에서 완전히 전단 파괴가 발생하는 재료의 면적(A)으로부터 전단응력(τ)이 계산된다. 작용하는 하중을 P라 하면

$$G = \frac{\tau}{\gamma}$$

여기서, γ : 전단 스트레인

G : 전단탄성계수

그림 2-5 (a)와 (b)의 전단응력

$$\tau = \frac{P}{A}$$

그림 2-5 (c)의 전단응력

$$\tau = \frac{P}{2A}$$

그림 2-5 (d)의 전단응력

$$\tau = \frac{P}{0.785d^2}$$

6. 경도 시험(hardness test)

금속재료의 경도(硬度)는 기계적 성질을 결정하는 중요한 요소이며, 인장시험과 함께 널리 이용되고 있는데 그 이유는 경도 측정이 비교적 간단하고, 또 사용 가치가 크기 때문이다.

[1] 경도 측정 방법의 종류

(1) 압입 경도측정(indentation hardness test)

정적하중인 볼(ball), 원뿔, 피라미드(pyramid), 쐐기(wedge) 등을 시험재료에 작용시킨다. 하중은 각종 측정기 또는 하중장치를 이용하여 작용하도록 할 수 있으나 일반적으로 경도 측정기를 사용한다.

이 경도 측정기에서는 압입체가 만든 면적, 표면적, 깊이 또는 체적 등이 측정되고 또 지시된 하중 및 측정된 압입 자국으로부터 경도 값이 산출된다. 이 방식을 이용한 측정기는 다음과 같은 종류가 있다.

① 브리넬 경도계

② 비커스 경도계

③ 로크웰 경도계

④ 마이어 경도계

(2) 반발 경도측정(rebound hardness test)

낙하하중을 지정된 높이에서 어떤 표면에 떨어뜨려 이때 반발한 높이로 경도를 측정한다. 이 방식을 사용한 것으로는 쇼어 경도계가 있다.

(3) 진동자 경도측정(pendulum hardness test)

다이아몬드 또는 강철 볼(steel ball)이 진동자(振動子)와 같은 장치에 있는 물체에 고정되어 있으며, 이 물체가 시험하려고 하는 시험재료 위에서 평형이 된다. 이 진동자의 처음 진동의 진동폭 또는 10회의 진동에 대한 진동시간으로 경도를 측정한다. 이 방식에는 허버트 진동자 경도계가 있다.

(4) 긋기 경도측정(scratch hardness test)

시험하고자 하는 시험재료 위에 다이아몬드나 다른 단단한 재질을 이용하여 표면에 그어 흔적을 만든 후 다이아몬드의 하중을 긋기 흔적의 폭으로 나눈 값으로 경도를 나타내는 방법이다. 이 방식에는 마르텐스(martens) 긋기 경도계가 있다.

[2] 경도 측정 방법

(1) 브리넬 경도(Brinell Hardness, H_B)

브리넬 경도는 가공하기 전 재료의 경도를 시험하는데 많이 사용된다. 지름 D인 담금질한 강철 볼(hardened steel ball)을 시험재료에 압입하였을 때 압입된 자국의 표면적 A(mm^2)의 단위면적 당 응력으로 표시한다.

즉 일정한 지름 D(mm)의 강철 볼을 일한 하중 P(kgf)로 시험재료 표면에 압입하고, 하중을 제거한 다음 볼 자극의 지름을 d(mm), 깊이를 t로 할 때 표면적으로 하중을 나눈 값이 브리넬 경도이다.

즉,

$$\text{브리넬 경도} = \frac{\text{하중(kg)}}{\text{오목부분의 표면적}(mm^2)} (kg/mm^2)$$

$$H_B = \frac{P}{\frac{\pi D}{2}(D - \sqrt{D^2 - d^2})}$$

또는

$$H_B = \frac{P}{\pi D t}$$

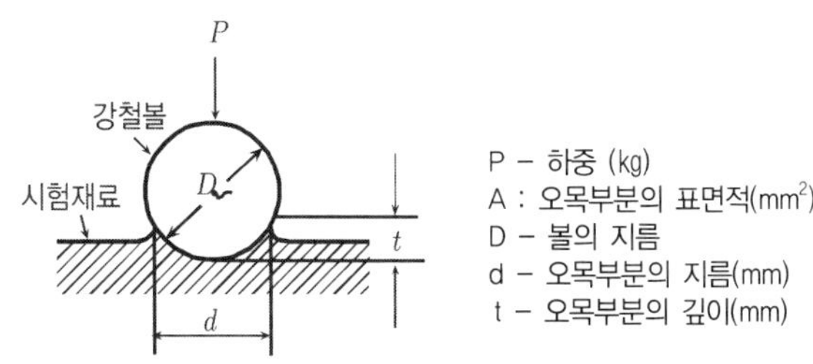

【그림 2-6 브리넬 경도시험】

자국의 지름 d는 브리넬 경도계에 부착된 계측 확대경으로 읽고, 경도 값은 비치된 환산표를 이용하여 경도를 구한다. 하중 작용시간은 15~30초 정도이며, 시험재료의 두께는 압입 구멍지름의 10배 이상 되어야 한다.

압입 구멍지름 주위가 올라오는 재료는 가공변형으로 인한 경화가 비교적 적으며, 압입 구멍 주위가 내려가는 재료는 가공경화에 대한 능력이 크다.

그리고 브리넬 경도측정은 매우 단단한 재질에 사용하였을 때 오차가 발생하는데 그 원인은 강철 볼의 경도의 영향, 강철 볼의 변형, 압입 구멍지름 부분의 가라앉음 등이며, 이로 인하여 경도 시험 값이 저하한다.

(2) 비커스 경도(Vickers Hardness, H_V)

다이아몬드 사각뿔형(꼭지각 136°)을 지닌 피라미드형 압입자를 사용하여 시험재료를 눌러 생긴 피라미드 모양의 오목부분의 대각선을 측정하여 표로서 경도를 구한다.

시험재료에 작용하는 하중 P(kgf), 136° 자국의 표면적 A(mm²)라 하면 $H_V = \frac{P}{A}$ 로 표시된다. 비커스 경도는 다음 공식으로부터 구한다.

$$\text{비커스 경도} = \frac{\text{하중(kg)}}{\text{자국의 표면적}(mm^2)} (kg/mm^2)$$

$$H_V = \frac{2P\sin\frac{\theta}{2}}{d^2} = \frac{1.8544P}{d^2}$$

대각선 길이의 값은 비커스 경도계에 부착된 현미경으로 측성하며, 재질의 단단한 정도에 따라 1~120kgf 사이의 하중으로 시험할 수 있는 장점이 있다.

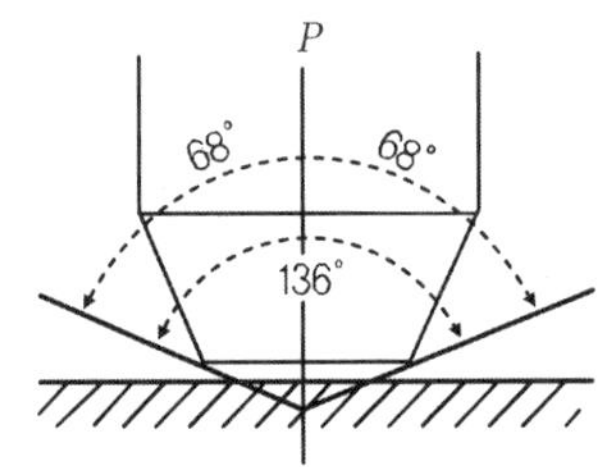

【그림 2-7 비커스 경도의 압입자와 그 자국】

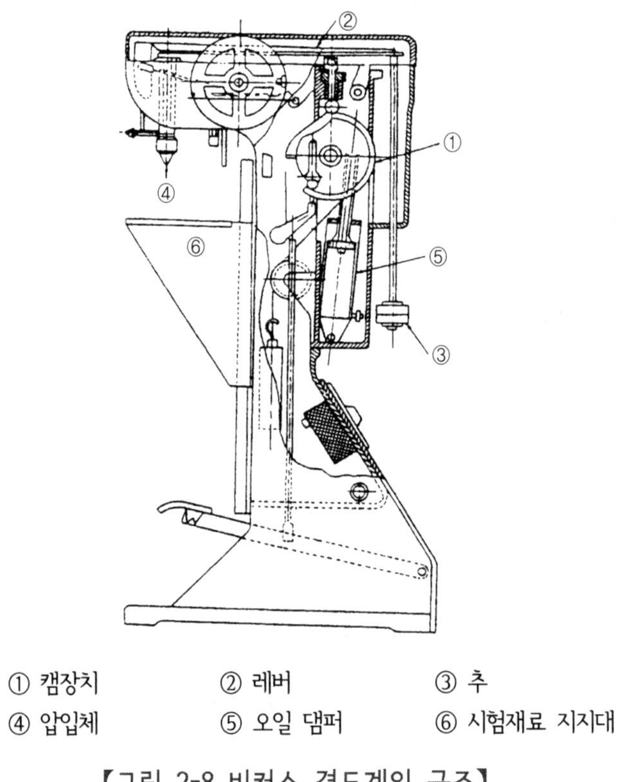

① 캠장치	② 레버	③ 추
④ 압입체	⑤ 오일 댐퍼	⑥ 시험재료 지지대

【그림 2-8 비커스 경도계의 구조】

(3) 로크웰 경도(Rockwell Hardness, H_R)

로크웰 경도는 B스케일(100kgf의 하중에 1.588mm의 볼)과 C스케일(150kgf의 하중에 다이아몬드 꼭지각 120°의 원뿔)이 있으며, 압입자에 하중을 걸어 홈 깊이로 측정한다.

연한 재료의 경도시험에는 B스케일이, 단단한 재료의 경도시험에는 C스케일을 사용한다. B스케일은 기준하중을 10kgf 작용시키고, 다시 100kgf를 작용시킨 후에 기준하중으로 다시 복귀하였을 때 자국의 깊이를 다이얼게이지로 측정한다.

B스케일은 다음 공식으로 경도를 표시한다.

- B 스케일(H_RB)$= 130 - 500 \cdot h$

C스케일은 시험하중 150kgf에서 시험한 후 다음 공식으로 계산한다.

- C 스케일(H_RC) $= 100 - 500 \cdot h$

여기서, h : 압입 자국의 깊이

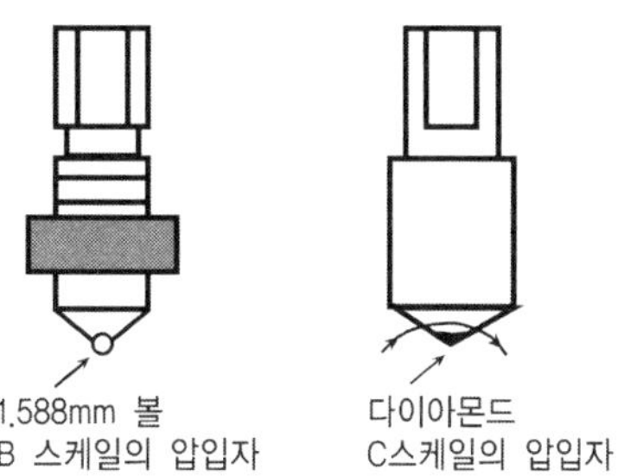

【그림 2-9 로크웰 경도계 압입자의 종류】

(4) 쇼어 경도(Shore Hardness, H_S)

쇼어 경도는 경도계 중 현장에서 사용되는 것으로, 작은 다이아몬드를 끝에 고정시킨 낙하체를 일정한 높이 h_0에서 시험재료 위에 떨어뜨렸을 때 반발하여 올라온 높이 h를 측정한다.

이 시험은 롤러, 다이스, 기어 등 눈에 잘 띄지 않는 자국이 남는 재료의 시험에 사용된다.

$$H_S = \frac{10000}{65} \times \frac{h}{h_0}$$

여기서, h : 반발높이, h_0 : 낙히높이

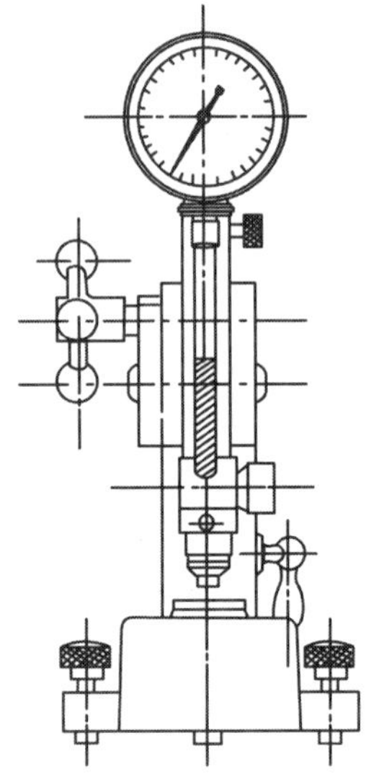

【그림 2-10 쇼어 경도계】

7. 충격시험(impact test)

충격시험의 목적은 충격력에 대한 재료의 충격저항 시험을 하는 것이다. 일반적으로 충격시험에서는 재료를 파괴할 때 그 재료의 인성(toughness) 또는 취성(brittleness)을 시험한다.

재료의 인성은 정적 인장시험에서 연신 및 단면수축으로 어느 정도까지 판단할 수 있으나 이것으로는 부족하다.

그림 2-11은 충격 시험기의 원리를 나타낸 것으로 해머의 무게 W(kgf), 해머의 회전중심에서 무게중심까지의 거리를 R(m)로 표시하고, 해머 낙하 전의 각도를 α, 그리고 시험재료 파괴 후의 각도를 β라 할 때 시험재료 파괴에 필요한 에너지 E는 다음 공식으로 구한다.

$$E = W(h_1 - h_2) - WR(\cos\beta - \cos\alpha)\ (kgf\cdot m)$$

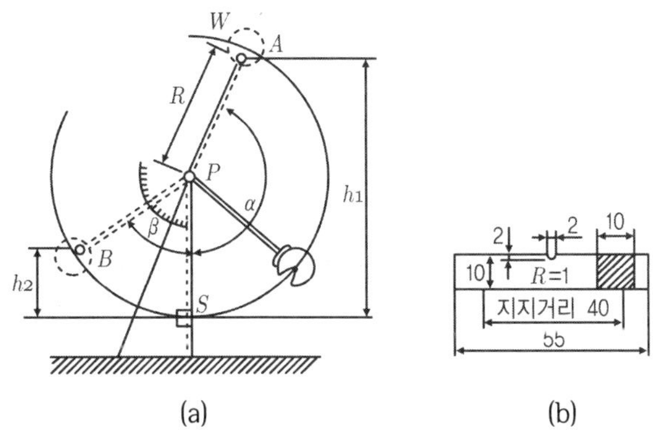

【그림 2-11 충격 시험기의 원리】

여기서 파괴에너지 E를 시험재료 노치부분(notch section)의 단면적 A(cm^2)로 나눈 값을 충격 값 U라 한다.

$$U = \frac{WR(\cos\beta - \cos\alpha)}{A} \ (kgf{\cdot}m/cm^2)$$

충격 시험기의 종류에는 시험재료를 단순보(simple beam)의 상태에서 시험하는 샤르피 충격 시험기(Charpy impact tester)와 내다지보(cantilevers)의 상태에서 시험하는 아이조이드 충격 시험기(izod impact tester)가 있다.

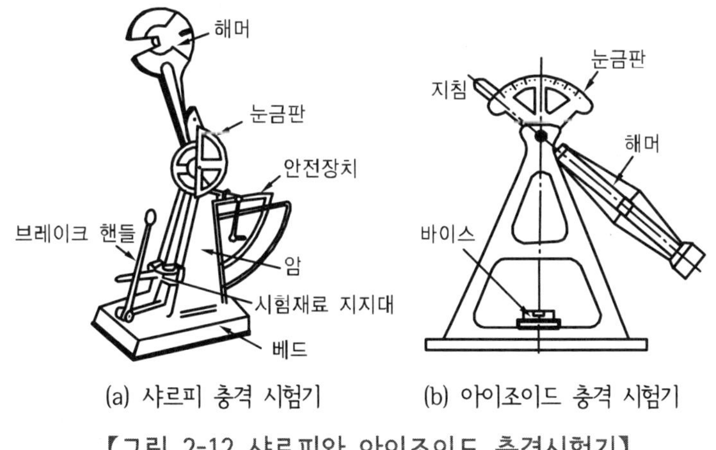

(a) 샤르피 충격 시험기 (b) 아이조이드 충격 시험기

【그림 2-12 샤르피와 아이조이드 충격시험기】

그림 2-13은 샤르피 충격 시험재료와 아이조이드 충격 시험재료의 치수를 각각 표시한 것이다.

그림에서 알 수 있는 바와 같이 충격 시험재료에는 노치(notch)를 파놓은 시험재료를 사용하며, 이 부분을 파괴하도록 되어 있다.

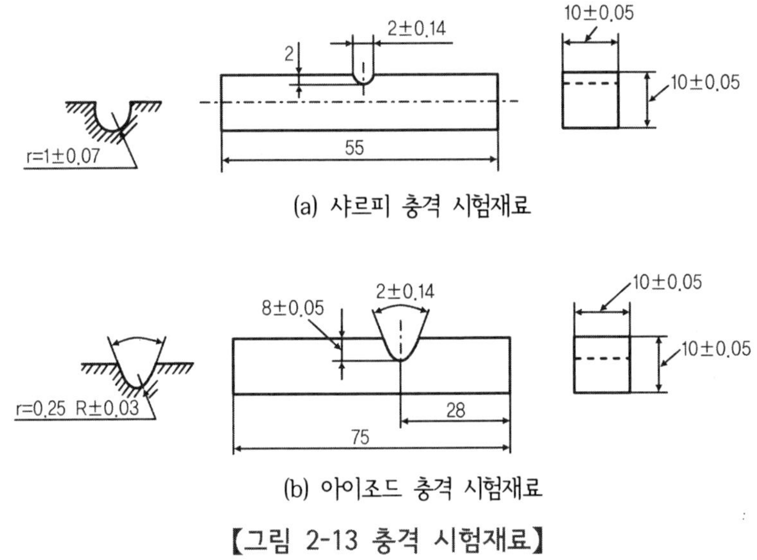

【그림 2-13 충격 시험재료】

8. 피로시험(fatigue test)

재료의 인장강도 및 항복점으로부터 산출한 안전하중 상태에서도 작은 힘이 계속적으로 반복하여 작용하였을 때 파괴를 일으키는 경우가 있다. 이와 같은 파괴를 피로파괴(fatigue failure)라 한다.

피로파괴는 크랭크축(crank shaft), 차축(axle), 스프링(spring) 등에서 그 실례를 볼 수 있다. 그러나 하중이 어떤 값보다 작을 때에는 수많은 반복하중이 작용하여도 재료가 파괴되지 않는다.

영구적으로 재료가 파괴되지 않는 응력 중에서 가장 큰 것을 피로한도(fatigue limit)라 하며, 이것을 구하는 것을 피로시험이라 한다.

그림 2-14는 피로 응력 S, 반복횟수 N의 관계를 나타낸 S-N곡선(stress-cycle curve)이다. 곡선 수평부분의 응력이 피로한도이다.

응력과 반복횟수와의 관계를 대수좌표(對數座標)에 표시한 log S-log N곡선이 사용되는 경우가 많다. 강철의 경우 피로한도를 구할 때 반복횟수를 10^6~10^7 정도로 정하는 경우가 많다.

피로시험에서 시험재료의 모양, 표면 다듬질 정도, 가공 방법, 열처리 상태 등이 시험결과에 영향을 주는 경우가 많다.

따라서 그 제작에 세심한 주의를 하여야 한다. 재료의 피로한도를 구하는 것은 많이 시간이 필요하므로 실험공식을 사용하여 구하는 것이 편리하다.

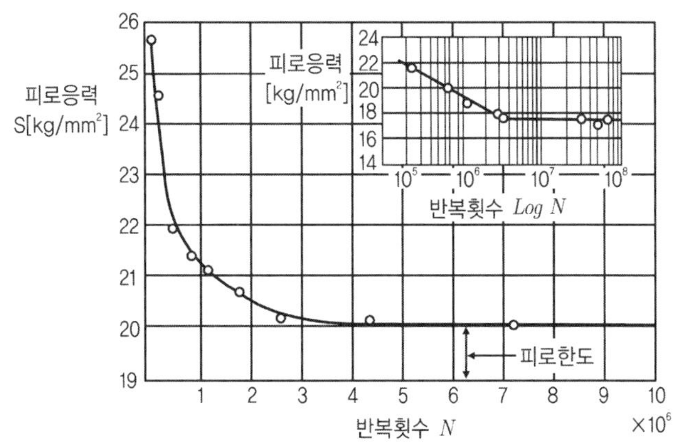

【그림 2-14 S-N 곡선】

9. 마모시험(wear test)

재료가 다른 물체와 마찰을 일으켜 그 표면이 소모되는 것을 마모라 한다. 금속의 마모현상은 금속을 기계 또는 그 밖의 운동부뷰에 사용할 때 매우 중요하다. 그러나 이와 밀접한 관계를 지닌 인자가 많으며, 이에 대한 이론도 복잡하고 시험 방법도 여러 가지가 있다.

마모조건과 마모시험에 관해서는 금속재료의 사용 상태와 운동에 따라 다음과 같이 분류할 수 있다.

(1) 미끄럼 운동에 따른 마모

① 오일을 사용할 때 : 축과 베어링

② 오일을 사용하지 아니할 때 : 브레이크와 타이어

(2) 회전운동에 따른 마모

① 오일을 사용할 때 : 롤러와 베어링

② 오일을 사용하지 아니할 때 : 타이어와 레일

마모시험은 상대적인 마모형식에 따라 각종 마모 시험기(wear tester)가 있다. 그러나 대부분은 시험재료와 다른 물체를 접촉시켜서 미끄럼 마모나 회전마모를 일으키고 일정한 회전속도 또는 일정한 거리까지 미끄러진 후 마찰로 인하여 손실된 무게의 감소를 측정하여 마모상태를 비교하는 경우가 많다.

그림 2-15에서 원통형의 시험재교 A와 B의 단면이 접촉하여 B가 원통 쪽 C에서 회전하고, 시험재료 A는 마찰력에 의해 회전한다.

A에 전달된 마찰력은 기록장치 H와 기록용 느럼 I에 마칠력이 기록된다. 마찰시험기에서는 마찰계수도 측정되며 또 표면 변형과 재료의 수명 등을 관찰하는 경우도 있다.

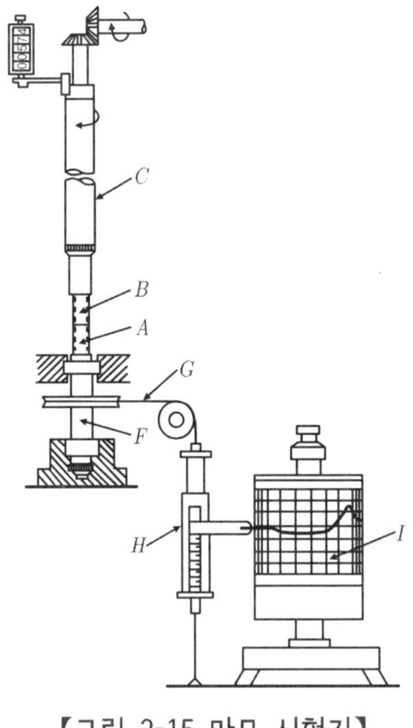

【그림 2-15 마모 시험기】

10. 높은 온도에 대한 기계적 성질

금속재료의 기계적 성질에 대한 시험은 일반적으로 상온(常溫)에서 한다.

그러나 이와 같은 성질이 높은 온도에서는 많은 변화를 초래하므로 높은 온도상태에서 사용하는 금속은 이 점에 특히 주의하여야 한다.

높은 온도에 대한 기계적 성질 중에서 매우 중요한 것은 고온강도와 연신율 및 높은 온도에서의 크리프(creep)현상이다.

[1] 고온강도

그림 2-16은 각종 금속의 고온강도와 온도의 관계를 나타낸 것이다. 고온강도는 일반적으로 상온 강도곡선과 많은 차이를 보인다.

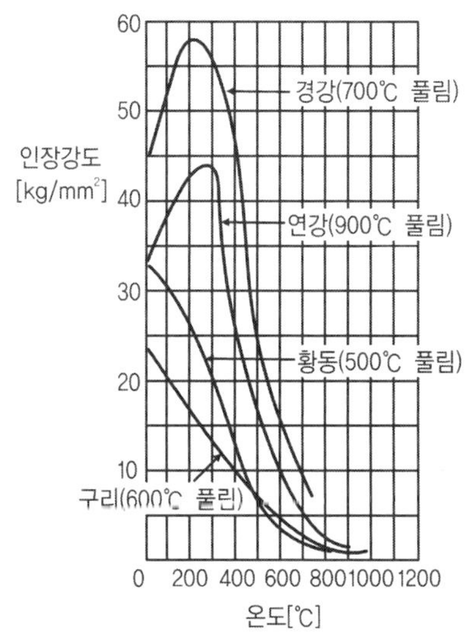

【그림 2-16 고온강도와 온도와의 관계】

그림 2-17은 탄소(C) 0.4%인 탄소강의 높은 온도상태의 기계적 성질을 나타낸 것이다.

온도의 증가와 함께 인장강도는 낮아지고, 연신율은 증가한다.

대부분의 강철은 200~350℃ 사이에서 연신율과 단면수축률은 최소가 되고 인장강도와 항복응력은 최고가 된다.

또 이 온도범위에서 강철은 취성을 갖는다. 이 취성을 청열취성(blue shortness)이라 한다.

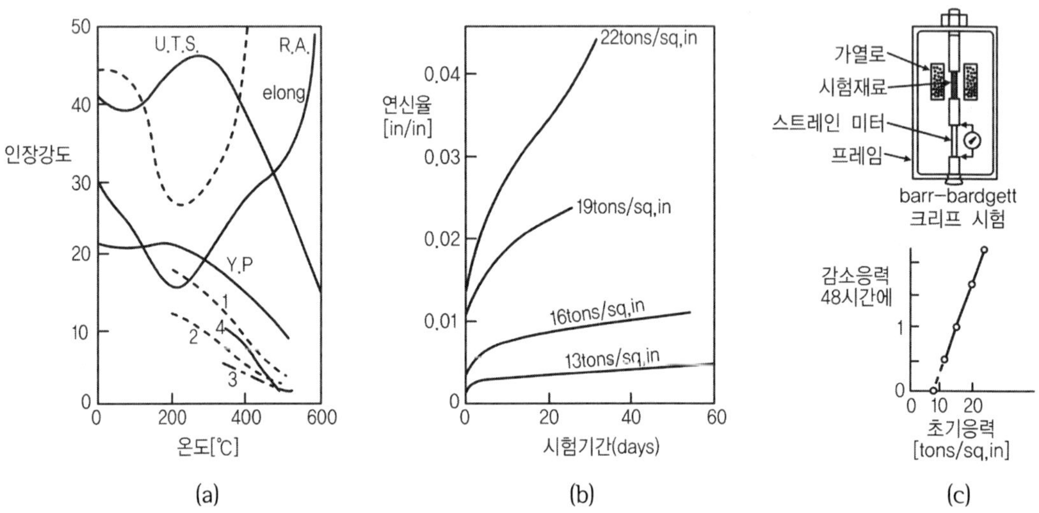

【그림 2-17 높은 온도에서의 기계적 성질 및 크리프 시험】

[2] 크리프 시험

크리프 시험은 일정한 온도에서 일정한 하중상태에서 작용되는 시험재료의 연신율에 대해 장시간에 걸친 관찰에 기초를 두고 있다.

같은 온도에서 각종 하중시험의 연관성을 얻음으로서 제한된 크리프 응력이 크리프의 어떤 임의의 적은 범위에 대한 추산(推算)이 가능하며, 또 안전율에 적용하여 설계에 사용한다.

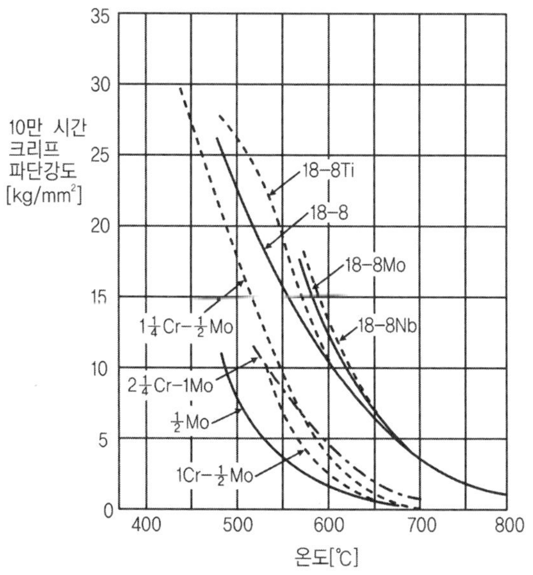

【그림 2-18 10만 시간의 크리프 파단강도】

2-5 화학적 성질

일반적으로 금속의 부식이란 금속이 물 속이나 대기 중 또는 가스 속에서 그 표면이 비금속성 화합물로 변화하는 것을 말하며, 그밖에 화학약품이나 기계적 작용으로 인한 소모도 포함하여 넓은 의미에서 부식이라 한다.

그러니 일반적으로 화학작용에 의한 것을 코로존(corrosion)이라 하고, 기계적 작용에 의한 것은 에로존(erosion)이라 부른다.

금속의 부식은 상온 또는 높은 온도에서 발생하는 산화(酸化), 질화(窒化), 유화(硫化) 등과 같이 수분이 없는 건조한 상태에서 직접 가스와 접촉하여 발생하는 건조상태의 화학적 부식도 있으나 일반적으로 금속과 물 또는 전해질과의 사이에 다음 표와 같이 전기-화학적 부식으로 발생하기도 한다.

【표】 금속재료 부식의 종류

부식의 분류	부식의 원인
화학적 부식	수분이 없는 상태에서 발생하는 부식
전기-화학적 부식	이온의 치환작용에 의한 부식
	금속표면의 국부전지 작용에 의한 부식

전기-화학적 부식은 금속과 물 또는 전해질과의 사이의 이온(ion) 치환으로 발생하는 경우와 합금재료의 성분이나 내부 스트레인(strain)의 불균일, 불순물의 편석(偏析)등으로 인하여 금속표면에 국부적으로 양극과 음극에 해당하는 부분이 있어 전위(電位)차이가 일어나 부분적으로 전류가 흘러 국부전지 현상이 원인이 되는 경우기 있다.

금속원자는 수용액 중 특히 산 또는 알칼리 전해질 용액에서 전기를 지닌 원자, 분자의 상태, 즉 이온(ion)으로 되어 용해되는 성질을 지니고 있다. 이 성질을 이온화 경향이라 한다. 이온화 경향이 큰 금속일수록 부식되기 쉽다고 한다.

이온화 경향이 큰 금속부터 작은 것의 순서로 배열하면 다음과 같다.

K→Ca→Na→Mg→Al→Mn→Zn→Cd→Fe→Co→Ni→Sn→Pb→Cu→Hg→Ag→Pt→Au

2-6 비파괴 검사(nondestructive inspection)

일반적으로 재료시험(주로 강도시험)에서는 시험재료 또는 제품을 파괴하며 시험한다. 그러나 비파괴 시험에서는 제품을 파괴하지 않는다.

처음에는 X 선 투과법 만을 사용하였으나 그 후 자기분말 탐상법, 초음파 탐상법 등이 사용되었으며, 최근에는 와류 탐상법, 음향 탐상법, 침투 탐상법 등 여러 가지 방법을 사용하고 있다.

1. 침투 탐상법(penetration inspection)

철과 강 및 비철금속을 포함한 모든 재료 및 그 재료의 표면에 결함이 있을 때

시험재료를 침투액 속에 담갔다가 꺼내어 결함을 육안으로 점검하는 방법을 침투 탐상법이라 한다.

일반적으로 침투액 중에 형광물질을 첨가시켜 결함을 더욱더 정확하게 검출할 수 있기 때문에 형광 탐상법(fluorescent inspection)이라고도 한다.

이 방법은 자성재료의 제한을 받지 않고 그 결함부분에 침투할 수 있는 형광물질을 함유한 용액 속에 점검할 부품을 담근 후 용액을 표면에서 닦아내고 건조시킨 후 자외선으로 점검한다. 이때 결함부분은 형광으로 인하여 빛이 나타난다.

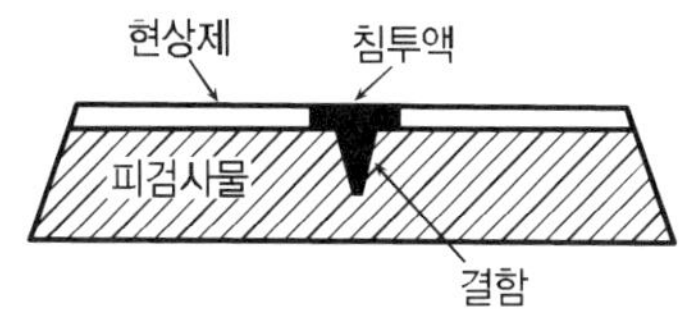

【그림 2-19 침투 탐상법】

그림 2-20은 침투 탐상장치를 나타낸 것이다.

그림에서 시험재료는 형광물질이 들어 있는 침투액 탱크에 담그고 일정한 시간이 흐른 후에 철망 위에 건져놓고 시험재료를 간단히 세척하여 건조기에서 건조한 후에 적외선 예비용 등에서 결함을 점검한다.

미세한 결함은 현상액 탱크에서 현상한 후에 검사대로 옮겨 자외선 검사로 결함을 판정한다. 이 방법은 육안시험이므로 결함의 지시형태를 가능한 한 크게 만들어야 한다.

따라서 미세한 결함에 대해서도 침투액이 결함 속에 완전히 침투하도록 하여야 하며, 동시에 주변과 구별되기 쉬운 색깔, 육안으로 쉽게 판별하기 위한 배경과의 구분이 잘되는 침투액을 선택하여야 한다.

이때는 침투액도 중요하지만 현상 방법 및 시험기술 등을 적절하게 선택하여야 한다.

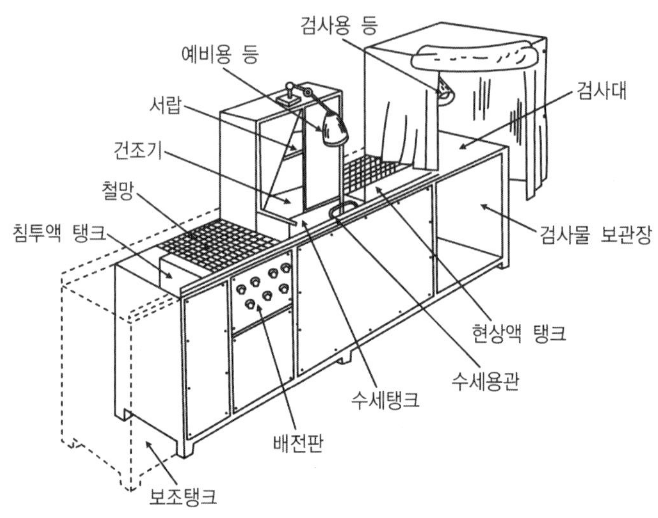

【그림 2-20 형광침투 탐상장치】

최근에는 염색침투 탐상제가 많이 사용되고 있다. 이 방법은 특수장치가 필요 없고 옥내 및 야외에서도 사용할 수 있으며, 미숙련자도 사용할 수 있고, 육안으로 잘 보이지 않는 미세한 결함도 선명한 붉은색으로 잘 나타난다.

철과 강, 비철금속, 자성체, 비자성체 등의 금속 및 도자기, 유리, 합성수지 등의 비금속재료에도 사용이 가능하다.

2. 자기분말 탐상법(magnetic inspection)

자기분말 탐상법은 시험재료를 자력화(磁力化)하려는 부분과 미세한 철분을 포함한 석유(石油) 속에 시험재료를 담그는 부분으로 구성되어 있다.

만약 시험재료 내부의 균열이 자력선 통로에 가로놓이게 되면 균열부분의 양변(兩邊)에 미세한 철분이 집중된다. 따라서 자기분말 탐상법에서는 철분 분포의 집중여부로 내부 결함을 알 수 있다.

이 방법은 자성재료인 철(Fe), 니켈(Ni), 코발트(Co)와 그 합금에서 주로 사용하며, 결함이 있으면 자속선의 방향에 변화가 일어난다.

또 결함상태가 불확실한 경우에는 자속방향을 바꾸어서 점검하는 것이 좋다.

자기분말 탐상법은 미세한 철분을 착색하여 여러 가지 색깔로 할 수 있기 때문에 시험재료에 따라 색깔을 조절할 수 있다. 그리고 미세한 철분은 석유 1ℓ에 대해

0.75~1.5g을 첨가하여 사용한다.

그림 2-21 (a)에 나타낸 바와 같이 강자성체로 된 시험재료의 양끝에 전류로 인하여 발생한 자장에 의해 강자성체는 자화되며, 양 끝 부분 사이에 화살표 방향으로 자속이 흐른다.

이 자속의 흐름을 방해하는 결함이 있으면 처음에는 강자성체 내부를 우회하여 흐르지만, 자속 밀도가 증가하게 되면 그림 2-21 (b)와 같이 공기 중으로 누출된다. 이것을 누설 자속이라 한다.

이와 같이 누설 자속이 발생하면 결함의 개구부분 끝 쪽에는 N극과 S극이 발생하며, 이에 따라 자장이 발생한다.

이 자장에 강자성체의 미세한 분말로 된 자기분말을 액체나 기체로 불어내면 그림 2-21 (c)와 같이 자기분말은 그 자장에 의해 자화되어 매우 작은 자석이 되며, 양끝에 자극이 발생한다.

이와 동시에 일부는 서로 흡착하여 모이게 되고 또 일부는 그림 2-21 (d)와 같이 단독으로 결함 개구부분 끝 쪽에 형성된 자극에 끌려 흡착된다.

이와 같이 자기분말은 연속적으로 자극으로 끌려들어 흡착되고 층을 형성하여 자기분말 모양이 형성된다.

이 자기분말 모양을 백그라운드와 콘트라스트를 이용하여 결함여부를 찾아낼 수 있다. 자기분말 탐상 후에는 자기분말을 떼어내는 작업이 필요하다.

이때는 주로 감쇠교번 자계를 사용한다.

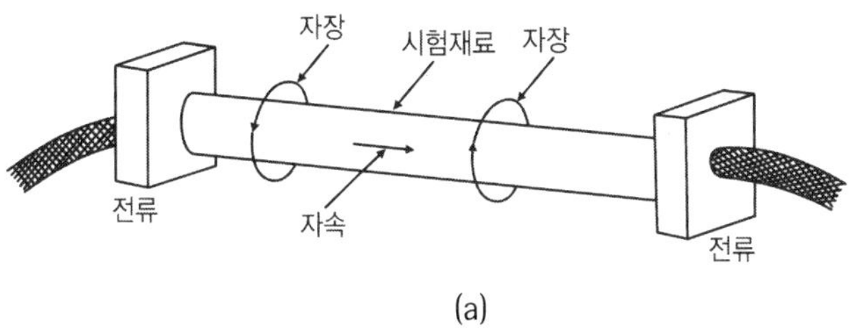

(a)

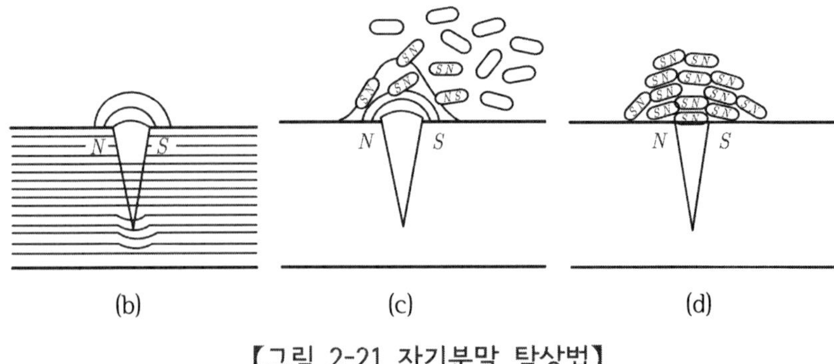

【그림 2-21 자기분말 탐상법】

3. 초음파 탐상법(ultrasonic inspection)

초음파 탐상법은 높은 주파수(1~5MHz)의 음파 즉 초음파의 펄스(pluse)를 탐촉자로부터 시험재료에 투입시켜 내부의 결함을 반사에 의해 탐촉자로 수신되는 현상을 이용 것으로 결함의 위치 및 결함의 크기를 비파괴 방법으로 점검하는 것이다. 고주파 전자의 파동을 석영결정과 병용하여 시험재료 중에 응용한다.

결정사이에서 어떤 시간적인 간격을 두고 시험재료의 맨 끝 부분에서부터 또는 시험재료의 체적 중에 포함되어 있는 어떤 결함으로부터 반사되어 오는 반응을 점검한다. 수신된 신호는 시간적 연관성을 지니고 있는 음극선관에 나타난다.

초음파 탐상법에는 반사방식, 투과방식, 공진방식 등 3가지가 있다.

[1] 반사방식

이 방식은 점검할 재료에 수정(水晶)의 결정 조파(造波)기구를 접촉시키고 매우 짧은 시간 내에 충격적으로 초음파를 발사하면 결합부분에서 반사되는 신호를 받아 그 사이의 시간지연으로 결함까지의 거리를 측정한다.

이 관계를 브라운관형 오실로스코프(oscilloscope)로 관측하기 위하여 어떤 주기의 반복 충격파를 보내어 점검한다.

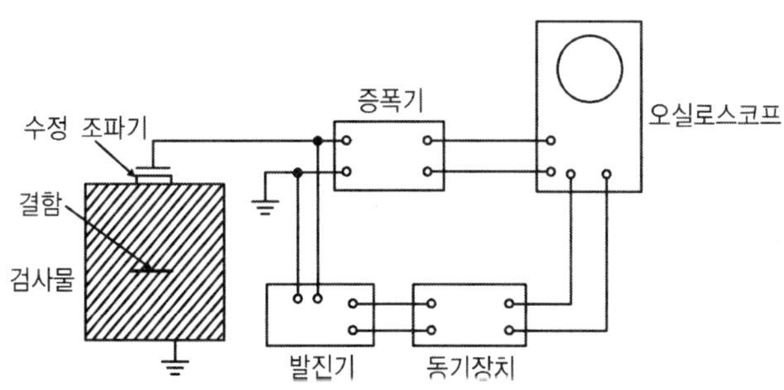

【그림 2-22 반사방식 초음파 검사장치】

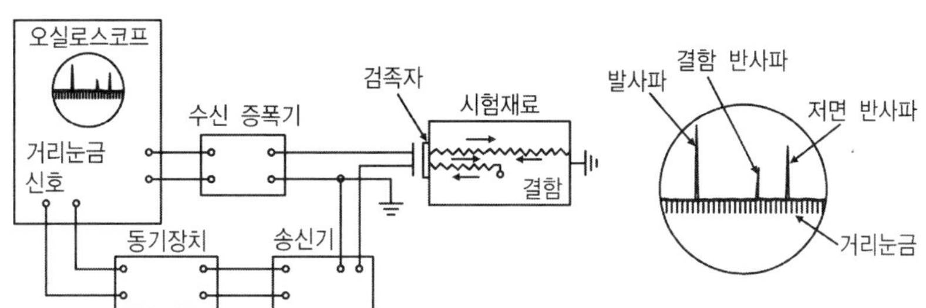

【그림 2-23 반사방식 초음파 검사장치에서의 반사상태】

[2] 투과방식

이 방식은 점검할 재료의 한쪽 면의 발진장치에서 연속적으로 초음파를 보내고, 반대쪽의 수진장치에서 신호를 받을 때 결함에 의한 초음파의 도착에 이상이 발생하므로 이것으로부터 결함의 위치와 크기 등을 판정한다.

[3] 공진방식

이 방식은 발진장치의 파장을 순차로 변화시켜 공진이 발생하는 파장을 구한다. 만약 결함이 있으면 결함까지의 거리가 파장의 1/2 정수배될 때 공진이 발생하므로 결함의 위치를 쉽게 알 수 있다. 공진방식은 주로 결함의 깊이 측정에 사용되며, 결함이 옆으로 뻗어 있을 때의 점검에 적합하다.

4. 방사선 탐상법(radio graphic inspection)

방사선이란 전자선을 금속에 충돌시켜 발생시킨 X 선 방사성 물질에서 방출된 α

입자, β입자, γ선 및 원자로에서 우라늄 235가 핵분열 하였을 때 방출되는 중성자속(中性子束) 등을 말한다.

방사성 물질에는 우라늄 235, 라듐 226 등과 같이 자연계에 존재하는 것과 코방트 60과 같이 인공적으로 만든 것이 있다.

X 선은 전자(電子)라 부르는 음(-)전기의 부하 미립자의 유동과 충돌할 때 밀도가 큰 물질에서 원인이 된 파동, 즉 진공관의 대음극선(對陰極線)으로 볼 수 있다. 이 전자들이 인접한 미립자와 충돌하지 않고 목표물에 적중되도록 하려면 진공이 필요하다.

그러나 이 진공도는 사용되는 X 선 진공관의 형식에 따라서 다르다. 이 진공관은 특수 가스관과 높은 온도의 음극관으로 분류된다. 특수 가스관의 형식에서는 가스의 잔류가 전자의 원천으로 작용할 수 있도록 진공관에 조금 남게 된다.

또 가스 누출장치가 잔류 가스량을 변화시키기 위하여 부속으로 되어 있다. 그림 2-24는 X 선 촬영방식을 그림 2-25는 X 선 또는 γ선 사진촬영의 방법을 나타낸 것이다.

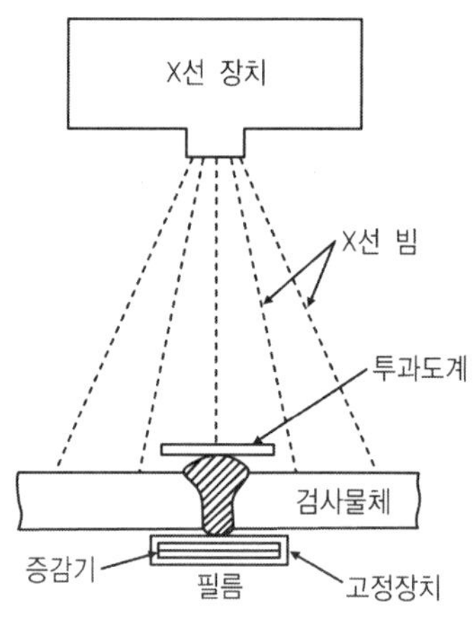

【그림 2-24 X선 촬영 방법】

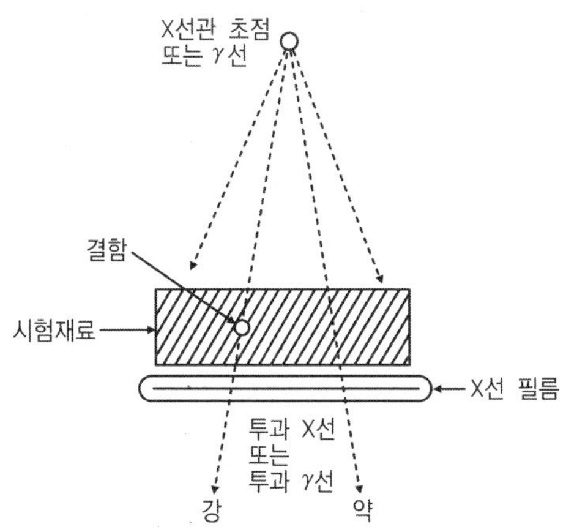

【그림 2-25 X선 또는 γ선 사진촬영】

전자(電子)는 큰 잠재세력의 전압(50,000~200,000Volt)때문에 진공관 대음극(對陰極)을 향하여 매우 빠른 속도로 유동한다. 진공관 대음극 부분에 발생하는 진동은 금속 중의 원자사이의 거리와 거의 크기가 같은 파장이므로 금속을 관통할 수 있다.

X 선은 직선방향으로 이동하며, 불투명한 물체를 관통하는 능력이 있다. 관통에 대한 저항은 물체의 밀도에 거의 비례한다. 관통력이 큰 광선을 하드(hard)라 부르고, 관통력이 적은 광선을 소프트(soft)라 한다.

5. 와류 탐상법(eddy current inspection)

와류 탐상법은 도체에 교류(交流)를 통한 코일을 접근시켰을 때 결함이 있으면 코일에 유기되는 전압이나 전류가 변화하는 것을 이용하며, 시험에서 얻은 신호는 와전류의 분포, 강도, 전자장의 분포와 관계가 있기 때문에 결함을 점검하는 방법으로 사용한다.

이 방법을 와전류 시험 또는 전자유도 시험이라 한다. 와류 탐상장치의 종류에는 수동식과 자동식이 있으며, 수동식은 시험자가 시험코일을 손으로 잡고 시험재료의 표면을 따라 점검하는 것이다.

자동식은 시험재료를 자동적으로 이송하여 점검하며, 점검결과의 기록도 자동적으로 한다. 그림 2-26은 자동식 와류 탐상장치의 구성을 나타낸 것이다.

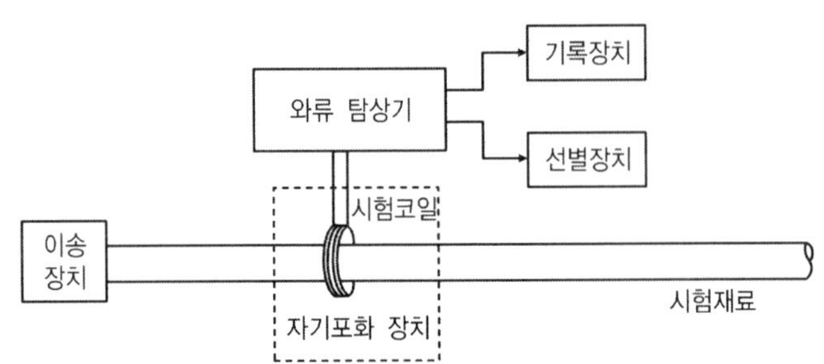

【그림 2-26 자동식 와류 탐상장치의 구성】

이와 같은 장치에서 교류를 통한 시험코일을 시험재료에 가까이 하면 재료 내부에 와전류가 발생하여 시험코일과 와전류와의 상호작용에 의해 시험코일의 임피던스가 변화한다.

여기서 발생하는 와전류는 시험코일과 재료와의 파라미터(형상치수, 전도율, 결함, 상태위치 등)에 의하여 변화하기 때문에 시험코일의 임피던스는 이 파라미터에 의해 변화한다.

와류 탐상장치는 시험코일의 임피던스 변화를 전기신호로 변환시켜 점검하고, 또 점검에 방해되는 잡음을 제거하고 결함신호 만을 나타낸다.

6. 음향 탐상법(acoustic emission inspection)

재료에 힘을 가하면 변형이 일어나고, 전위(轉位)가 작용하여 어떤 점에 층을 형성하거나 쌍정 변형을 일으켜 소성변형이 발생한다. 더욱더 큰 힘을 가하면 균열이 일어난다.

이때의 과정에서는 외부로 방출하는 에너지가 탄성파 또는 소성파로 나타난다. 즉 균열이 발생할 때의 에너지는 스트레인을 초음파로 측정할 수 있다. 이 초음파를 검출하여 재료내부의 변화를 측정하고, 파괴를 예방하고자 하는 것이 음향 탐상법이다.

초음파 탐상법은 정적상태의 검사에 사용되고 음향 탐상법은 파괴의 직전과 같은 동적 변화 측정에 사용한다.

음향 탐상법은 응력파(stress wave)라고도 부르며, 작은 소성변형으로 발생하는 진폭의 작은 연속형 파괴와 미세한 파괴의 발생으로 인한 돌발적인 파괴발생 점검에도 사용된다.

7. 금속의 조직검사

금속의 성질과 그 조직은 밀접한 관계를 지니고 있다. 같은 성분이라고 하더라도 응고조건, 가공 방법, 열처리의 차이에 따라 많은 변화를 일으킨다.

금속의 조직을 검사하여 다른 원소의 침입여부, 결정입자의 크기, 편석의 분포상황, 기공(氣孔), 균열의 유무, 불순물의 위치와 양 등의 관계들을 점검하고, 이것을 이용하여 주조, 소성가공, 절삭가공 및 열처리 등에 대한 영향 및 적부(適否) 등을 판단할 수 있다.

조직검사 방법에는 다음과 같은 것들이 있다.

① 매크로 조직검사 또는 육안 검사 방법

② 현미경 조직검사(마이크로 조직검사)

③ 결함 조직검사

위의 검사 방법 중에서 육안으로 점검하거나 또는 10배 이내의 확대경을 이용하여 육안으로 조직을 검사하는 것을 매크로 조직검사라 하고, 배율이 높은 현미경으로 확대하여 검사하는 것을 현미경 조직검사 또는 마이크로 조직검사라 한다.

현미경 조직검사 방법은 예전에는 시험재료의 표면에 빛을 보내어 반사광선을 이용한 금속 현미경을 주로 사용하였으나 최근에는 광선 대신 전자 빔(electro beam)을 사용하여 확대 형상을 얻는 전자 현미경을 사용한다.

광학 금속 현미경에서는 20~200배 정도로 확대되나 전자 현미경은 2000~40,000배의 확대비율로 조직사진을 찍을 수 있다. 또 최근에는 기계나 구조물의 피로파면 평가에 X 선 주사 현미경을 사용하여 파단면으로부터 균열발생의 기점을 분석하고 있다.

[1] 매크로 조직검사(macro test)

매크로 조직검사는 재료의 결정 입도, 개재물(介在物), 기공 및 결함 등을 시험하기 위해 육안으로 검사하거나, 10배로 확대하는 시험이다. 이 시험은 파단 면의 기름기를 제거하고 부식제를 사용하여 시험재료 표면을 부식시킨다.

철과 강의 시료로 가장 널리 사용되는 부식제는 염산 50mℓ에 섞은 용액이다. 매크로 조직검사는 계기를 이용하지 아니하고 육안 또는 낮은 배율의 확대경으로 다음과 같은 금속의 성질을 알아낼 수 있다.

① 베어링 합금 중의 안티몬(Sb), 청동 중의 납(Pb), 강철 중의 황(S)과 같은 함유원소의 편석에 따른 불균일한 조직

② 슬래그(slag), 유화물(硫化物), 및 산화물과 같은 비금속 물질의 개재물

③ 결정의 크기와 결정성장의 구조파악

④ 제조 방법, 예를 들면 주조, 단조, 용접 및 그 밖의 가공과정

⑤ 성분의 차이, 경도, 마모저항, 부식 및 산화 등에 대한 영향

⑥ 결함이 있는 조직의 기공, 편석, 불순물의 부분적 집합, 강철판 내의 탈탄(脫炭), 부정확한 열처리에 대한 영향

⑦ 시간의 경과와 함께 발생하는 시효(時效), 파손의 원인 및 피로 등에 의하여 파괴된 단면 변화의 영향

⑧ 기계적인 왜곡(歪曲)부분의 결함

그림 2-27은 시험재료 준비에서부터 연마→부식→현미경 조직검사까지의 과정을 나타낸 것이다.

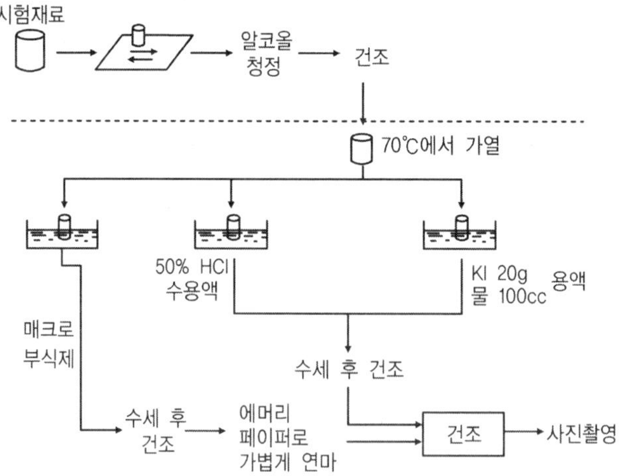

【그림 2-27 매크로 부식시험의 순서와 부식 공정도】

매크로 조직검사에서는 파단면 검사, 황 프린트(sulfur print) 및 매크로 에칭(macro etching)방식 등이 사용된다. 매크로 조직검사에서는 그림 2-27과 같은 순서로 시험재료를 준비하고 부식제를 이용하여 검사한다.

[2] 현미경 조직검사

현미경 조직검사는 내부조직을 점검하는데 널리 사용된다. 이 검사는 시험재료를 잘 다듬질하여 그 표면이 거울 면과 같이 매끈하게 된 것에 적당한 부식제로 부식시켜 조직을 보기 쉽게 만들고 금속 현미경으로 점검하여 그 조직을 알아내는 것이다.

그림 2-28은 금속재료의 조직을 현미경으로 점검할 때의 순서를 나타낸 것이다. 이때는 시험목적에 따라 다음 순서로 현미경 조직검사를 한다.

① 시험재료의 채취할 위치 및 방향 선정

② 시험재료의 연마작업

③ 시험재료의 정밀 연마작업

④ 시험재료의 부식

시험재료의 형상이 작거나 또는 불규칙한 경우에는 마운팅 프레스(mounting press)를 사용하여 마운팅을 한 후에 정밀 연마작업을 하고 부식시키도록 한다.

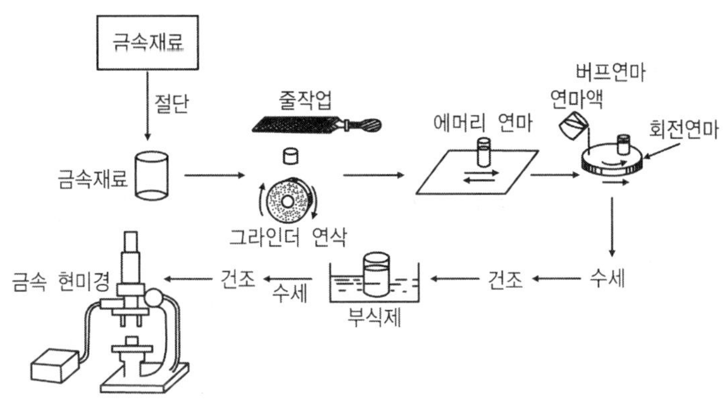

【그림 2-28 금속 현미경에 의한 조직검사】

연습문제

1. 인장시험편에서 변형량에 관한 설명으로 올바른 것은?
   ㉮ 하중에 반비례한다.
   ㉯ 단면적에 비례한다.
   ㉰ 길이의 제곱에 반비례한다.
   ㉱ 탄성계수에 반비례한다.

2. 시험편의 경도를 알아내는 시험 중 해머를 일정 높이에서 시편 위에 떨어뜨려 반발 높이에 의한 경도를 측정하는 시험방법은?
   ㉮ 로크웰 경도시험 ㉯ 브리넬 경도시험
   ㉰ 비커스 경도시험 ㉱ 쇼어 경도시험

3. 기계재료의 시험방법 중 동적 시험인 것은?
   ㉮ 인장시험 ㉯ 압축시험
   ㉰ 충격시험 ㉱ 굽힘시험

4. 다음 중 비파괴시험에 해당하지 않는 것은?
   ㉮ 초음파 탐상 시험법
   ㉯ 형광 침투 탐상법
   ㉰ 샤르피 충격 시험법
   ㉱ 자기결함 탐상법

5. 다음 중 비자성 재료의 표면에 작은 구멍이나 틈을 검출하는 비파괴 시험법으로 가장 적합한 것은?
   ㉮ 충격시험 ㉯ 임프란트 시험
   ㉰ 자기검사 ㉱ 침투탐상 시험

6. 온도변화에 의해 금속의 결정격자가 다른 결정격자로 변하는 현상은?
   ㉮ 동형변태 ㉯ 동소변태
   ㉰ 자기변태 ㉱ 소성변형

7. 철이 상온에서 나타나는 결정 격자는?

㉮ 조밀육방격자 ㉯ 체심입방격자
㉰ 면심입방격자 ㉱ 사방입방격자

8. 탄소강의 A_1 변태점은 몇 도인가?

㉮ 684℃ ㉯ 723℃
㉰ 768℃ ㉱ 941℃

9. 용해온도가 낮은 동, 황동, 청동 등 비철금속을 용해시키는데 주로 사용하는 용해로는?

㉮ 큐폴라(cupola)
㉯ 전기로(electronic furnace)
㉰ 반사로(reservatory furnace)
㉱ 평로(open heat furnace)

10. 다음 중 도가니로의 규격은 어떻게 표시하는가?

㉮ 시간당 용해 가능한 구리의 중량(kgf)
㉯ 시간당 용해 가능한 구리의 부피(m^3)
㉰ 한 번에 용해 가능한 구리의 중량(kgf)
㉱ 한 번에 용해 가능한 구리의 부피(m^3)

1 ④
2 ④
3 ③
4 ③
5 ④
6 ②
7 ②
8 ②
9 ③
10 ③

CHAPTER

3 상(相)의 변화와 평형상태도

3-1 합금의 성분과 농도 표시 방법

1. 상(phase)

금속원소는 고체와 기체에서 각각 그 성질이나 상태가 다르며, 액체에서 기체로 또 액체에서 고체로 변화한다. 이때 고체, 액체, 기체 등은 서로 다른 한 상(相)이라고 한다. 또 각각을 고상(固相), 액상(液相), 기상(氣相)이라 한다.

상 내에서는 모두 균일한 원자의 집합상태로 되어 있다. 금속 중에서 어떤 금속은 같은 고체상태에서도 다른 종류의 원자배열을 갖는 경우도 있다. 이때에는 같은 금속의 고체이지만 다른 상이라고 한다.

2. 계(system)

한 그룹(one group)의 물체를 외계(外界)와 차단하여 그 물질이외의 것은 물질적 교섭이 없는 상태에 있다고 할 때 이것을 계(系)라 한다.

예를 들어 구리(Cu)-아연(Zn)계라고 하면 구리와 아연의 관계만 고려하고 그 밖의 것은 고려하지 않는 경우이다. 계에는 균일계(homogeneous system, 단상계)와 불균일계(heterogeneous system, 다상계)가 있다.

3. 성분(component)

한 그룹(one group)의 물질을 형성하고 있는 화학적인 종별(種別)을 성분이라 한다. 즉 한 개의 계를 구성하고 있는 물질로서 한 개의 성분으로 된 것을 1성분계(one component system), 2성분으로 된 것을 2원계(binary system), 같은 방법으로 각각 3원계(ternary system), 4원계(quarternary system)라 하고 그 합금은 2원 합금, 3원 합금, 4원 합금이라 한다.

4. 상의 규칙

불균일계의 상태를 명확하게 설명하는 기본법칙으로 상의 규칙(phase rule)이 있다. 이 상의 규칙은 계의 평형을 설명하는데 사용된다.

상의 규칙에서 한 성분계에서 자유도(freedom)의 수, 성분의 개수, 상의 개수 등의 수적(數的) 관계를 취급하는 기브스(Gibbs)의 이론은 매우 복잡하지만 결론은 간단하다.

즉,

$$F = C - P + 2$$

여기서, F : 자유도의 수

C : 성분의 수

P : 상의 수

그러나 금속재료를 취급할 때에는 대기압력 상태에서 다루게 되므로 기압에는 관계없다고 생각하여 기압이라는 자유도를 1개 제거한다.

따라서 자유도의 변수인 온도, 압력 및 농도의 3개 중에서 압력을 없애고 취급하는 것을 응고계 상의 규칙이라 한다.

$$F = C - P + 1$$

이 관계가 평형 상태도를 설명하는데 사용하는 중요한 상의 규칙이다.

5. 농도 표시 방법

[1] 무게의 백분율(%)과 원자의 백분율(%)

한 개의 계에서 성분상호의 관계량 또는 그 비율을 농도라 하고 백분율(%)로 나타낸다. 합금에서 함유량의 비율을 무게의 농도로 표시하는 경우가 많다.

또 이론적인 계산을 할 경우에 원자수의 비율을 표시하는 농도를 나타내는 경우도 있다. 양쪽 농도사이의 환산 방법은 다음과 같다.

성분의 농도는 이론적 연구에서는 원자 백분율로 나타내지만 일반적으로 무게 백분율로 나타낸다. 2성분 합금인 경우에는 무게 백분율과 원자 백분율 사이에는 다음과 같은 관계가 성립된다.

a, b : 성분 A와 성분 B의 무게 백분율(%)

W_A, W_B : 성분 A와 성분 B의 원자량

P, Q : 성분 A와 성분 B의 원자 백분율(%)

$$P=\frac{\frac{a}{W_A}}{\frac{a}{W_A}+\frac{b}{W_B}}\times 100\ , \qquad Q=\frac{\frac{b}{W_B}}{\frac{a}{W_A}+\frac{b}{W_B}}\times 100$$

또는

$$a=\frac{PW_A}{PW_A+QW_B}\times 100, \qquad b=\frac{QW_B}{PW_A+QW_B}\times 100$$

[2] 2성분계의 농도 표시 방법

A, B 2개의 성분으로 된 계의 각종 조성, 즉 농도를 표시할 때에는 유한직선(有限直線)을 사용한다.

일반적으로 2원 합금의 상태는 대부분 조성 및 성분으로 나타낸다. 조성과 성분은 다음과 같이 구분한다.

예를 들면

조성 ················ 60%, 40%

성분 ················ Cu, Zn 또는 Fe, Cr 등의 원소

A, B 2개의 성분을 유한직선 위에서 고려하면

A의 성분 농도를 ················ $x\%$

B의 성분 농도를 ··············· y%

라 할 때 A, B의 2성분계의 농도 표시 방법은 다음과 같이 한다.

그림 3-1의 X, Y 직각 축의 평면상에 A, B는 농도 x, y의 점으로 A와 B를 합치면 농도는 100으로 된다. 즉 $x+y=100$의 관계가 있다.

A, B 위에서 P(x, y)를 구하려면 P를 통하는 45°의 각도를 이루는 직선과 X, Y 축과의 교차점을 각각 A, B라 하면 상사(相似)3각형으로부터

$$\frac{AP}{BP}=\frac{y}{x}$$

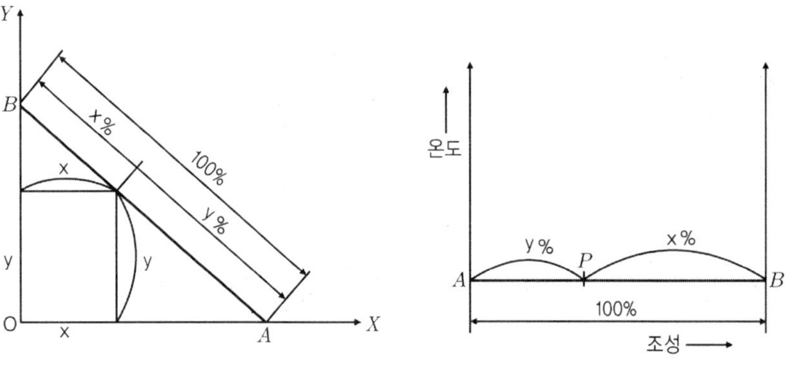

【그림 3-1 성분의 농도 표시 방법】

따라서 A, B를 100%라 하면 직선상의 임의의 점은 각각 A, B의 성분의 농도를 나타낸다. 여기서 A, B를 수직 축에 온도를 표시하면 2원 상태도가 된다.

2원 합금의 모든 상태는 선도로 나타낸다. 이것을 레버 관계(lever relation)라 한다. 농도는 일반적으로 무게 백분율로 나타내며, 특수한 경우에는 원자 백분율을 사용하기도 한다.

3-2 열 분석(thermal analysis)

물체의 상(相)변화나 고체 내에서의 변태점을 측정하는 방법에는 여러 가지가 있으나 열 분석이 간단하기 때문에 널리 사용된다.

금속 및 합금을 열 분석할 때에는 적당한 온도계를 금속 또는 합금 중에 설치하고 일정한 속도로 가열 또는 냉각시키면서 온도-시간곡선을 만들 때 곡선 상에 변곡점(變曲點)을 나타내는 점을 변태점(變態點)으로 정한다.

물질에서 상의 변화가 발생하면 성질에 관련된 변화가 병행된다. 높은 온도에서 안정된 상(相)이 낮은 온도에서 안정된 상(相)보다 많은 양의 열에너지가 작용하기 때문에 상(相)의 변화에 의해 에너지의 변화도 발생한다.

열의 변화는 항상 냉각에서는 열을 발산하고, 가열에서는 열의 흡수가 일어난다. 따라서 같은 상태의 가열과 냉각을 할 때 상에 변화가 일어나면 온도의 상승 및 강하속도에 지연이 일어난다.

이와 같이 열에 대한 변화점을 추구한 것을 열 분석 곡선이라 한다.

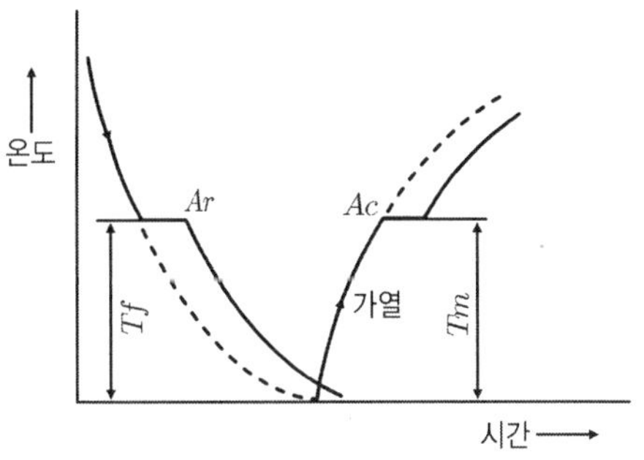

【그림 3-2 열 분석곡선】

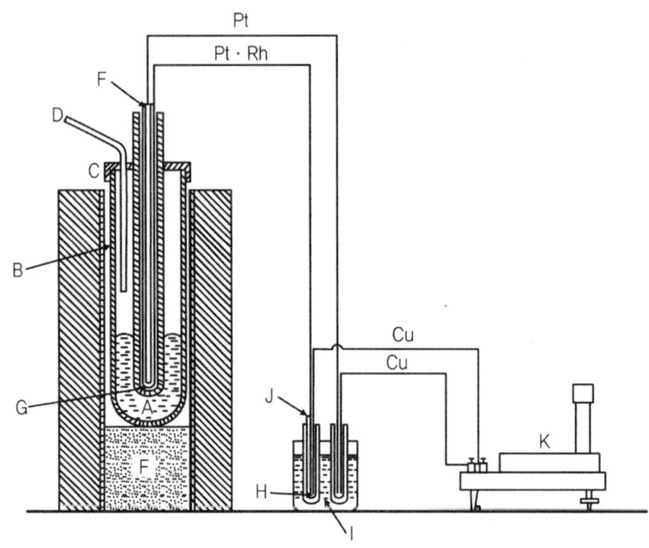

A : 용해금속　B : 도가니로　C : 금속뚜껑　D : 가스 도입관
E : 열전대 보호관　F : 절연관　G : 고온 접점　H : 저온 접점
I : 얼음물　J : 절연관　K : 밀리볼트 미터

【그림 3-3 열 분석장치】

3-3 합금의 평형상태도

기계재료로 사용되는 합금의 종류는 매우 많으며, 합금에서 나타나는 상(相)의 종류 및 성질은 농도 및 온도에 따라 변화한다.

어떤 계에서 어떤 농도와 온도에서 평형상태에 있는 각 상의 종류와 조성성분을 표시한 그림을 상태도(phase diagram)라 한다.

이 그림은 다른 상(相) 사이의 평형관계를 나타내므로 평형 상태도(equilibrium diagram)라고도 부른다. 평형 상태도는 그 종류가 많고 그 형상이 각각 다르다. 그러나 그 내용을 분석하여 보면 몇 개의 기본이 되는 반응을 볼 수 있다.

그 중에서도 중요한 것은 공정(共晶), 고용체(固溶體), 금속사이의 화합물, 편정 등이 있다.

각종 상태도에 공통된 합금의 기본반응을 잘 이해하면 복잡한 상태도도 쉽게 알

수 있다. 상태도를 그릴 때에는 온도-시간의 관계를 나타내는 열 분석곡선에서 굴절점, 변태점을 구하여 이것을 각 조성 및 각 온도에 연결한다.

그림 3-4는 합금의 상(相) 변화를 나타내는 평형 상태도와 조직의 관계를 나타낸 것이다.

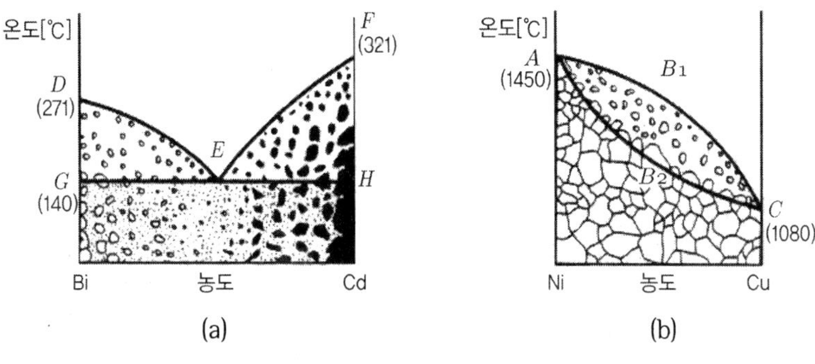

【그림 3-4 합금의 상변화와 조직】

[1] 공정합금(eutectic alloy)

2개의 금속성분이 용융되어 있는 상태에서는 서로 융합되어 균일한 액체상태를 형성하지만 응고된 후에는 금속성분이 각각 결정(結晶)으로 되어 분리되며, 2개의 금속성분이 기계적으로 혼합된 조직으로 된다.

이와 같은 합금을 공정이라 하고, 이때의 조직을 공정조직이라 한다. 공정은 매우 미세한 층상(層狀)또는 입상(粒狀)조직을 형성하기 때문에 현미경으로 관찰하면 쉽게 구분할 수 있다.

그림 3-5의 (a)는 카드뮴(Cd)-비스무트(Bi)의 열분석 곡선이고, (b)는 카드뮴과 비스무트의 평형 상태도를 나타낸 것이다.

여기서 비스무트 60%의 성분을 용융상태에서 냉각시키면 일정온도 140℃에서 카드뮴과 비스무트로 혼합된 공정이 발생한다.

이때 140℃가 공정온도이다. 그림 3-5 (b)의 각 온도곡선에서 다음과 같은 변화를 하는데 T_1E에서는 용액(M)에서 카드뮴이 초정(初晶, primary)으로 정출되는 온도, T_2E에서는 액체(M)에서 비스무트가 초정으로 정출되는 온도이다.

또 *HEI*는 공정 온도선으로 일정한 온도에서 공정으로 된다. 각 구역의 조성을 표시하면 다음과 같다.

① T_1ET_2 이상의 구역 Ⅰ : 용액(M)

② T_1EH 구역 Ⅱ : M+카드뮴

③ T_2EI 구역 Ⅲ : M+비스무트

④ *HE* 이하 구역 Ⅳa : 카드뮴+공정(카드뮴+비스무트)

⑤ *EI* 점 아래 구역 Ⅳb : 비스무트+공정(카드뮴+비스무트)

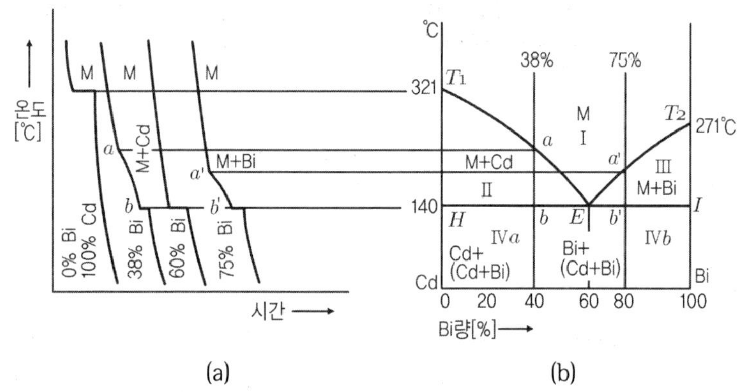

【그림 3-5 카드뮴-비스무트 열분석 곡선과 상태도】

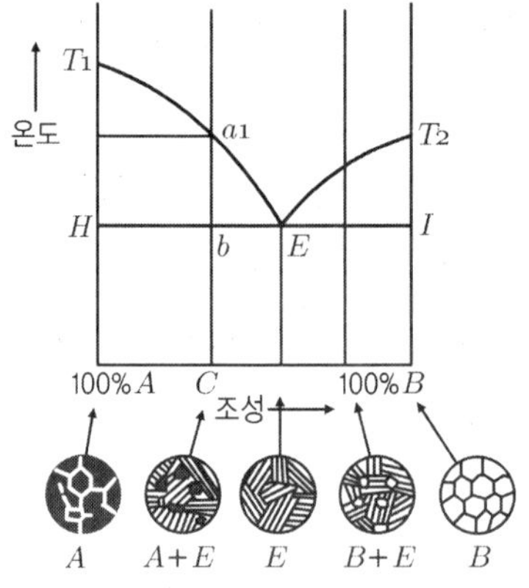

【그림 3-6 공정반응과 조직】

[2] 고용체(solid solution)

한 성분의 금속 중에 다른 금속성분이 혼합되어 용융상태에서 합금이 되었을 때 고체상태에서도 균일한 융합상태로 되어 각 금속성분을 기계적인 방법으로 구분할 수 없는 경우를 고용체라 한다.

고용체는 합금을 형성하는 비율에 의해 2종류로 분류하는데 여기에는 전율가용 고용체(all proportional solid solution)와 한율가용 고용체(partially misible solid solution)가 있다.

고용체를 형성하는 결정격자에는 그림 3-7에 나타낸 바와 같이 (1), (2), (3)의 3가지가 있다.

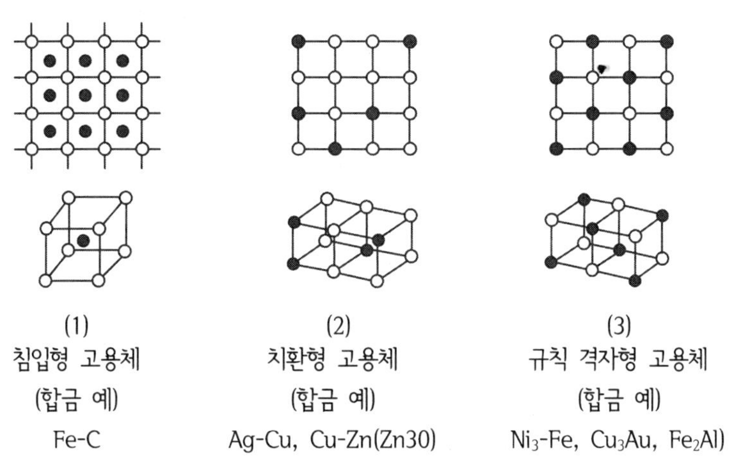

【그림 3-7 고용체이 결정격자】

그림 3-7 (1) 경우는 어떤 금속성분의 결정격자 중에 다른 원자가 침입한 것으로 침입형 고용체라 한다.

(2)는 어떤 금속성분의 원자가 다른 금속성분의 격정격자의 원자와 위치가 바뀐 형식의 고용체이며 이것을 치환형 고용체라 하다.

(3)의 경우는 두 금속성분의 원자에 규칙적으로 치환된 배열을 지니는 고용체이며 이것을 규칙 격자형 고용체라 한다.

고용체를 만들 때에는 금속성분의 원자 지름의 차이가 15% 이상 되면 같은 원자 격자를 지니고 있어도 고용체가 되지 않는다.

원자의 크기가 서로 다른 금속이 고용체를 만들 때 원자들이 서로 침입하거나 치환하여 합금으로 되었을 때의 결정은 단일금속의 결정에 비해 큰 변형이 발생한다. 따라서 가공변형이 어렵게 되고 또 합금으로서의 강도와 경도가 증가한다.

그림 3-8은 금속성분 A와 B가 전용가용 고용체를 형성할 때의 열분석 곡선과 상태도를 나타낸 것이다.

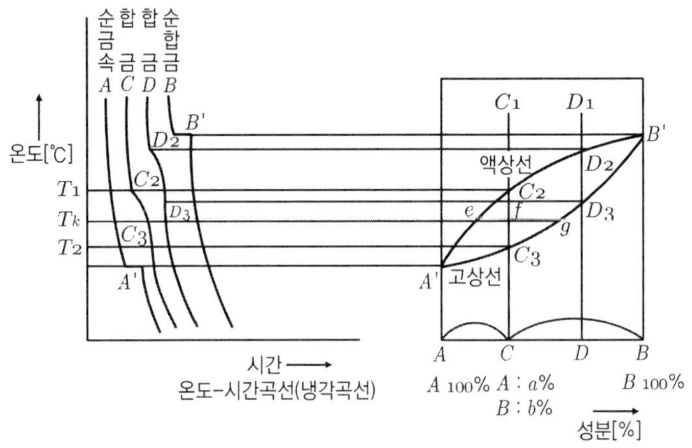

【그림 3-8 고용체의 상태도】

여기서 $A'C_2D_2B'$ 곡선은 용액에서 초정이며, 고용체의 결정으로 되기 시작하는 변태 시작 온도곡선으로 이것을 액상선(liquidus)이라 한다.

그리고 $A'C_3D_3B'$ 곡선은 용액이 고체로의 변태완료 온도곡선으로 이것을 고상선(solidus)이라 한다.

고용체가 형성될 때의 구역을 보면 액상선보다 높은 온도에서는 균일한 용액이고, 고상선보다 낮은 온도에서는 고체가 된다.

그리고 액상선과 고상선 사이에는 액체와 고체가 공존한다.

그림 3-9는 전율가용 고용체의 상태도와 조직의 관계를 나타낸 것이다. 전율가용 고용체의 실례에는 Ag-Au, Ag-Pd, Cu-Ni, Bi-Sb, Co-Ni 등 그 종류가 매우 많다.

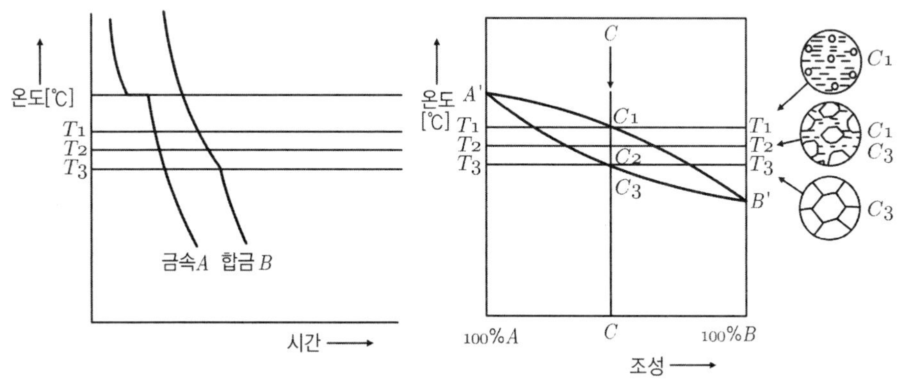

【그림 3-9 전율가용 고용체의 상태도와 조직】

[3] 고용체가 공정을 형성할 때의 합금

고용체 α와 β가 공정을 형성할 때의 상태도를 그림 3-10에서 설명하도록 한다. 전율가용 고용체일 경우에는 원자 A와 원자 B는 격자(格子)가 같고 변형이 적어야 하는 조건이 요구되며, 원자의 지름도 차이가 없어야 한다.

원자지름의 차이가 15%이상 되면 변형이 크기 때문에 전율가용 고용체가 되지 못한다.

즉 결정격자가 같고 원자지름의 차이가 클 때 또는 결정형이 다른 경우에는 A 금속의 격자점에 B 금속이 치환되는 수가 많아짐에 따라 응력이 증가하여 A 금속의 격자가 존속할 수 없는 한계가 존재한다.

이 한계를 A 금속에 대한 B 금속의 고용체의 용해한계라 하며, 이와 같은 고용체를 한율가용 고용체라 한다.

또 A와 B 2개의 금속성분이 어느 한계까지(그림 3-10에서 GH, FK로 표시)는 서로 융합된 고용체를 형성한다.

그러나 그림 3-11은 고용체 α와 β에 서로 용해한계를 지니고 있는 한율가용 고용체의 예이다.

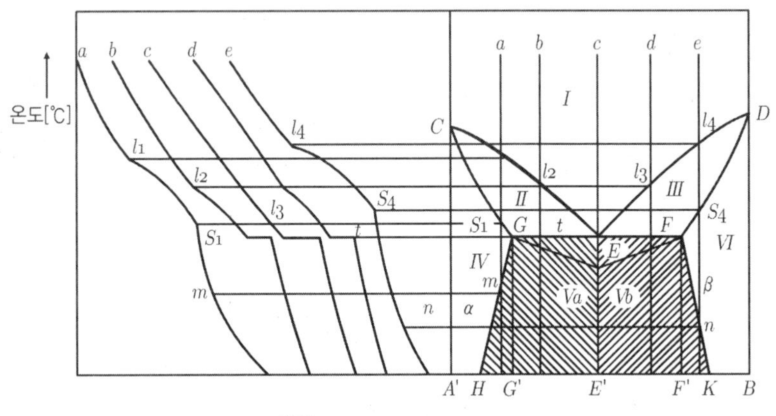

【그림 3-10 한율가용 고용체의 상태도】

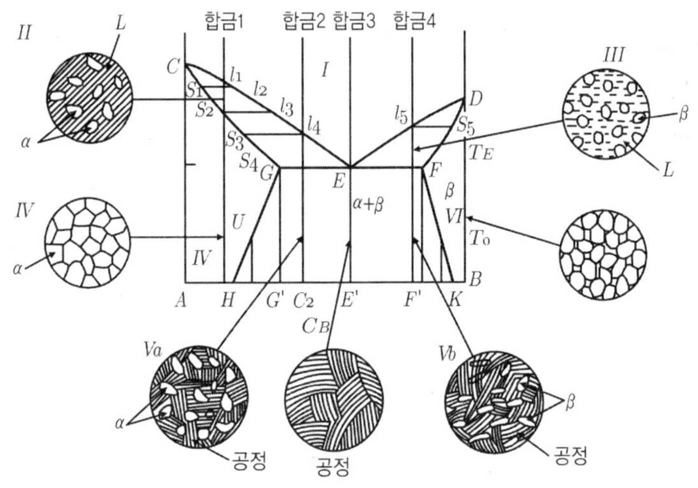

【그림 3-11 고용체 공정합금의 조직】

구역을 표시하면 다음과 같다.

① Ⅰ : 용체(melt)

② Ⅱ : 용체+α(초정)

③ Ⅲ : 용체+β(초정)

④ Ⅳ : α 고용체

⑤ Va : α+공정(α+β)

⑥ Vb : β+공정(α+β)

⑦ Ⅵ : β 고용체

실제로 사용하고 있는 합금에는 Cu-Au, Sg-Si, Al-Si, Bi-Sb, Ag-Cu, Au-Ni, Au-Co, Cd-Sn, Cd-Zn, Pb-Sn 등이 있다.

[4] 금속사이의 화합물

두 종류 이상의 금속원소가 간단한 원자비율로 결합되어 원래의 물질과는 전혀 다른 물질이 형성되며, 그 원자도 규칙적으로 결정 격자점을 보유 할 때 이 화합물을 금속사이의 화합물(inter metallic compound)이라 한다.

금속사이의 화합물이 형성되는 경우 A와 B 2개의 금속사이의 친화력이 매우 강력할 때에는 단순하고, 일정한 원자비율로 결합하며, $A_{n,}$ B_m의 화학공식으로 나타낸다.

이때 이온결합을 하는 것이 아니라 원자를 공유한 공유결합을 한다. 금속사이의 화합물의 예로 Au-Cu 계에 나타나는 AuCu 및 $AuCu_3$의 경우에서는 Au 원자와 Cu 원자는 1 : 1 및 1 : 3의 비율로 규칙적으로 배열되어, 면심입방격자를 구성한다. 이때의 결합은 단순한 기계적 혼합물이 아니며, 금속사이의 화합물을 형성하고 있는 근거를 X 선 분석을 하면 쉽게 알 수 있다.

【표】 금속사이의 화합물을 만드는 합금의 예

합금 명칭	금속사이의 화합물
탄소강, 주철	Fe_3C
청동	Cu_4Sn, Cu_3Sn
알루미늄 합금	$CuAl_2$
마그네슘 합금	Mg_2Si, $MgZn_2$

그림 3-12는 금속사이의 화합물을 지니는 예를 나타낸 것인데 여기서, L : 용액, α : 고용체, β : 금속사이의 화합물(A_m, B_n), ab, bc, cd, de : 액상선, af : 고상선, fi : 용해 한계선, fhg와 hdi : 공정선, cghk : 금속사이의 화합물(β)이다.

예를 들면 Mg-Sn, Mg-Bi, Mg-Zn, Na-Au, Te-Bi 등이 있다.

그림 3-13은 금속사이의 화합물이 고용체를 형성하는 경우이며, As-Sb의 상태도이다. 이와 같은 것으로는 Au-Cu, Fe-V, Ni-Mn, Cr-Ni 등이 있다.

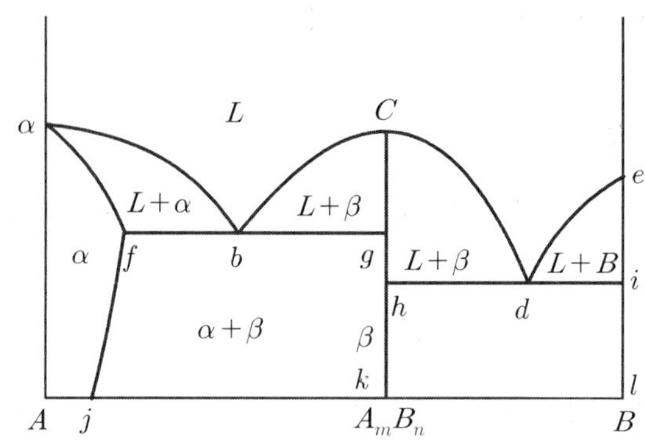

【그림 3-12 금속사이의 화합물 상태도】

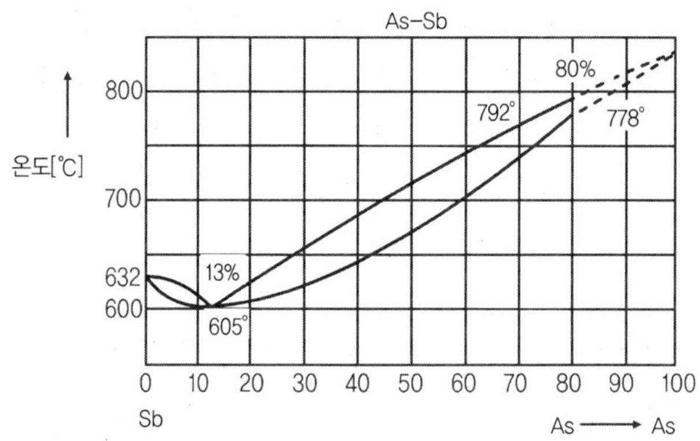

【그림 3-13 As-Sb계 상태도】

그림 3-14는 금속사이의 화합물이 한율가용 고용체를 형성한 예이다. 금속에 금속사이의 화합물이 용해된 고용체를 β라 하면 그림 3-14의 각 구역상태는 다음과 같다.

① Ⅰ : 용체

② Ⅱ(CGE_1) : α+용체

③ Ⅲ(FHE_1) : γ+ 용체

④ Ⅳ(FME_2) : γ+ 용체

⑤ Ⅴ(DNE_2) : β+용체

⑥ Ⅵ($CAKG$) : α

⑦ Ⅶ($GKLH$) : α+γ

⑧ Ⅷ($FHLPMF$) : γ

⑨ Ⅸ($MPQN$) : γ+β

⑩ Ⅹ($DNQB$) : β

또 GK, HL, NQ, MP 등은 각각 용해한계를 나타낸다. 이 형식을 상태도를 지닌 합금에는 Bi-Tl, Hg-Tl 등이 있다.

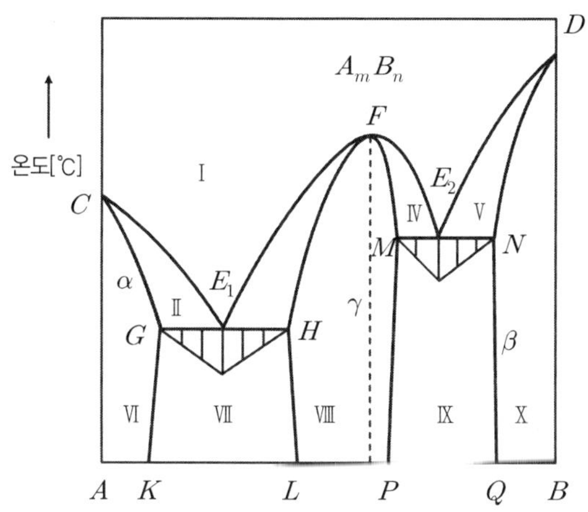

【그림 3-14 한율가용 고용체를 지닌 상태도】

[5] 포정 합금(peritectic alloy)

그림 3-15에 표시된 금속 A에 다른 금속 B를 첨가하였을 때 그 용융점은 점차로 낮아지며, 반대로 금속 B에 금속 A를 첨가하면 그 응고점은 점차로 높아진다.

그리고 E점에서 마주친다. 즉 E점 이상의 온도에서는 α고용체가 안정되고, E점 이하에서는 β고용체가 안정된다. 이 합금은 E점의 온도에서 양쪽 고용체의 안정도가 다르게 된다.

따라서 냉각을 할 때에는 E점에서 용융체 E와 동시에 공존하는 α고용체(G)가 서로 반응을 일으켜 새로운 β고용체(F)를 형성한다.

반대로 가열할 때에는 β고용체가 α고용체(G)와 용액(E)의 2개로 나누어진다. 즉 GFE선의 온도 t에서는 다른 반응이 일어난다.

$$E(\text{용액}) + G(\alpha\,\text{고용체}) \underset{\text{가열}}{\overset{\text{냉각}}{\rightleftarrows}} F(\beta\,\text{고용체})$$

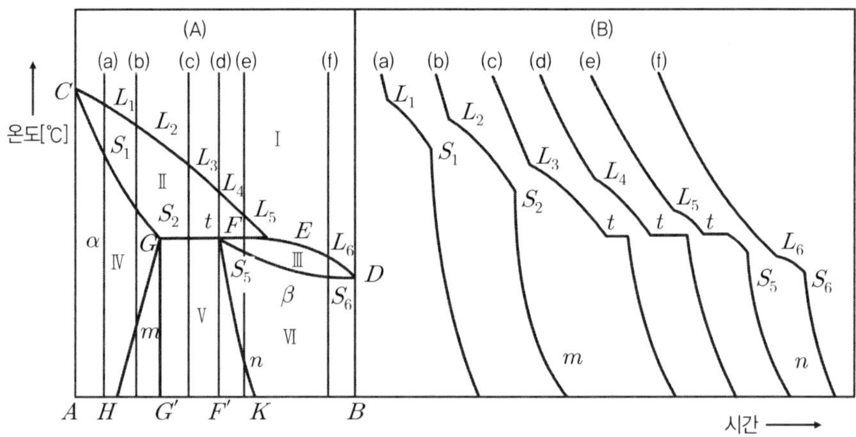

【그림 3-15 포정계 합금 상태도】

이와 같은 합금을 용융상태에서부터 냉각시키면 어떤 일정한 온도에서 정출(晶出)된 고용체와 동시에 이와 공존하는 용액이 서로 반응을 일으켜 새로운 다른 고용체를 형성한다.

이와 같은 반응을 포정반응(peritectic reaction)이라 하고, 이때 발생한 고체를 포정이라 한다.

그림 3-16은 포정 발생기구를 표시한 것이다. (a)는 포정반응 초기, (b)는 반응이 상당히 진행된 상태, (c)는 포정반응을 완료하여 β고용체가 된 것이다. 포정반응을 하는 합금에는 Ag-Cd, Ag-Pt, Fe-Au, Ag-Sn, Al-Cu 등이 있다.

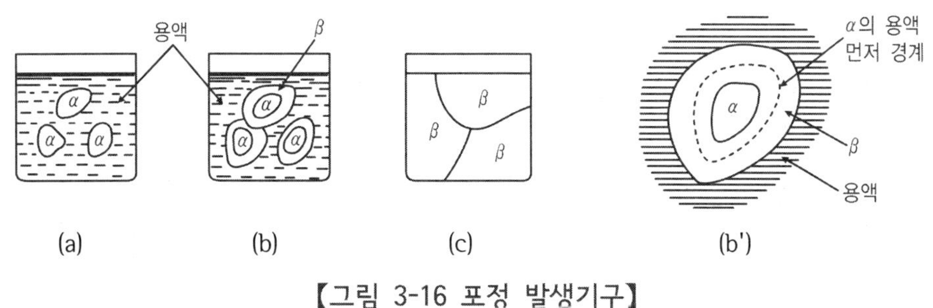

【그림 3-16 포정 발생기구】

[6] 편정 반응(monotectic reaction)

그림 3-17의 Ⅱ(GKF) 사이에는 완전히 융합되지 않은 2종류의 용융체가 공존하는 범위이다. 즉 2개의 액체상태로 분리되는 용액의 용해도 곡선을 표시한다. GF 사이의 농도의 합금은 온도 K와 GF의 중간에서는 반드시 2개의 액체상태로 구분된다. 그러나 온도가 K 이상이 되면 균일한 액체로 된다.

즉 K가 임계온도이다. 다음에 CG 곡선을 보면 CG선에서 용액으로부터 초정(初晶) A를 정출하기 때문에 CG 곡선은 A의 초정선이 된다. 용융상태에서 냉각하면 l_1점에서 초정 A를 정출하고, 온도의 강하에 의해 용체는 CG선을 따라 온도 t_1에 도달하면 G점으로 이동한다.

G점의 용체를 고려하면 G점은 CG 상의 1개의 점이므로 A를 초정하여 정출한다. A의 초정을 많이 낼수록 용체의 농도는 B 쪽을 향하여 이동한다. 즉

$$\text{용액}(G) \underset{\text{냉각}}{\overset{\text{가열}}{\rightleftarrows}} \text{초성}(A) + \text{용체}(F)$$

GF사이에는 결정체가 없다. 이와 같은 한율가용 용체에 있어 $M_G \rightleftarrows A_H + M_F$의 반응이 일어난다. 이와 같은 공액용체(共軛容體)의 한쪽이 결정을 정출하여 다른 쪽의 용체로 변화하는 반응을 편정반응이라 한다.

이때는 3상(相)이 공존하기 때문에 불변계(不變系)의 반응이며, 온도가 일정하게 된다. 따라서 편정반응이 완료될 때까지는 일정한 온도를 지속한다.

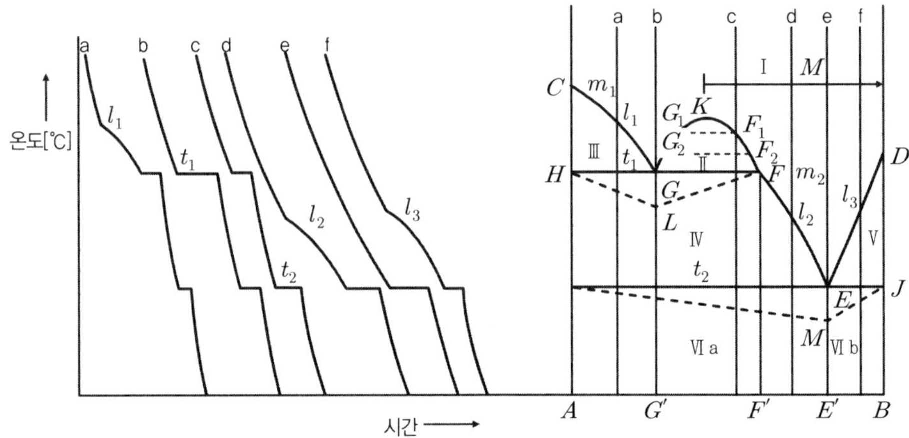

【그림 3-17 편정반응의 설명도】

[7] 2원 합금의 상태도의 예

2원 합금(二元 合金)의 기본형에 대한 냉각과정은 상태도를 이해하고 금속을 활용하는데 매우 중요하다.

여기서는 공업적으로 널리 사용되고 있는 Fe-C의 철 합금과 Cu-Zn의 구리합금을 기본형과 대조하여 설명하도록 한다.

(1) Fe-C 상태도

이것을 공업적으로 중요한 강철의 기본형으로 그림 3-18의 상태도 중 Ⅰ, Ⅱ의 원(圓) 안의 부분만을 표시한 것이 그림 3-18의 위쪽에 있는 2개의 부분이다. 그림 3-19의 (Ⅰ)는 δ+L(용액)→γ고용체의 포정반응이고, (Ⅱ)의 부분은 γ→α+Fe_3C(금속사이의 화합물의 공석반응)이다.

Ⅰ 및 Ⅱ의 부분에 대한 고성선, 액상선, 용해 한계선 등을 연장하면 그림 3-18의 아래 그림의 실선으로 되어 단순한 공정형(共晶型)으로 된다.

따라서 Fe 쪽에만 용해 한계선이 있는 경우가 된다. 즉, 공정에서 L(용액)→γ+Fe_3C로 된다. 이와 같이 기본형을 관찰하면 Fe-C계의 상태도를 쉽게 이해할 수 있다.

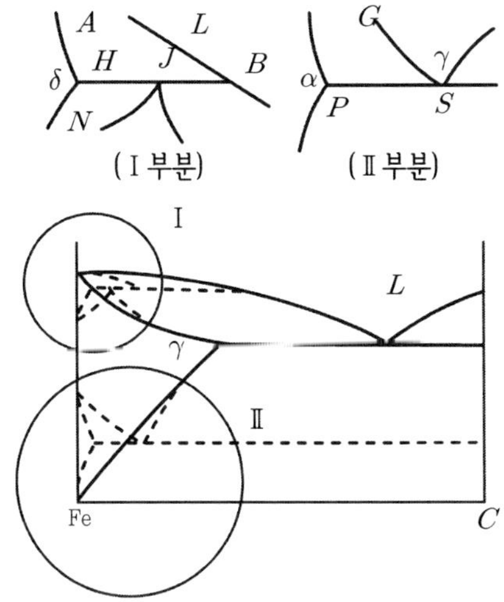

【그림 3-18 Fe-C 상태도】

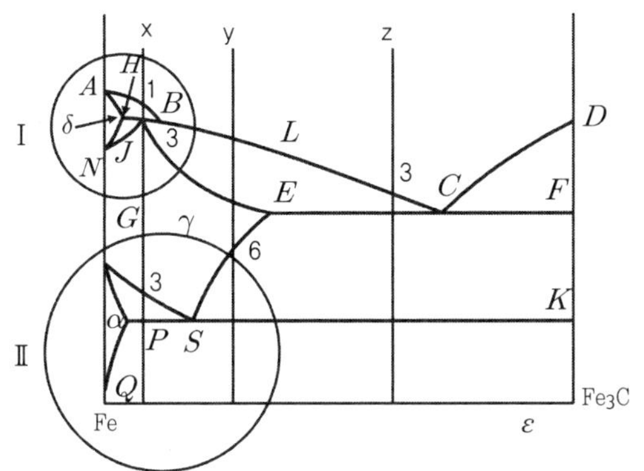

【그림 3-19 Ⅰ, Ⅱ부분의 기본도】

그림 3-19에서 x성분의 합금을 용융상태에서 냉각하면, 점 1에서 초정 δ를 정출한다. 온도가 내려감에 따라 용액 L에서 δ고용체를 정출하면서 액상선 AB에 따라 변화한다.

그 후 HB 온도에서 포정반응이 일어나고, x는 J점보다 바깥쪽에 있기 때문에 반응이 완료되면 δ는 모두 소진되어 γ고용체와 용액만 남는다.

더욱더 온도가 낮아지면 2점의 온도까지 γ를 정출하고, 2점에서는 모두 γ로 되어 용고가 완료된 후 3점까시 섬자로 온도가 낮아지면 3점에서 초석 α를 석출한다.

더욱더 온도가 낮아지면 PSK선의 온도에서 $\gamma \rightarrow \alpha + Fe_3C$의 공석반응에 의해 γ는 $\alpha + Fe_3C$의 층상의 공석(共析)이 형성되고 펄라이트 조직으로 된다.

실온까지 오는 사이에 α는 용해도의 변화에 따라 Fe_3C를 석출한다. 같은 방법으로 y 및 z 성분의 합금도 설명된다.

(2) Cu-Zn계 합금의 상태도

그림 3-20은 황동의 Cu-Zn의 상태도이다. 이 상태도는 매우 복잡하다. 그림 3-20 중의 Ⅰ, Ⅱ, Ⅲ, Ⅴ 및 Ⅵ 등은 각각 포정이고, Ⅳ는 공석이다.

① Ⅰ : 포정 --- α+L(용액)→β

② Ⅱ : 포정 --- β+L→γ

③ Ⅲ : 포정 --- γ+L→δ

④ Ⅳ : 공석 --- $\delta \rightarrow \gamma + \varepsilon$

⑤ Ⅴ : 포정 --- δ+L→ε

⑥ Ⅵ : ε+L→η

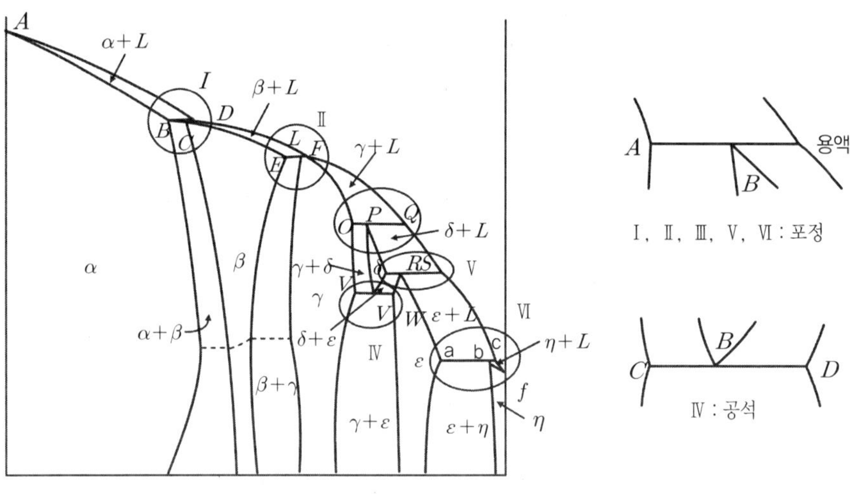

【그림 3-20 Cu-Zn의 상태도】

3-4 금속의 조직

어떤 물질을 구성하고 있는 원자가 규칙적으로 배열되어 있을 때 이것을 결정체라 한다. 일반적으로 금속은 매우 많은 크고 작은 결정의 집합체로 되어 있다.

금속을 구성하고 있는 결정들은 무질서하게 집합을 이루고 있으며, 이와 같은 결정집합을 다결정체라 하고, 그 1개 1개의 결정체를 결정입자(crystal grain)라 한다. 결정입자와 결정입자의 경계를 결정경계라 한다.

이와 같은 배열을 결정격자라 하며, 금속은 각각 고유의 결정격자를 지닌다.

1. 금속의 결정구조

금속의 결정격자는 단위세포(unit cell)로 구성되어 있으며, 금속의 단위세포 중에 있는 원자를 볼(ball)로 표시하고 그 배열의 특징을 나타내는데 필요한 최소한도의 원자수로 표시하면 그림 3-21에 나타낸 바와 같이 체심입방격자(B.C.C), 면심입방격자(F.C.C), 조밀육방격자(H.C.P) 등이 있다.

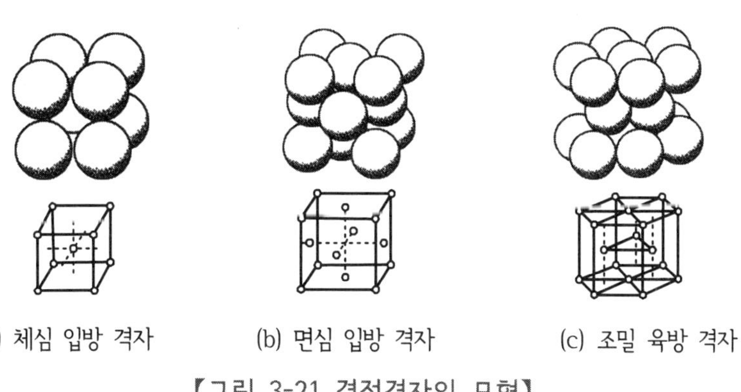

(a) 체심 입방 격자 (b) 면심 입방 격자 (c) 조밀 육방 격자

【그림 3-21 결정격자의 모형】

[1] 체심 입방 격자(Body Centered Cubic lattice)

입방체의 각 모서리와 입방체의 중심에 1개의 원자가 배열된 결정격자 구조이며, 순철의 경우 1400℃ 이상 910℃ 이하에서 이 구조를 갖는다. 체심 입방 격자의 금속에는 철(Fe), 크롬(Cr), 몰리브덴(Mo), 텅스텐(W) 등이 있다.

[2] 면심 입방 격자(Face Centered Cubic lattice)

입방체의 각 모서리와 면의 중심에 1개의 원자가 배열된 결정격자 구조이며, 순철에서는 900~1400℃에서 생긴다.

면심 입방 격자의 금속에는 마그네슘(Mg)이 있다.

[3] 조밀 육방 격자(Hexagonal Close packed Cubic lattice)

6각기둥의 상·하 면의 각 모서리와 그 중심에 1개의 원자가 있고 6각기둥을 이루는 6개의 3각기둥 중 하나씩 거른 3각기둥의 중심에 1개의 원자배열을 갖는 결정격자이다.

조밀육방 격자의 금속에는 아연(Zn), 알루미늄(Al), 니켈(Ni), 구리(Cu) 등이 있다.

2. 금속의 변태

[1] 동소 변태

고체는 열을 가함에 따라 액체, 기체로 변화하는 것은 대부분의 금속원소에서 볼 수 있는 상태변화이며, 이것을 변태(變態)라 한다.

이때 변태하는 온도를 변태점이라 한다. 동소 변태는 고체 내에서의 결정격자의 형상이 변화하는 것이며, 철(Fe), 코발트(Co), 티탄(Ti), 주석(Sn) 등의 원소가 변태 된다.

예를 들면 순철(pure iron)에 α, γ, δ의 3개의 동소체가 있다. α철은 910℃ 이하에서는 체심 입방 격자이고, γ철은 910℃에서 1400℃ 사이에서 면심 입방 격자이며, δ철은 1400℃에서 1530℃ 사이에서는 체심 입방 격자이다.

이 두 변태를 각각 A_3, A_4변태라 부른다.

A_3변태점은 가열할 때의 변태 온도를 A_{C3}, 냉각될 때의 변태 온도를 Ar_3로 나타낸다.

그리고 순철의 변태점은 다음과 같다.

① A_0변태점 : 210℃

② A_1변태점 : 720℃(순철의 퀴리점이라고도 함)

③ A_2변태점(자기 변태점) : 768℃

④ A_3변태점(동소 변태점) : 910℃

⑤ A_4변태점 : 1400℃

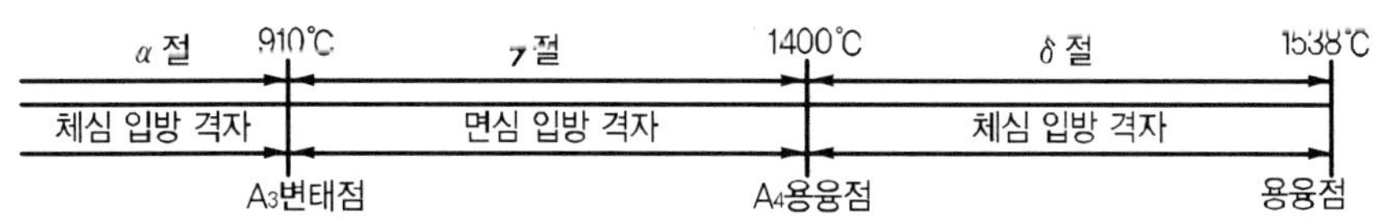

【그림 3-22 순철의 동소 변태】

[2] 자기변태

동소 변태에서는 결정격자의 배열에 변화가 발생한다. 그러나 원자 배열에는 변화가 일어나지 않고 원자 내부에 어떤 변화를 일으키는 경우가 있다.

예를 들면 어떤 자장에 놓여진 순철의 자기 크기는 실제 온도에서 온도를 상승시킴에 따라 서서히 변화가 일어나며, 780℃부근에서는 급격히 자기의 크기에 변화를 일으킨다.

이를 자기변태라 하고 이변태 온도를 자기변태점(Curie point)라 한다.

연습문제

1. 강철 재료를 순철, 강 및 주철의 3종류로 분류할 때 순철로 구분되는 재료의 탄소 함유량으로 적합한 것은?

   ㉮ 0.01% 이하　　㉯ 0.1% 이하
   ㉰ 0.02% 이하　　㉱ 0.2% 이하

2. 일반적인 탄소강에 대한 다음 설명 중 틀린 것은?

   ㉮ 실용되는 탄소강의 탄소 함유량은 0.05~1.7%까지가 일반적이다.
   ㉯ 저탄소강은 연질이어서 가공이 용이하나, 담금질효과가 거의 없다.
   ㉰ 고탄소강은 경질이어서 가공이 어려우나, 담금질효과가 매우 좋다.
   ㉱ 30℃ 이하에서 가공하는 것을 상온가공이라 하고, 0℃ 이하에서 가공하는 것을 저온가공이라 한다.

3. 탄소강에 포함된 원소 중 인장강도, 연신율, 충격값 등을 저하시키는 대표적인 성분인 것은?

   ㉮ Mn　　㉯ Si
   ㉰ P　　㉱ S

4. 주철에 함유된 원소 중에서 가장 유해한 원소이며, 흑연화의 방해, 유동성 저하, 재질경화 등의 영향을 끼치는 것은?

   ㉮ 탄소(C)　　㉯ 규소(Si)
   ㉰ 망간(Mn)　　㉱ 황(S)

5. 탄소강에서 황(S)으로 인하여 발생되는 취성은?

   ㉮ 적열취성　　㉯ 고온취성
   ㉰ 뜨임취성　　㉱ 풀림취성

6. 다음 성분 중 고온에서 강을 여리게 하는 것으로 가장 대표적인 것은?

   ㉮ Mn　　㉯ Si
   ㉰ P　　㉱ S

7. 탄소강에 어떤 성분을 결합하면 연신율을 그다지 감소시키지 않고 강도 및 소성을 증가시키고, 황에 의한 취성을 방지하는가?

㉮ P　　　㉯ Mn
㉰ Si　　　㉱ S

8. 탄소강에 첨가되어 있는 원소 중에서 선철 및 탈산제에 첨가되며 강의 경도, 탄성 한계, 인장력을 높여주지만 신도와 충격 값을 감소시키는 원소는?

㉮ 망간　　　㉯ 규소
㉰ 인　　　㉱ 황

9. 절삭, 단조, 주조 및 용접 등이 용이하며 열처리로 재질을 개선시킬 수 있어 볼트, 너트, 축계 및 치차류의 용도로 다양하게 사용할 수 있는 강으로 가장 적합한 것은?

㉮ 연강　　　㉯ 반연강
㉰ 경강　　　㉱ 고탄소강

10. 탄소량 0.85%에서 생기는 펄라이트 조직만의 탄소강을 무엇이라 부르는가?

㉮ 공석강　　　㉯ 아공석강
㉰ 과공석강　　　㉱ 시멘타이트

1	③
2	④
3	④
4	④
5	①
6	④
7	②
8	②
9	②
10	①

CHAPTER 4

철강(鐵鋼)의 재료

4-1 철과 강의 제조 방법

1. 철과 강의 분류

철과 강은 다른 금속보다 강도와 인성 등이 크고 열처리에 의해 기계적 성질이 개선되는 특징이 있기 때문에 공업적으로 매우 우수한 재료이다.

철과 강은 철광석으로부터 직접 또는 간접적으로 생산되나 이 중에는 광석 중의 원소 또는 제조 중에 흡수된 각종 원소들이 들어 있다.

이들 중에서 대표적인 원소는 탄소(C), 규소(Si), 망간(Mn), 인(P), 황(S) 등의 5원소이며, 특히 공업상 유용한 성질을 주는 것은 탄소이다.

따라서 탄소 함유량에 의해 철과 강을 구분하는 경우가 많다.

또 철광석으로부터 직접 제조한 것이 선철(pig iron)이며, 이것으로부터 다시 탄소를 산화 제거시켜 제조한 것이 강철이다.

일반적으로 철과 강은 철과 탄소를 합금 한 것으로 탄소의 함유량을 비교해 보면 순철은 0~0.03%C, 강철은 0.03~1.7%C이고, 선철은 1.7~6.68%C 정도이다.

그 밖에도 강철을 압연하여 만드는 압연강과 모래로 만든 거푸집에 주입하여 만든 주강이 있는데 주강의 탄소함유량은 0.1~0.5% 정도이다.

철과 강의 분류기준은 다음 표와 같다.

【표】 철과 강의 분류기준

구분	순철(pure iron)	강철(steel)	주철(cast iron)
제조 방법	전기분해 방법으로 제조	제강로에서 제조	큐폴라에서 제조
화학성분	0.03%C 이하	0.01~1.7%C	1.7~6.67%C
열처리 경화 방법	담금질 효과를 받지 않음	담금질 효과를 잘 받음	일반적으로 담금질하지 않음
가공성 및 용접성	연하고 우수함	소성 및 절삭이 가능하며, 용접도 가능	절삭은 가능하나 용접성은 불량
기계적 성질	연성이 큼	강도 및 경도가 큼	연신율이 작고, 취성이 큼

[1] 순철(純鐵)

순철은 탄소함유량이 0.03% 이하이며, 순도가 99.9% 이상이다. 특징은 강도가 낮으며, 매우 유연하므로 전성과 연성이 커 압연이 가능하고, 탄소함유량이 낮아 기계재료로는 부적당하지만 전기재료로는 적합하다.

[2] 강철(鋼鐵)

강철은 공업재료로 널리 사용되며, 탄소함유량, 경도 등에 따라 여러 가지로 분류된다.

[3] 주철(鑄鐵)

주철은 탄소를 1.7~6.68% 정도 함유하고 있어 경도와 취성이 크기 때문에 그대로 가공할 수 없다. 따라서 이를 용해하여 여러 가지 물품을 주조하는데 사용된다. 대체로 주조가 가능한 탄소함유량은 2.5~4.5%이다.

철과 강의 종류는 매우 많고, 분류 방법도 복잡하지만, 가장 기초적인 분류는 1879년 미국 필라델피아에서 개최된 세계 금속업자 대회에서 제정된 것으로 다음 표와 같다.

【표】 철강의 분류

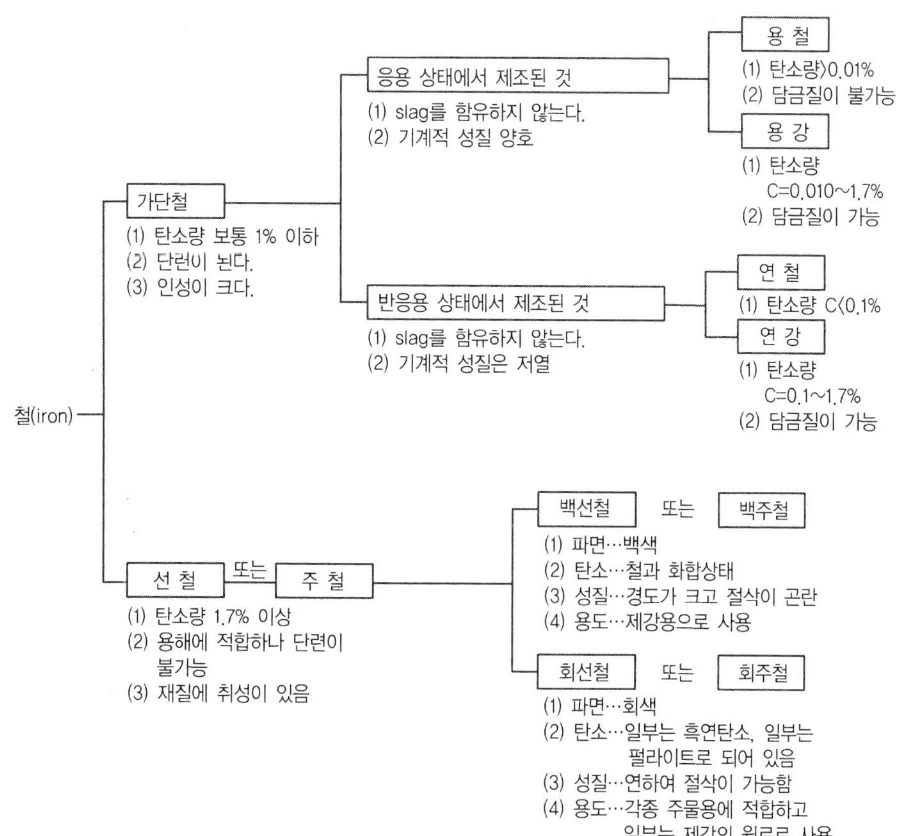

2. 제철(製鐵) 방법

[1] 철광석(iron ore)

철(Fe)은 지각(地殼) 중의 4.5%를 차지하며, 알루미늄(Al)과 규소(Si) 다음으로 많이 존재한다.

철광석이라 함은 40~60% 이상의 철을 함유하여야 하며, 특수한 경우에는 철 30~40% 이상이 이용되는 경우도 있다.

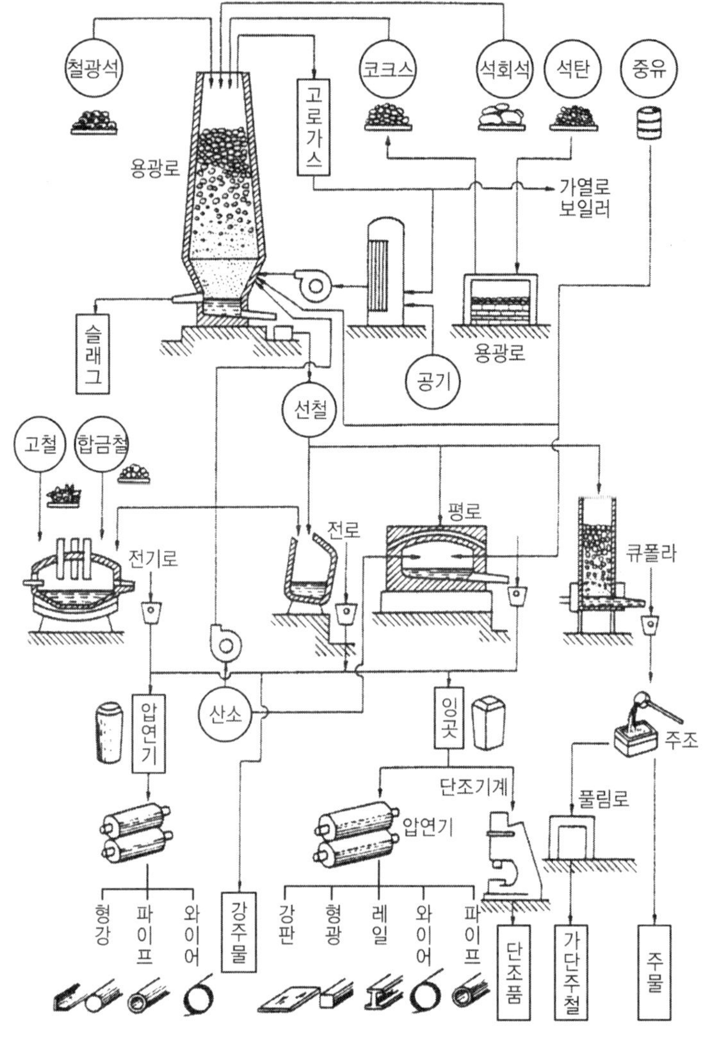

【그림 4-1 철강의 제조 공정도】

[2] 선철(銑鐵)의 제조 방법

초기에는 철광석 중에서 직접 철 또는 강철을 제조하였으나 최근에는 용광로(blast furnace)에서 철광석을 용해하여 선철(pig iron)을 생산하고, 이것을 다시 용해하여 사용한다.

생산된 선철의 10~15%는 용해로에서 용해하여 주철(cast iron)로 사용하고, 85~

90%는 제강로에서 강철의 제조에 사용된다.

그림 4-2는 용광로의 구조를 나타내었다.

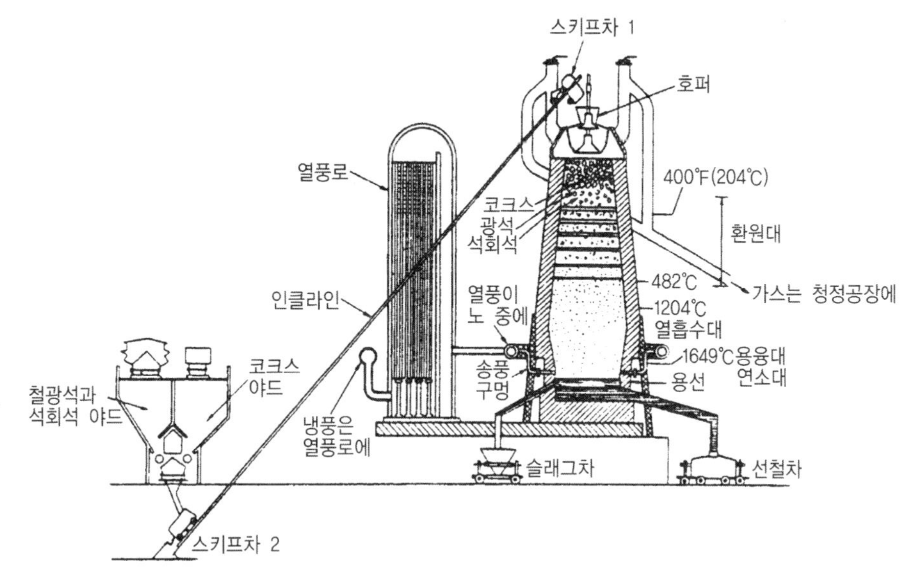

【그림 4-2 용광로의 구조】

철광석은 일반적으로 산화물이므로 산소를 제거하기 위해 탄소를 사용하여 환원한다. 철광석에 코크스(cokes)와 용제인 석회석을 적당량으로 하여 코크스, 철광석, 석회(lime)의 순서로 용광로에 넣고 용해한다.

용광로의 크기는 1일 24시간 생산량으로 정한다. 용광로 내외 반응을 화학반응 공식으로 표시하면 다음과 같다.

$$3Fe_2O_3 + CO \rightarrow 2Fe_2O_4 + CO_2$$

$$Fe_3O_4 + CO \rightarrow 3FeO + CO_2$$

$$FeO + CO \rightarrow Fe + CO_2$$

그림 4-3은 용광로 내에 장입(裝入)된 재료들의 화학반응을 표시한 것이다.

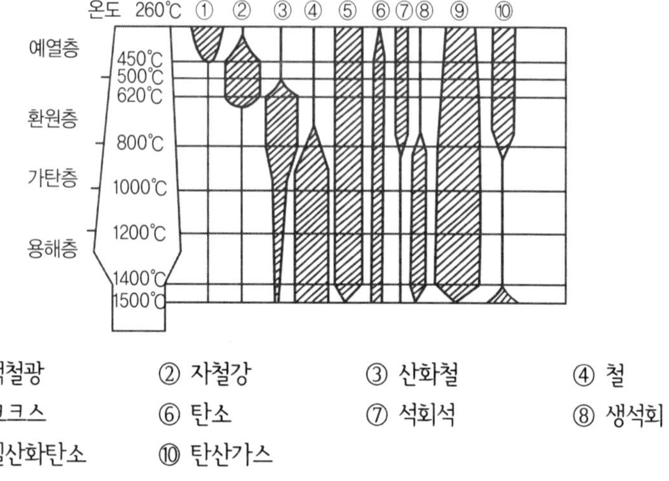

【그림 4-3 용광로 내의 반응과 온도관계】

선철은 그 파단면에 따라 회선철(gray pig iron)과 백선철(white pig iron)로 분류한다. 회선철은 함유탄소의 대부분이 흑연(graphite)으로 존재하므로 파단면이 회색을 띠고, 백선철은 탄소가 Fe_3C로로 되어 존재하기 때문에 파단면이 백색을 표시한다.

회선철은 연하고 절삭이 쉽고, 주물을 만들기 쉽다. 그러나 백선철은 경도가 크고, 취성이 있어, 기계부품으로는 부적당하다.

[3] 제강(製鋼) 방법

선철은 탄소함유량이 많기 때문에 이것을 강철로 제조하기 위해서는 여러가지의 제강방법이 사용되고 있다. 제강 방법에는 평로(平爐) 제강 방법, 전로(轉爐) 제강 방법, 전기로 제강 방법 및 고주파 제강 방법 등이 있다.

평로와 전로는 일반용의 강철을 제조할 때, 전기로와 고주파로는 특수강을 제조할 때 주로 사용된다.

(1) 평로 제강 방법(open hearth process)

평로 제강 방법은 대량생산에 가장 널리 사용되는 것이며, 시멘스-마틴(Simens-Martin) 법이라고도 한다. 평로에는 염기성 평로와 산성 평로가 있으며, 강철은 대부분 염기성 평로에서 생산된다.

염기성 평로는 노(爐)바닥의 라이닝(lining)에 마그네시아(magnesia)내화물을 사용하고, 용철(熔鐵) 또는 용선(熔銑)과 고철(古鐵)을 장입하며, 산화철을 첨가하여 탄소와 그 밖의 불순물을 산화시키고, 석회석을 넣어 석회질의 염기성 슬래그를 만든다.

염기성 평로에서는 인(P) 및 황(S)을 정련에서 제거한다. 가탄(加炭)이 필요한 경우에는 목탄이나 코크스 분말을 첨가하며, 탈산제(脫酸劑)는 일반적으로 망간 철(Fe-Mn), 규소 철(Fe-Si) 또는 알루미늄 분말 등을 적당량 사용한다.

쇳물은 킬링(killing, 진정(鎭靜))한 후 이것을 잉곳(ingot)으로 주조한다. 정련 시간은 염기성 평로의 경우 6~8시간 정도 소요된다.

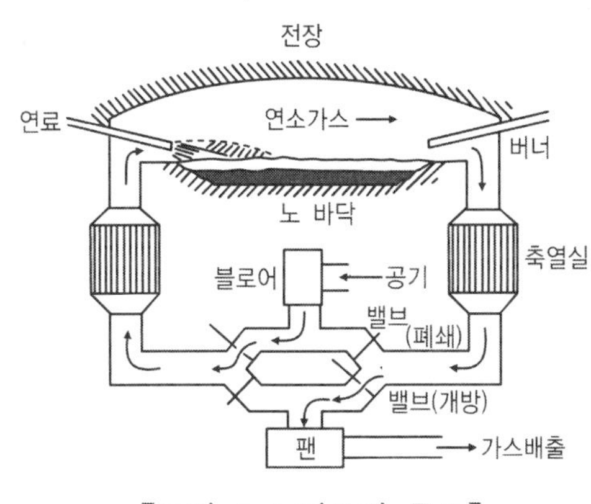

【그림 4-4 평로의 구조】

(2) 전로 제강 방법(converter process)

전로(轉爐)는 1855년 헨리 베세머(Henry Bessemer)가 발명한 것으로 노(爐) 내의 내화물로 산성재료를 사용하였으므로 산성 전로법(베세머 법)이라고도 한다.

그 후 1877년 토마스(Thomas)가 염기성 전로법을 발명하였으며, 이것을 염기성 전로법(토마스 법)이라 한다. 전로의 용량은 1회의 용해량으로 나타낸다.

산성인 베세머 제강 방법에서는 원료 선철 중의 규소(Si)와 망간(Mn)이 중요한 연료이므로 상당량이 포함되어 있어야 한다. 일반적으로 규소 0.8~2.0%, 망간 0.8~2.0%의 것이 사용되며, 인(P)과 황(S)은 제거하지 못하기 때문에 인(P)과 황

(S)은 0.1% 이하의 저인(低燐) 선철을 사용하여야 한다.

염기성 전로법인 토마스 법에서는 규소(Si)가 다량 함유되면 노(爐)의 라이닝이 쉽게 침식되기 때문에 발열원료(發熱原料)로 인광석과 석회를 사용한다.

이 방법에서는 인(P)이 주원료이므로 인(P) 1.8~2.0%, 규소(Si) 0.5%이하, 망간(Mn) 1.0~2.0%의 토마스 선철을 사용한다.

토마스 법에서는 처음에 규소(Si)와 망간(Mn)을 연소시켜 제거하고 다음에 인(P)을 제거한다.

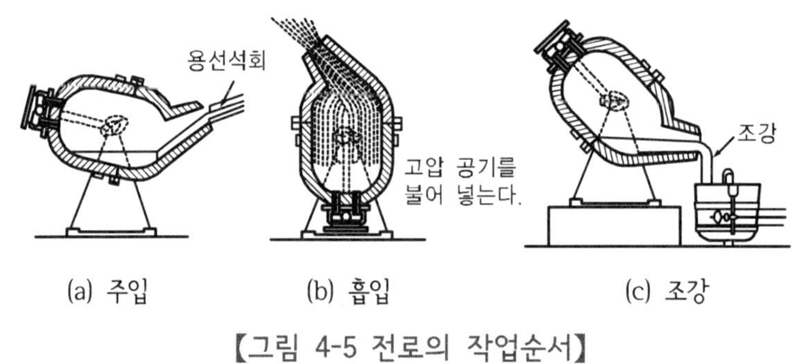

【그림 4-5 전로의 작업순서】

(3) 전기로 제강 방법(electric arc furnace process)

전기로의 종류에는 아크방식, 저항방식, 유도방식 등 3가지가 있으며, 전기로의 용량은 1회의 용해량으로 나타낸다. 전기로는 3상 교류를 사용하며, 3개의 탄소 전극봉을 위에서부터 넣고 전류는 한 탄소봉으로부터 아크를 날려 원료 중을 통하여 다른 탄소봉으로 들어간다.

이때 원료가 가열되고 용해되어 정련된다. 특징은 높은 온도를 얻을 수 있고, 용강(熔鋼)의 산화를 방지하며, 가스를 함유하는 경우가 적다.

또 탈산(脫酸)이나 탈류(脫硫)를 완전하게 할 수 있어 양질의 강철이나 공구강 및 특수강 제조에 사용된다. 그러나 전력비용이 많이 들고 탄소전극의 소모가 큰 결점이 있다.

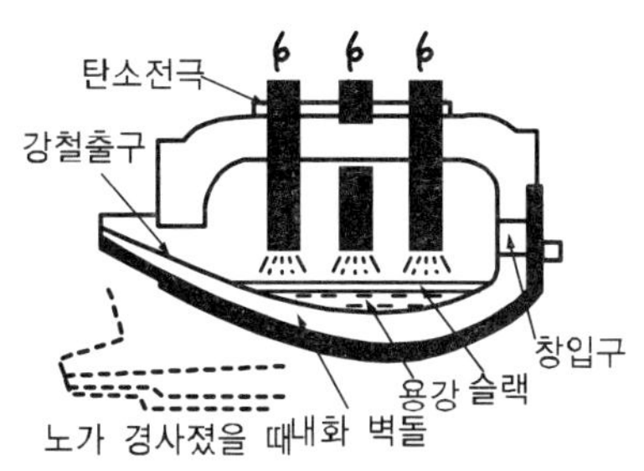

【그림 4-6 전기로의 구조】

(4) 유도로 제강 방법(induction furnace process)

유도로 제강 방법은 높은 순도의 특수강(합금강)을 제조하는데 쓰인다. 그림 4-7의 고주파로에서는 도가니의 주위를 둘러 싼 수랭식 코일을 통과하는 교류에 의해 자계(磁界)에 발생하는 고주파 유도전류로 장입된 금속자체에 열이 발생한다.

고주파 유도전류는 주파의 제곱에 비례하여 증가한다. 주파가 증가함에 따라 표면 유도전류는 장입물의 표면의 가까운 부분부터 내부침투 작용의 효과가 발생하며, 열은 전류가 흐르는 단면적에 의해 결정된다.

유도전류에 의해 용융금속이 수직방향으로 자동적인 순환운동에 의해 성분의 균일화를 촉진시키며, 노(爐)내의 금속은 가스 함유량이 적고, 효과적으로 용해할 수 있다.

고주파와 저주파로는 고속도강, 스테인리스강, 자석강(磁石鋼), 베어링강 등의 고급재질의 특수강을 생산할 수 있다.

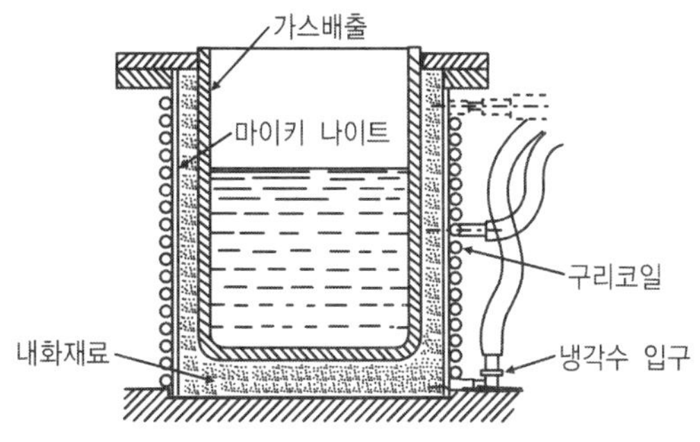

【그림 4-7 고주파로의 단면】

[4] 주철의 제조 방법

용광로에서 생산된 선철과 주철의 스크랩(scrap) 또는 강철의 스크랩 등을 원료로 사용하여 큐폴라(용선로, cupola)에서 코크스를 사용하여 용해한 것을 주철이라 한다.

실제로 사용하는 주철의 탄소함유량은 2.8~4.5% 정도이며, 주조 수축률은 0.5~1.0% 정도로 다른 금속에 비해 작다. 또 유동성이 좋아 주물을 제조하기 쉽다.

주조 온도는 1300~1450℃이며, 주철은 인장강도는 작으나 내압 강도가 커 각종 구조물에 사용되고, 강철에 비해 값이 싸다.

그러나 각종 용도에 따라 소요의 기계적 성질과 내부식성을 지니도록 제조 방법 및 성분 등의 조절이 필요하다.

[5] 잉곳(ingot, 강괴(鋼塊))의 제조 방법

제강에서 얻은 용강(熔鋼)을 레이들(ladle, 쇳물받개)에 넣고 주형(鑄型)에 주입하여 잉곳을 만든다. 강철의 잉곳은 탈산 방법에 따라 킬드 잉곳(killed ingot), 림드 잉곳(rimmed ingot)으로 분류한다.

잉곳은 지름에 비해 길이를 수배 길게 한다. 길이를 길게 하는 목적은 잉곳 내부와 외부의 냉각속도를 가능한 한 같게 하고, 편석 및 수축구멍을 적게 하기 위함이다.

강철의 쇳물은 용해할 때 첨가한 고철의 산화, 정련 중에 투입한 광석 및 첨가물과 정련 중에 흡수된 산소로 인하여 탄소가 산화되어 $2C+O_2 \rightarrow 2CO$의 작용이 활발하게 진행되면 끓는 것과 같이 보인다.

이 작용을 리밍 액션(rimming action)이라 한다. 이것을 그대로 주형에 주입하면 가스가 강철 중에 함유되어 이것이 굳어졌을 때 작은 기포로 되어 잉곳 표면에서 30~50mm 깊이에 많은 양의 기공(blow hole)이 존재한다.

저탄소강에서는 이와 같은 기공들은 압연을 할 때 압착되어 제품에는 그다지 영향을 주지 않아 제조비용을 줄이는 이점이 있다. 이것을 림드강이라 한다.

용강 중의 가스를 규소 철(Fe-Si), 망간 철(Fe-Mn) 또는 알루미늄(Al) 등으로 탈산하여 잉곳 중에 기공이 발생하지 않도록 진정시킨 것을 킬드강이라 한다.

탄소함유량이 높은 강철(0.3%C 이상) 및 특수강은 반드시 킬드강으로 한다. 그리고 탈산을 적당히 하여 킬드강보다 수축구멍을 짧게 하고 절단 제거부분을 작게 한 킬드강과 림드강의 중간에 해당하는 것을 세미 킬드강이라 한다.

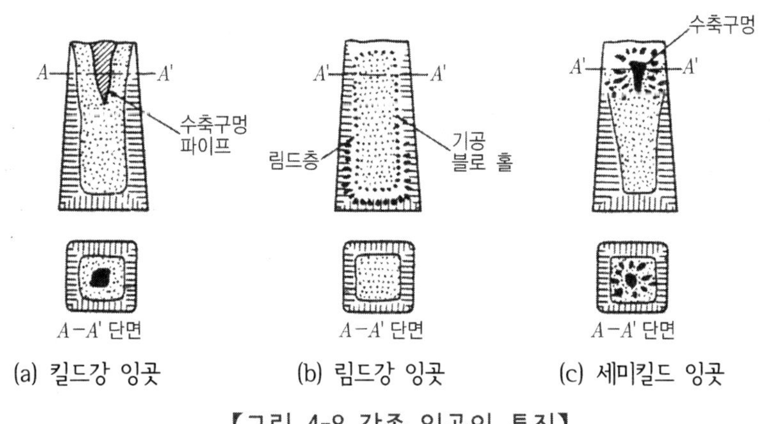

(a) 킬드강 잉곳 (b) 림드강 잉곳 (c) 세미킬드 잉곳

【그림 4-8 각종 잉곳의 특징】

(1) 킬드강(killed steel)-진정강

킬드강은 평로, 전기로에서 제조된 용강을 철-규소(Fe-Si), 철-망간(Fe-Mn), 알루미늄(Al) 등을 탈산제로 사용하여 완전히 탈산시킨 강이며 진정 강이라고도 부른다.

조용히 응고되며, 수축 관이 생기나 질이 양호하고 고탄소강, 합금강 제조에 사용되며, 값이 비싸다.

(2) 림드강(rimmed steel)

림드강은 평로나 전로에서 제조된 것을 철-망간(Fe-Mn)을 탄산제로 사용하여 불완전 탈산시킨 탄소 함유량 0.3% 이하인 일반적인 탄소강이다.

과잉 산소와 탄소가 반응하여 리밍 액션(rimming action)이 발생하며, 기공 및 편석이 생기고 질이 불량하다.

(3) 세미 킬드강(semi killed steel)

세미 킬드강은 알루미늄(Al)을 탈산제로 사용하여 거의 탈산시킨 저탄소강이다. 즉 림드와 킬드의 중간 정도로 탈산시켜 중간 성질을 유지시킨 것이며 용접 구조물에서 주로 사용되고 기포나 편석은 없다.

4-2 탄소강(carbon steel)

1. 탄소강의 개요

탄소강은 철과 탄소의 합금으로 탄소함유량은 0.03~1.7%가 포함되어 있으나 실용적으로는 0.05~1.7% 포함된 것이 많다. 탄소강은 탄소함유량이 많으므로 강도는 크나 연신율과 충격값이 낮다. 따라서 풀림, 불림, 담금질, 뜨임 등의 열처리에 의해 기계적 성질을 개선할 수 있다.

저탄소강은 연질이어서 가공이 쉬우나, 담금질효과가 거의 없고, 고탄소강은 경질이어서 가공이 어려우나, 담금질효과가 매우 좋다. 그리고 탄소함유량이 많아질수록 연신율이 감소하며, 경도 증가, 항복점 증가, 충격 값 감소 등이 일어난다.

2. 순철(pure iron)

[1] 순철의 주요성분

순도가 높은 철의 소재는 전해 방법(electrolytic method), 카보닐 방법(carbonyl method) 등으로 제조한다. 순철은 1528℃에서 응고를 시작하여 상온까지로 냉각시키면 A_4, A_3, A_2의 3개의 변태점이 있다.

A_4변태는 약 1400℃에서 발생하고, δ-Fe ⇄ γ-Fe의 변화이며, 원자배열은 체심입방격자 ⇄ 면심입방격자로 된다.

A_3변태는 δ-Fe ⇄ β-Fe의 변화이고 약 910℃ 발생하며, 면심입방격자 ⇄ 체심입방격자의 변화를 한다. A_2변태는 775℃에서 β-Fe ⇄ α-Fe로 변화한다.

A_2는 자기변태(磁氣變態)이므로 동소변태(同素變態)와 같은 원자배열의 변화는 없다.

A_3, A_4변태는 원자배열에 변화가 발생하기 때문에 상당한 시간을 필요로 한다. 가열할 때에는 높고, 냉각할 때에는 다소 낮은 온도에서 발생한다.

실제 작업 상 가열할 때에는 c(chauffage, 가열)를 가열의 첨자로 사용하여 A_{C4}, A_{C3} 등으로 표시하고, 냉각할 경우에는 r(rcfroidissiement, 냉각)을 첨자로 사용하여 Ar_4, Ar_3 등으로 표시한다. 그러나 A_2일 때에는 Ac_2=Ar_2이다.

[2] 순철의 물리적 성질

변태점에서 철의 물리적 성질은 불연속으로 변화한다. 예를 들면 가열할 경우에는 Ac_2점에서 자성(磁性)이 급격히 감소하며, Ac_3점에서는 체적이 수축된다.

이것은 면심입방격자가 체심입방격자보다 원자배열이 조밀하기 때문이다. Ac_4에서는 Ac_3점과는 반대로 체적이 팽창한다.

그림 4-9는 길이변화-온도곡선이며, 자기의 세기와 온도와의 관계는 그림 4-10과 같다. 온도가 상승함에 따라 자기(磁氣)의 강도는 그림 4-10과 같이 감소되어 780℃ 이상에서의 거의 소멸된다.

이 변화를 순철의 자기변태라 부른다.

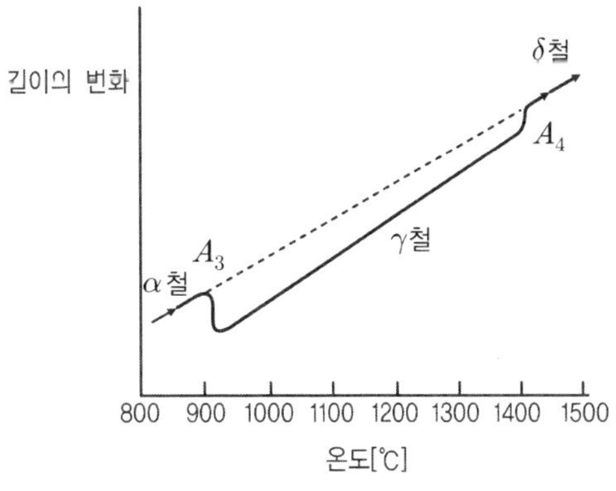

【그림 4-9 순철의 열팽창】

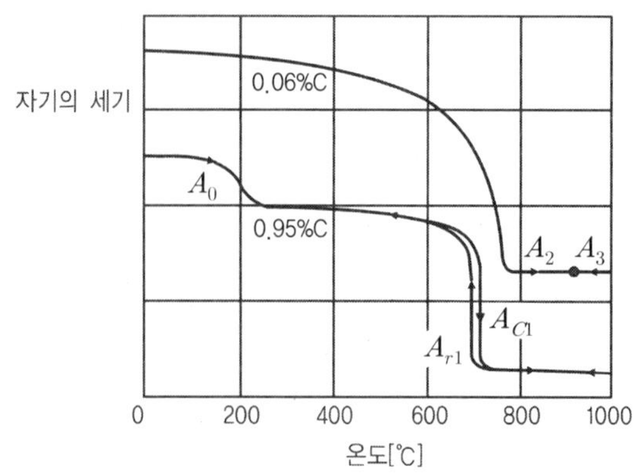

【그림 4-10 강철의 자기변태 곡선】

[3] 순철의 화학적 성질

순철은 높은 온도에서는 산화작용이 심하며, 산화물의 두꺼운 표피가 탈락한다. 또 습기와 산소가 있으면 상온에서도 부식이 발생하며, 바닷물, 화학약품 등에 대해 내부식력이 적다. 또 산(酸)에는 침식되나 알칼리에서는 침식하지 않는다.

[4] 순철의 기계적 성질과 용도

열간 가공(hot working)은 600~800℃에서 하며, 작업에 제한이 따르므로 곤란하다. 이것은 온도가 900℃ 이상 되면 높은 온도에서 취약한 Fe-S, Fe-O와 Fe의 공정(共晶)을 남기고 이것이 원인이 되어 균열이 일어나기 쉽기 때문이다.

이것을 적열 취성(red shortness)이라 한다. 순철은 순도를 높이면 항자력(抗磁力)이 작아지고, 투자성(透磁性)이 현저하게 높아진다.

따라서 얇은 판으로 제작한 변압기나 발전기에서 많이 사용하며, 카보닐은 철분을 소결하여 철심(core)으로 만든다.

3. 탄소강의 상태도

[1] Fe-C 상태도

강철 속의 탄소는 Fe_3C(시멘타이트)의 형태로 존재한다. Fe_3C는 탄소 6.67%를 함유하는 백색 침상(白色 針狀)의 화합물이며, 매우 단단하고 상온에서는 강자성체이다. 순철에는 α, γ, δ의 3가지 형태가 있으나 이들은 각각 탄소를 흡수하여 α, γ, δ 고용체를 만든다.

α고용체의 탄소 용해도는 723℃에서 0.035%, 상온에서는 0.01%이므로 공업적으로 거의 순철에 속한다. 이것을 페라이트(ferrite)라 부른다. 그러나 γ고용체는 그림 4-11에서 E점으로 표시한 바와 같이 1.7%의 탄소를 포함한다.

탄소가 1.7% 이하 즉 그림에서 E점부터 왼쪽이 강철이고, 탄소 1.7% 이상 즉 E점부터 오른쪽이 주철이다. 철의 동소체(同素體)중에서 γ-Fe가 가장 잘 탄소를 고용(固熔)한다. 이 고용체를 오스테나이트(austenite)라 한다.

즉 그림 4-11의 NJESG가 그 범위이다. γ-Fe에 탄소가 고용되면 A_3점은 탄소함유량과 함께 낮아진다. 그림에서 GS선이 강철의 A_3점이다. 금속 조직학적으로는 C점에 해당하는 γ-Fe+Fe_3C의 공정을 레데부라이트(Ledeburite), S점으로 표시되는 공석을 펄라이트(pearlite)라 한다.

탄소함유량 0.85%를 지닌 강철을 공석강, 탄소함유량 0.85% 이하인 강철을 아공석강, 탄소함유량 0.85% 이상인 강철을 과공석강이라 부른다.

(1) 아공석강(hypo eutectoid steel)

탄소함유량이 0.85% 이하이고, 인장강도, 경도, 항복점 등은 탄소 함유량에 따라서 증가한다. 페라이트와 펄라이트의 공석강이다.

(2) 공석강(eutectoid steel)

탄소 함유량이 0.85%이고, 이것을 경계로 하여 인장강도, 경도의 증가, 연신률, 단면 수축률, 충격 값의 감소가 완만해 진다. 펄라이트 조직이다.

(3) 과공석강(hyper eutectoid steel)

탄소 함유량 0.85% 이상이며, 인장강도가 점차 증가하여 탄소 함유량 1.2%에서 최대가 된다. 시멘타이트와 펄라이트의 공석강이다

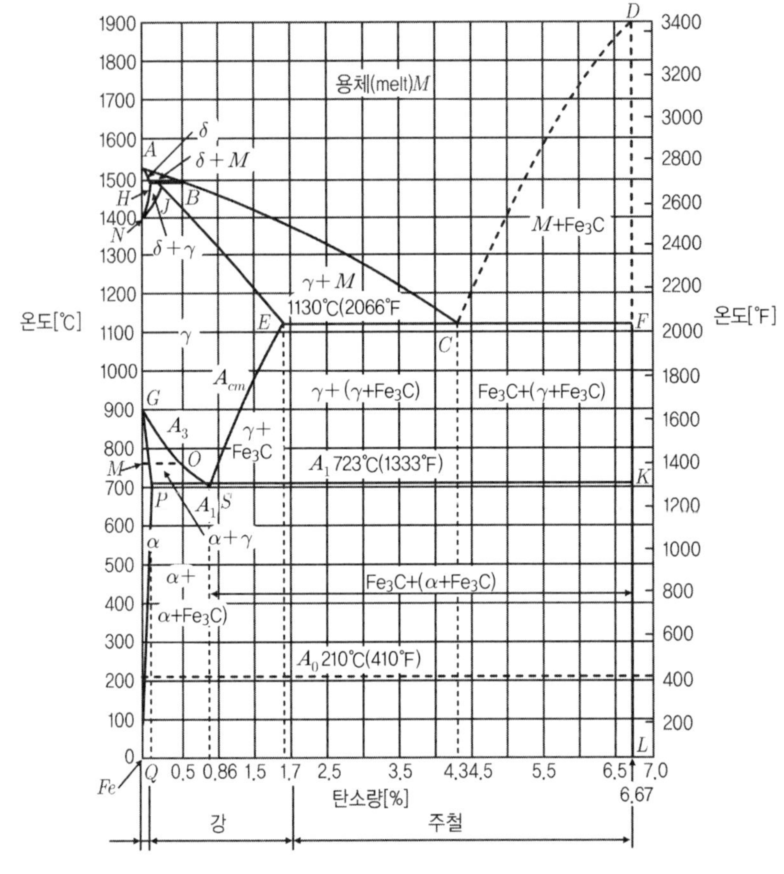

【그림 4-11 Fe-C 평형 상태도】

- A : 순철의 응고점(1538℃)
- AB : 액체상태의 선(δ-Fe에 탄소가 고용된 고용체, 여기서 B점은 탄소함유량 0.51%)
- AH : δ고용체의 고체상태의 선, 그리고 H점은 탄소함유량 0.07%
- HJB : 포정(peritectic) 온도선으로 1490℃에서 포정반응, J점은 탄소함유량 0.18%, H(δ고용체) + B(용체) ⇄ J(γ고용체)
- BC : 액체상태의 선(γ-Fe에 탄소가 고용된 고용체)
- JE : 고체상태의 선, 액체상태로부터 γ고용체의 정출
- N : 순철의 A_4변태점(1400℃에서 동소변태 δ-Fe → γ-Fe)

- HN : δ고용체에서 γ고용체를 석출하기 시작하는 온도선
- JN : δ고용체에서 γ고용체의 석출을 완료하는 온도선
- CD : 액체상태의 선 melt에서 Fe_3C의 초정이 정출하는 온도선
- E : γ고용체에 대한 탄소의 최대용해 한계점(탄소함유량 1.7%)
- C : 공정점으로 1130℃(탄소함유량 4.3%)에서 공정반응이 발생하는 점
- ECF : 공전 온도선 표시, F점은 탄소함유량 6.67%에서 시멘타이트(Fe_3C) 100%이다.
- ES : γ고용체에서 Fe_3C가 석출하기 시작하는 온도선으로 Acm 변태선이라고도 한다.
- G : 순철의 A_3변태점으로 907℃, 여기서 γ-Fe $\rightleftarrows$ α-Fe
- GOS : γ고용체에서 α고용체(α-Fe에 탄소가 고용된 고용체)를 석출하기 시작하는 온도선
- GP : γ고용체에서 α고용체가 석출을 완료하는 온도선
- M : 순철의 A_2 자기 변태점이며 775℃
- MO : 강철의 A_2 자기변태선
- S : 공석점 723℃(탄소함유량 0.86%)
- P : α고용체에 대한 탄소의 최대용해 한계점(탄소함유량 0.036%)
- PSK : 공석 온도선, 공석반응 S[γ]$\rightleftarrows$P[α]+K[Fe_3C]
- PQ : α고용체에 대한 Fe_3C의 용해도 곡선, 상온에서 탄소함유량 0.01%

[2] 공석강에서의 변태

A_1변태점은 순철에는 없고 강철에만 존재하는 특유한 변태이다. 그림 4-11의 Fe-C 평형 상태도에서 보는 바와 같이 탄소함유량 0.85%를 함유하는 공석강을 X선으로 분석하면 A_1점 이상에서는 면심입방격자, γ-Fe의 원자배열이며, A_1점 이하에서는 체심입방격자 α-Fe의 원자배열이다.

따라서 A_1점 이상의 γ-Fe로부터 공석강을 물 속에서 급랭한 것과 A_1점 이상으로

부터 서서히 냉각하여 A_1의 변태를 완료한 것을 화학 분석하여 보면 물 속에서 급랭시킨 것은 탄소가 Fe 중에 고용되어 고용체로 존재하지만 서서히 냉각시킨 것은 탄소가 유리(遊離)상태로 존재한다.

이상의 결과를 종합하면 A_1 이상에서는 γ-Fe에서 탄소는 고용체인 오스테나이트이며, A_1 이하에서 Fe은 α상태이고, 탄소는 유리상태의 Fe_3C로 존재하는 펄라이트이다. 따라서 A_1변태는 Fe이 γ로부터 α로 변화하는 것과 탄소가 고용체로부터 유리탄소로 되는 변화가 동시에 발생한다.

즉, 이때

① γ-Fe ⇄ α-Fe

② 고용체 상태의 탄소 ⇄ 유리상태의 탄소 Fe_3C

(오스테나이트 ⇄ 펄라이트)

의 변화가 동시에 발생하는 것인데 γ-Fe은 탄소를 고용하는 능력이 있으나 α-Fe은 탄소를 고용하는 능력이 매우 낮다. 따라서 ①의 변화가 완료된 후에 반드시 ②의 변화가 발생한다.

다음에 Ar_1변태는 탄소함유량에 관계없이 항상 일정한 온도에서 발생한다. 그 이유는 탄소함유량 0.85% 이하의 아공석강을 γ고용체의 상태에서 냉각을 할 때에는 그림 4-11의 GS선에서 α-Fe의 석출을 시작하여 온도가 낮아짐에 따라 점차 α-Fe의 양이 증가한다.

따라서 이때 남아 있는 γ고용체에 탄소함유량이 증가하여 723℃, 즉 Ar_1점에 도달하면 탄소를 0.85%를 함유하며, 여기서 Ar_1변태(transformation)가 일어난다. 또 탄소함유량 0.85% 이상의 과공석강에서는 ES선의 γ로부터 Fe_3C를 석출하여 온도가 낮아지고, 723℃에서는 탄소함유량 0.85%에 도달하여 Ar_1이 발생한다.

이때 변태량은 탄소함유량의 증가에 따라 증가하여 탄소함유량 0.85%에서 펄라이트 100%로 최대가 되고, 다시 탄소함유량이 증가하여 시멘타이트의 양이 증가하면 펄라이트는 서서히 감소한다.

4. 탄소강의 성질

[1] 탄소강의 기계적 성질

(1) 강철의 상온에서의 기계적 성질

그림 4-12는 탄소함유량과 탄소강의 기계적 성질 및 현미경 조직관계를 나타낸 것이다. 아공석강에서 기계적 성질이 탄소함유량에 비례하여 대략 직선으로 변화한다.

즉 인장강도, 경도, 항복점 등은 탄소함유량의 증가와 함께 증가하고, 공석강에서 인장강도가 최대로 되며, 연신율 및 단면수축률은 탄소함유량의 증가와 함께 감소한다.

과공석강에서는 시멘타이트가 망(網)모양으로 나타나므로 인장강도는 탄소가 증가하여도 감소되지만 경도는 조금 증가한다.

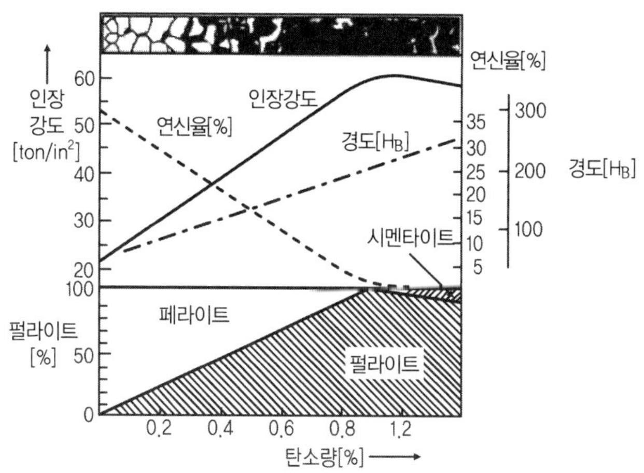

【그림 4-12 탄소강의 기계적 성질 및 현미경 조직관계】

페라이트는 인장강도가 35kgf/mm² 정도이고, 연신율 40%, 브리넬 경도 80이며, 강자성(强磁性)이고, 전기전도성은 좋으나 경화(硬化)능력이 없다.

그러나 펄라이트는 페라이트보다 훨씬 강하고 인장강도 90kgf/mm², 연신율 10%, 브리넬 경도는 200이다. 즉 강인한 대신 잘 늘어나지 않으며, 자성을 지니며, 매우 큰 경화능력을 지니고 있다.

시멘타이트는 인장강도가 작고 연신율이 거의 없으며, 취성이 매우 크다. 브리넬 경도가 800이며, 자성은 지니고 있으나 경화능력이 없다.

다음 표에 탄소강의 기본조직에 대한 기계적 성질을 나타내었다.

【표】 탄소강의 기본조직에 대한 기계적 성질

성질 \ 조직	페라이트	펄라이트	시멘타이트
인장강도(kgf/mm^2)	35	90	3.5
연신율(%)	40	10	0
브리넬 경도	80	200	800
결정구조	체심입방격자	α와 Fe_3C의 혼합	금속사이의 화합물

(2) 강철의 높은 온도에서의 기계적 성질

그림 4-13은 탄소강(탄소함유량 0.25%)을 높은 온도에서 인장시험 결과를 나타낸 것이다.

여기서 인장강도 및 경도는 280~300℃ 부근에서 최댓값을 표시하고, 연신율 및 단면수축률은 200~300℃ 부근에서 최솟값을 나타낸다.

또 충격값은 400℃ 부근에서 최솟값을 나타낸다. 연강은 일반적으로 200~300℃ 부근에서 상온보다 더욱더 취약한 성질을 지닌다.

이것을 청열취성(靑熱脆性)이라 한다. 원인은 강철 중에 함유된 인(P)에 기인하는 것으로 알려져 있다.

따라서 이 온도부근의 가공은 위험하므로 피해야 한다. 300℃ 이상에서는 강도, 경도, 연신율 및 단면수축률 등이 모두 감소한다.

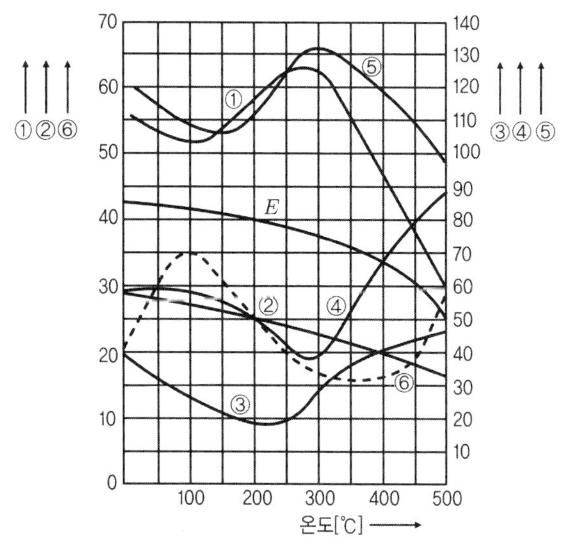

① 인장강도[kg/mm²] ② 항복점[kg/mm²] ③ 연신율[%]
④ 단면수축률[%] ⑤ 브리넬 경도[H_B] ⑥ 충격값[kg · m/cm²]

【그림 4-13 탄소강의 높은 온도에서의 기계적 성질】

(3) 강철의 낮은 온도에서의 기계적 성질

강철의 온도가 실온(室溫)보다 낮아지면 인장강도, 경도 등은 점차 증가하지만, 연신율은 감소하고 취성이 커진다.

그림 4-14는 충격시험 결과를 나타낸 것이다. 충격 값은 온도저하와 함께 어떤 한계온도 즉 변환점(transition point)에 도달하면 급격히 감소하고, -70℃ 부근에서는 0에 접근한다. 변환온도는 재질, 열처리 조건 시험재료의 형성 및 충격속도 등에 영향을 받는다.

그림 4-14에서 같은 재질이라고 할지라도 a곡선은 열처리된 솔바이트(sorbite)조직을 갖는 것이고, b곡선은 표준상태의 것이며, c곡선은 과열되어 매우 여린 성질을 지닌다.

따라서 200℃부근에서 가공된 재질의 충격곡선으로 취성이 크다.

그림 4-15는 탄소함유량이 서로 다른 탄소강을 상온이하에서의 충격값 변화를 표시한 것이다. 탄소함유량이 많을수록 서온취성이 큰 것을 알 수 있다.

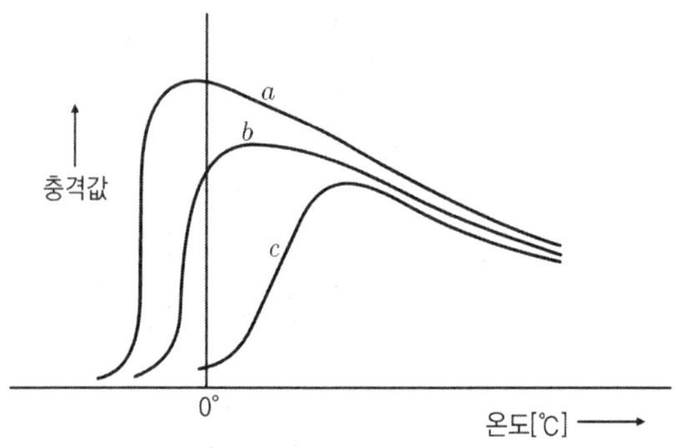

【그림 4-14 탄소강의 낮은 온도에서의 충격값】

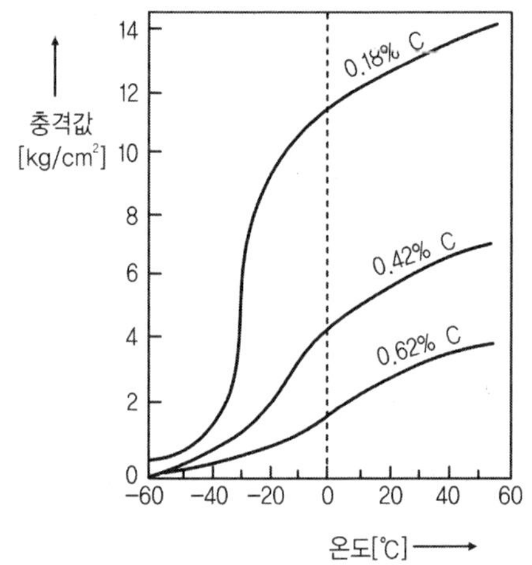

【그림 4-15 탄소강의 시험온도와 충격값의 변화】

[2] 탄소강의 가공성질

탄소강의 가공 방법에는 고온(高溫)가공과 상온(常溫)가공이 있다. 고온가공은 탄소함유량에 따라 1050~1200℃에서 시작하여 850~900℃에서 완료한다.

완료온도가 이것보다 낮아지면 저온가공의 영향이 남게 되고 또 너무 높으면 변태점까지의 사이에서 재결정을 일으켜 입자의 성장이 발생하여 결정격자가 거칠어지고 재질이 약화된다.

일반적으로 높은 온도에서는 입자가 커지고 재질이 약화된다. 고온가공에서는 잉곳(ingot) 중의 기공이 압착되고, 재료의 편석에 의한 불균일한 부분이 균일한 재질로 되며, 결정은 미세화되어 강철의 성질이 개선되고, 상온가공에서보다 가공률을 크게 할 수 있어 작은 힘으로도 많은 가공을 할 수 있는 이점이 있다.

강철을 상온에서 가공하는 것은 매우 불경제적이지만 인발(drawing) 이외에는 정밀한 치수 및 평탄한 표면이 얻어진다.

상온가공을 한 조직은 섬유상으로 신연(伸延)되어 강도와 경도가 매우 증가되지만 취성이 있고, 연신율이 감수한다.

따라서 상온가공에서는 도중에 가끔 풀림(annealing)하여 연화시켜야 한다.

그림 4-16은 탄소함유량 0.1%의 강철을 상온가공 한 것의 기계적 성질을 나타낸 것이다. 인장강도와 경도는 상승하고, 연신율 및 단면수축률은 감소함을 알 수 있다.

그림 4-17은 상온 가공하여 경화된 탄소강을 뜨임(tempering)한 것의 기계적 성질의 변화를 나타낸 것이다.

단순히 연화를 목적으로 할 때 강철의 뜨임 온도는 500~600℃ 정도이면 충분한 것을 알 수 있다.

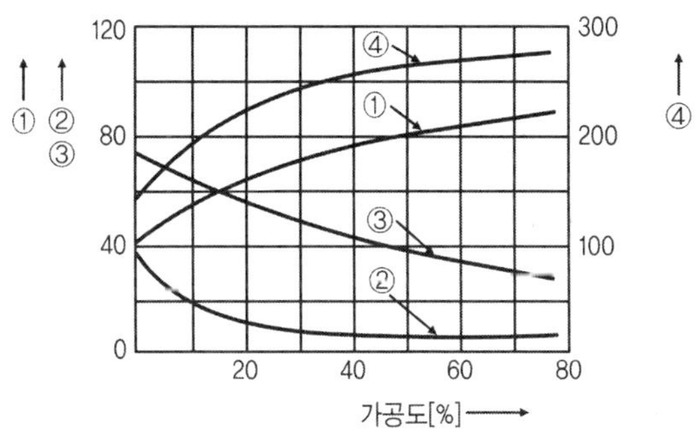

① 인장강도[kg/mm²] ② 연신율
③ 단면 수축율[%] ④ 브리넬 경도

【그림 4-16 상온가공 된 탄소함유량 0.1% 강철의 기계적 성질】

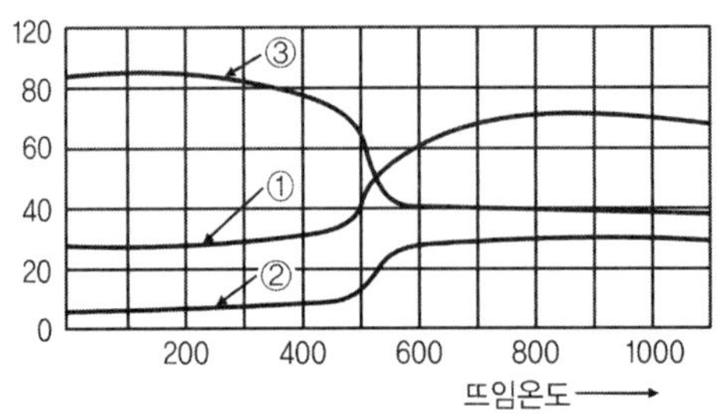

① 단면 수축율[%]　　② 연신율[%]　　③ 인장강도[kg/mm²]

【그림 4-17 상온가공 된 강철의 기계적 성질과 뜨임】

5. 탄소강에 함유된 성분과 영향

탄소강이라 하여도 이것은 순수한 탄소(C)와 철(Fe)의 합금이 아니라 규소(Si), 망간(Mn), 인(P), 황(S), 구리(Cu), 산소(O_2), 질소(N_2), 수소(H_2) 등이 함유되어 있다.

이중 일부는 필요상 첨가하는 것도 있으나 일부는 불순물로 강철 속에 들어온다. 규소(Si)와 망간(Mn) 등은 광석으로부터 들어오나 제련할 때 탈산제로도 첨가된다. 일반적으로 규소(Si)≦0.3%, 망간(Mn)≦0.2% 정도가 함유된다.

인(P), 황(S), 구리(Cu)등은 광석 중에 있는 불순물로서 강철 중에 잔류한다. 일반적으로 인(P)≦0.08%, 황(S)≦0.04%, 구리(Cu)≦0.4% 정도까지는 허용된다.

산소(O_2), 질소(N_2), 수소(H_2) 등은 제련 중에 공기의 공급에서 함유된다. 무게로 보면 적으나(0.01% 이상) 유해작용이 크다.

(1) 인(P)

인(P)은 강철 중에 0.06%이하로 제한하며, 인(P)이 많으면 인화철(Fe_3P)이 형성되어 결정 경계에 석출한다. 인(P)이 적으면 강철 속에 고용(固溶)되고 경도와 강도는 다소 증가하나 연신율이 감소한다.

강철 속의 인(P)은 상온취성(냉간취성)의 원인이 된다. 일반적으로 강철 속에 인(P)이 0.06% 이하일 때 균일하게 분포되어 있다면 별로 피해를 주지 않으나 인(P)은 편석(偏析)이 발생하기 쉽고, 충격 값을 감소시키는 경향을 지니고 있기 때문에 함유량을 제한한다.

인(P)에 의한 유해작용은 탄소함유량이 많을수록 현저하므로 공구강에서는 0.025% 이하, 반경강에서는 0.04% 이하, 그리고 연강에서는 0.06% 이하가 되도록 하여야 한다.

(2) 황(S)

황(S)은 적열(고온) 취성을 일으키며, 인장강도, 연신율, 충격 값을 저하시키고, 강철의 유동성을 방해하여 용접성을 저하시킨다.

또 기공이 발생하지만 망간(Mn)과 화합하여 절삭성능을 개선한다.

(3) 망간(Mn)

망간(Mn)은 황(S)의 피해를 제거하며, 고온 가공을 쉽게 하고, 강도, 경도, 인성을 증가시키며, 고온에서 결정입자의 성장을 방해한다.

또 소성을 증가시키고 주조성능을 향상시키며, 담금질 효과를 크게 한다. 연성을 약간 감소시키나 제강할 때 망간을 첨가하면 황, 산소, 질소 등과 화합하여 슬래그를 만들어 제거시킨다. 그리고 탄소의 흑연화를 방지한다.

(4) 규소(Si)

규소(Si)는 선철 중에 존재하는 것, 또는 탈산제의 일부로 남아 있는 것이 강철 속에 남아서 이것이 페라이트 중에 고용되어 강철의 인장강도, 탄성한계, 경도 등을 크게 한다.

그러나 연신율 및 충격 값은 감소시킨다. 또 결정을 거칠게 하고 단접 성능을 떨어뜨린다.

(5) 가스(gas)

가스에는 산소, 질소, 수소 등이 있으며, 산소는 적열 취성을 일으키고 질소는 경도와 강도를 증가시키며, 수소는 헤어 크랙(hair clack, 균열)의 원인이 된다.

연습문제

1. 강의 필라이트의 조직을 설명한 것으로 가장 알맞은 것은?
   ㉮ 침상조직을 형성하며 경도가 가장 높다.
   ㉯ y철과 탄화철이 혼합된 조직이다.
   ㉰ 탄소를 함유하지 않은 철로 백색이며, 강의 조직에 비하여 강도와 경도가 적다.
   ㉱ 페라이트와 탄화철이 서로 층상으로 배치된 조직이며, 현미경 조직은 흑, 백색이고 강하고 질긴 성질이 있다.

2. 고용한계 이상으로 탄소가 고용되면 탄소와 철이 화합하여 탄화철(Fe_3C)이 되며, 특징은 백색이고 매우 단단하며 여린 결정이고, 210℃ 에서 자기변태를 일으키는 탄소강의 조직은?
   ㉮ 페라이트　　㉯ 펄라이트
   ㉰ 시멘타이트　　㉱ 오스테나이트

3. 다음 중 Fe-C 상태도에서 탄소가 약 6.67% 함유되었을 때 나타나는 조직은?
   ㉮ 시멘타이트　　㉯ 페라이트
   ㉰ 오스테나이트　　㉱ 펄라이트

4. 강을 가열했을 때 나타나는 조직으로 $910 \sim 1,400$℃ 사이에서 γ철에 탄소를 잘 고용하는 γ고용체는?
   ㉮ 오스테나이트　　㉯ 페라이트
   ㉰ 펄라이트　　㉱ 시멘타이트

5. 오스테나이트(austenite)를 상온 가공하였을 때 얻어지며 강의 담금질 조직 중 가장 경하며 자성이 강하고 상온에서 불안정한 조직인 것은?
   ㉮ 베나이트(banite)
   ㉯ 펄라이트(pearlite)
   ㉰ 트루스타이트(troostite)
   ㉱ 마르텐사이트(martensite)

6. 탄소강의 담금질조직에서 경도가 가장 높은 것은?

㉮ 오스테나이트 ㉯ 마르텐사이트
㉰ 트루스타이트 ㉱ 솔바이트

7. 다음 강조직 중에서 경도가 가장 큰 것은?

㉮ 페라이트 ㉯ 오스테나이트
㉰ 시멘타이트 ㉱ 펄라이트

8. 강의 조직 중 경도가 가장 낮은 것은?

㉮ 오스테나이트 ㉯ 시멘타이트
㉰ 마르텐자이트 ㉱ 펄라이트

9. 강의 경도를 높이기 위한 방법으로 730 ~ 800℃ 로 가열한 후 물이나 기름 속에서 급랭시키는 조작은?

㉮ 담금질 ㉯ 뜨임
㉰ 풀림 ㉱ 불림

10. 탄소강의 담금질에 관한 설명으로 올바른 것은?

㉮ A_1 변태점 이상 가열 후 물 등에 급랭시켜 경도를 높이는 조작을 의미한다.
㉯ 잔류응력을 제거하는 작업으로 어닐링이라고도 한다.
㉰ 노멀라이징이라고 하며 경도를 낮추고 인성을 부여하는 작업이다.
㉱ 서냉처리 또는 서브제로 처리와 같은 의미이며 인성을 부여하는 것이 주목적이다.

1 ④
2 ③
3 ①
4 ①
5 ④
6 ②
7 ③
8 ①
9 ①
10 ①

CHAPTER 5

철강의 열처리

5-1 강철의 표준조직

1. 페라이트(Ferrite)

페라이트는 강철의 현미경 조직에 나타나는 것으로, 탄소를 고용한 α고용체이며, 상온에서는 강자성체인 체심입방격자이나, 768℃에서 자기 변태를 일으킨다. 가장 순철에 가까운 조직으로 매우 연하다.

2. 펄라이트(Pearlite)

726℃에서 오스테나이트가 페라이트와 시멘타이트(α고용체와 Fe_3C)의 층상이 공석정으로 변태한 것이며 탄소함유량은 0.85%이고, 강도와 경도는 페라이트보다 크고 자성이 있다.

3. 시멘디이트(Cementite)

고용한계 이상으로 탄소가 고용되면 탄소와 철이 화합하여 탄화철(Fe_3C)이 된다. 즉 고온의 강철 중에서 생성되며, 경도가 높고, 취성이 크며 상온에서 강자성체이다.

5-2 열처리 조직

금속이나 합금은 일반적으로 고체상태에 있으면서 어느 일정한 온도에 도달하면 갑자기 성질이나 조직이 변화하는 경우가 있다.

특히 강철은 가열하여 일정한 온도로 유지하다가 냉각하는 방법에 따라 여러 가지 성질을 지니게 할 수 있다.

즉, 강철을 가열과 냉각 방법으로 확산이나 변태를 일으켜 조작을 조정하거나 내부의 변형을 제거할 수 있으며, 그 밖에 변태의 일부를 방지하고, 적당한 조직으로 만들어 목적하는 성질이나 상태를 얻을 수 있는데 이 조작을 열처리(heat treatment)라 한다.

강철은 열처리를 하면 기계적 성질의 개선이 뚜렷해진다. 탄소강을 변태점 이상의 높은 온도로 가열하면 조직이 오스테나이트가 되고 이것을 서서히 노 속에서 냉각하면 펄라이트가 되며, 물 속에서 급랭시키면 마르텐사이트가 된다.

담금질 조직에는 다음과 같은 것들이 있다.

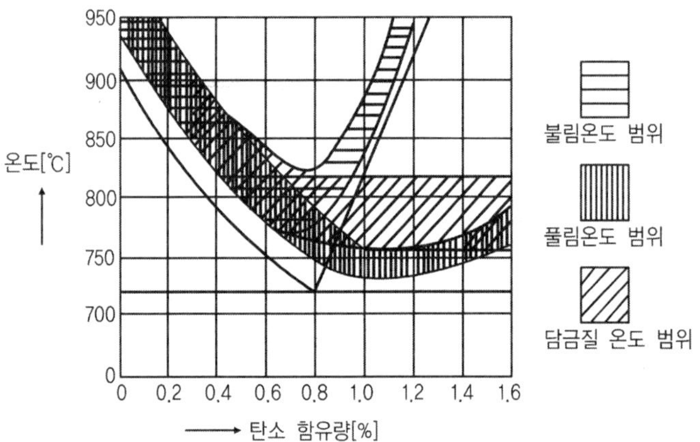

【그림 5-1 강철의 열처리 온도】

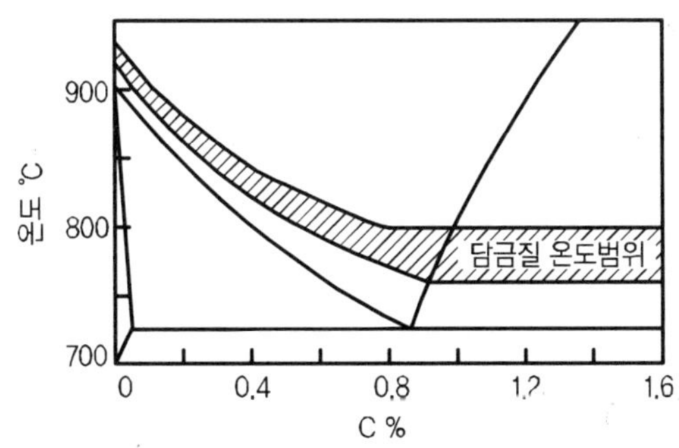

【그림 5-2 탄소강의 담금질 온도】

1. 오스테나이트(Austenite)

강철을 가열하였을 때 나타내는 조직으로, γ-Fe에 1.7% 이하의 탄소를 고용(금속의 결정격자 사이에 다른 금속의 원자가 침투하는 현상)한 것이다.

2. 마르텐사이트(Martensite)

탄소강을 물 속(水中)에서 급랭시켰을 때 금속의 중앙에 발생하는 조직이며, 담금질 조직 중 경도가 가장 높고, 부식에 강하다.

마르텐사이트가 얻어지는 변태를 Ar″ 변태라 한다.

3. 트루스타이트(Troostite)

마르텐사이트보다 냉각속도가 느린 경우에 생긴다. 기름 속(油中)이나 온탕에서 급랭할 때 재료 중앙에 발생하며, α-Fe과 시멘타이트가 혼재된 조직이다.

마르텐사이트보다 경도는 낮으나 강인성 있으며, 부식에 약하다. 트루스타이트가 얻어지는 변태를 Ar′ 변태라 한다.

4. 솔바이트(Sorbite)

트루스타이트보다 냉각속도가 느린 경우에 생긴다. 트루스타이트보다 경도는 낮으나 강인성과 탄성이 요구되는 스프링 등에 사용된다.

【참고】

각 조직의 경도순서
시멘타이트 > 마르텐사이트 > 트루스타이트 > 솔바이트 > 펄라이트 > 오스테나이트 > 페라이트

5-3 열처리의 종류

금속을 적당한 온도에서 가열과 냉각 등의 각종 조작을 통하여, 특별한 성질을 부여하는 것을 열처리(heat treatment)라 하며, 열처리의 종류에는 다음과 같은 것들이 있다.

① 계단 열처리(interrupted heat treatment)

② 항온 열처리(isothermal heat treatment)

③ 연속냉각 열처리(continuous cooling heat treatment)

④ 표면경화 열처리(surface heat treatment)

1. 계단 열처리

계단 열처리에는 다음과 같은 여러 가지 기본 방법이 있다.

① 담금질(Quenching) : 급랭시켜 재질을 경화시킨다.

② 뜨임(Tempering) : 담금질한 것에 인성을 부여한다.

③ 불림(Normalizing) : 재료를 일정온도에서 가열한 후 공랭시켜 표준화한다.

④ 풀림(Annealing) : 재질을 연하게 하고 균일하게 한다.

[1] 담금질(Quenching)

담금질은 재질을 단단하게 하거나 강하게 하기 위해 높은 온도로 가열하여 급속히 냉각하는 조작을 말한다.

즉 고탄소강을 A_1변태점 이상으로 가열하여 균일한 오스테나이트 조직으로 만든다. 오스테나이트 조직을 매우 천천히 냉각시키면 펄라이트가 되지만, 급랭시켜

냉각속도가 빠르면 A_1변태가 완전히 끝나지 못하고 중간조직으로 된다.

이것은 천천히 냉각시켜 얻은 펄라이트보다 경도가 크고 강하며 질이 여리다. 이와 같이 급랭으로 강철재료를 경화하고, 기계적 성질과 조직을 조정하는 작업을 말한다.

또 0.85%C(공석강)를 경계로 하여 이보다 탄소함유량이 적은 강철(아공석강)은 A_3변태점 이상 30~50℃ 또는 이보다 탄소함유량이 많은 강철(과공석강)에서는 723℃(A_1 변태점)이상 30~50℃로 가열하여 이것을 물 속이나 기름 속에서 급랭시키면, 도중의 변태가 정상적으로 이루어지지 않아 표준상태와 다른 매우 단단한 성질의 탄소강이 된다.

탄소강에서 담금질 효과가 좋은 것은 0.6~1.5%의 탄소를 함유한 경우이다. 담금질의 냉각속도와 변태관계를 그림 5-3의 냉각속도의 영향과 그림 5-4의 조직 및 경도변화를 설명하면 다음과 같다.

그림 5-3은 공석강 시험재료를 상온에서 A_{C1} 이상까지 천천히 가열한 후 냉각 방법과 각종 냉각속도에서의 변태점 차이를 열팽창으로 나타낸 것이다.

그림 5-4의 (a), (b)는 A_{C1}변태 이상의 온도에서는 조직이 오스테나이트이고, A_{C1} 변태온도 이하에서는 펄라이트가 되어 본래의 상태까지 회복되었으나 그림 (c)에서는 A_{C1}변태가 완료되기 전에 상온이 되어 Ar′와 Ar″의 2개의 과도적인 변태가 일어난다. 따라서 그림 (c)의 Ar′변태에서는 오스테나이트에서 과포화 상태의 시멘타이트가 입자상태로 석출된 조직이 생긴다.

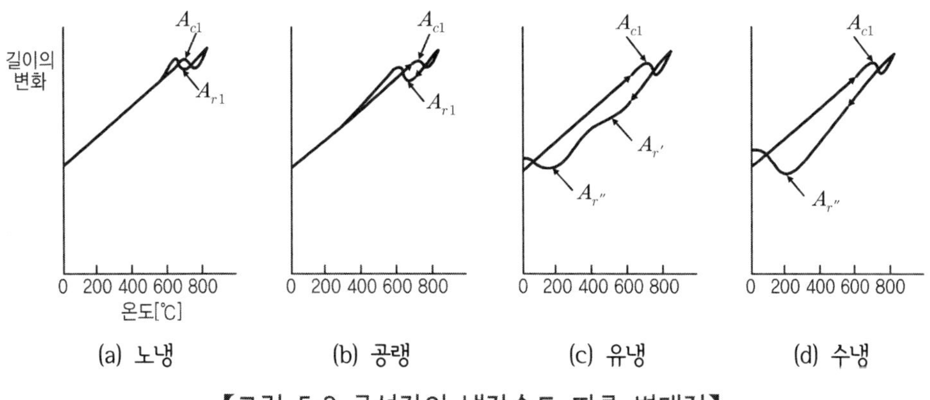

【그림 5-3 공석강의 냉각속도 따른 변태점】

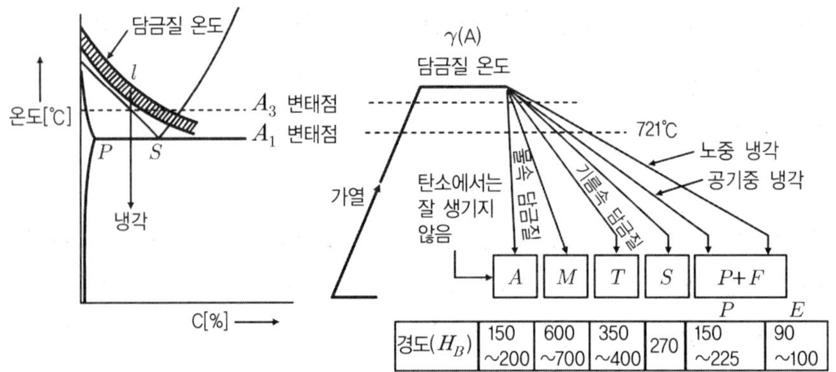

【그림 5-4 열처리 조직의 변화】

이것을 트루스타이트(troostite)라 부른다. 또 그림 (c)와 (d)에서 Ar″ 변태에서는 오스테나이트 입자 사이에 시멘타이트가 침상(針狀)으로 석출된 조직으로 마르텐사이트가 나타난다. 마르텐사이트는 강철에서 가장 경도가 큰 열처리 조직이다.

[2] 뜨임(Tempering)

담금질한 강철은 경도가 증가되는 반면 취성(여린 성질, 메짐)을 지니게 되므로 다소 경도가 감소되더라도 인성(질긴 성질)을 증가시키기 위해 담금질한 강철을 변태점 이하의 적당한 온도로 가열하여 알맞은 속도로 급랭시켜 인성을 지니도록 하는 열처리를 뜨임이라 한다.

즉, 담금질한 강철을 적당한 온도로 A_1변태점 이하에서 가열하여 인성을 증가시키는 것을 말한다.

뜨임을 하면 담금질할 때 발생한 내부응력이 감소 또는 제거되고, 불안정한 조직이 온도에 따라 비교적 균일하고 안정된 조직으로 변화한다.

탄소강의 뜨임 온도는 공구강에서 150~250℃, 구조용 탄소강에서는 450~600℃ 정도이다.

[3] 불림(Normalizing)

용해상태에서 응고시켜 높은 온도로 장시간 유지한 것이나 가공을 한 후 높은 온도로 장시간 유지한 것 등의 재료는 오스테나이트 입자가 크게 성장되어 조직이 거칠어지거나 내부 응력이 축적되어 기계적 성질이 좋지 못하게 된다. 이에 따라 적당한 강도와 경도로 만들기 위해 재료를 A_3변태점 이상에서 40~60℃의 온도로 가열한 후 대기 중에서 서서히 냉각시켜 조직을 미세화하고 내부 응력을 제거하는 것을 불림이라 한다.

[4] 풀림(Annealing)

재료를 단조·주조 및 기계가공을 하면 가공 경화나 내부 응력이 발생하게 되는데 이를 제거하기 위해 A_3, A_1 이상에서 20~50℃의 온도로 가열한 후 노(爐) 속에서 서서히 냉각시키는 열처리를 풀림이라 한다. 풀림의 목적은 다음과 같다.

① 열처리로 가공된 재료를 연화시킨다.

② 가공 경화된 재료를 연화시킨다.

② 가공 중의 내부 응력을 제거시킨다.

또 풀림 중 재결정 풀림은 냉간 가공한 재료를 가열하면 600℃ 정도에서 응력이 감소하며 재결정이 발생하며, 재결정은 결정 입자의 크기, 가공 정도, 석출물, 순도 등에 큰 영향을 받는다.

[5] 서브 제로(sub-zero, 심냉) 처리

담금질 직후 경도를 증가시키고, 시효변형을 방지할 목적으로 0℃ 이하의 온도에서 처리하는 것을 말한다. 즉 Mf(전체가 마르텐사이트 조직으로 되는 온도)가 상온 이하의 재료에서는 상온에서 담금질하여도 매우 많은 잔류 오스테나이트가 잔존하게 된다.

이것을 Mf점 이하의 낮은 온도까지 냉각하면 잔류 오스테나이트는 마르텐사이트화 되기 때문에 경도가 증가하고, 시효변형을 방지할 수 있으며, 액체 질소나 드라이아이스로 -80℃까지 냉각한다.

2. 항온 열처리(恒溫 熱處理)

[1] 항온 열처리와 조직

그림 5-5는 항온 열처리 방법의 설명도이다. AB 사이에서 오스테나이트까지 천천히 가열하고, BC 사이에서는 전체 가열이 균일하게 되도록 일정한 시간을 유지한 후 D에서 소금물 통(salt bath)에서 급랭시키고, DE 사이에서는 일정한 시간 동안 일정한 온도에서 항온 뜨임을 한 다음 EF에서는 공기 중에서 냉각시킨다.

담금질과 뜨임 2종류의 공정을 함께 할 수 있고, 또 담금질에서 오는 파손을 방지할 수 있는 열처리 방법이다.

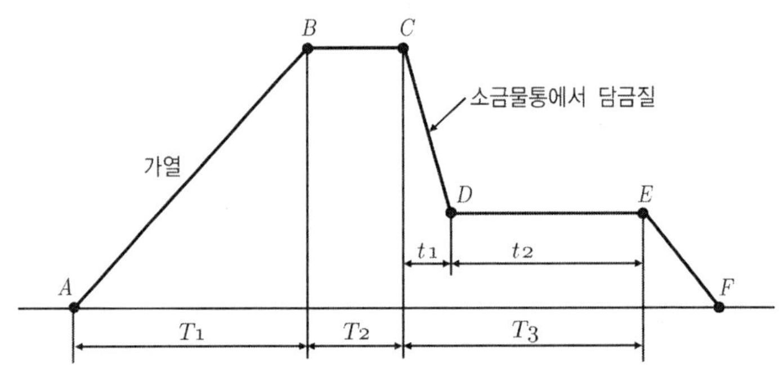

【그림 5-5 항온 열처리의 가열 및 냉각】

항온 열처리는 온도·시간 및 변태 등 3종류의 변화를 선도로 표시하여 목적한 열처리 조직을 얻을 수 있기 때문에 대량생산에 적합하다.

즉 열처리할 재료가 결정되면 이것에 대한 온도·시간 및 변태곡선(일반적으로 S 곡선이라 부름)을 만든다.

이것을 이용하여 그 재료를 오스테나이트 상태로 가열한 것을 일정한 온도의 소금물 통이나 연조(鉛槽) 또는 오일을 200℃ 이하에서 가열한 오일 통 속에 넣고 일정한 시간 동안 담금질 및 뜨임을 하여 그 재료가 필요한 조직으로 변태가 완료되었을 때 꺼내면 요구하는 경도와 조직을 얻을 수 있다.

항온 변태를 진행시킬 때 변태온도를 변화시킨 것과 열처리 조직과의 관계를 나타내는 그림 5-6의 선도를 항온 변태도 또는 TTT곡선(time temperature transformation curve) 및 S 곡선(S-curve)이라고도 한다.

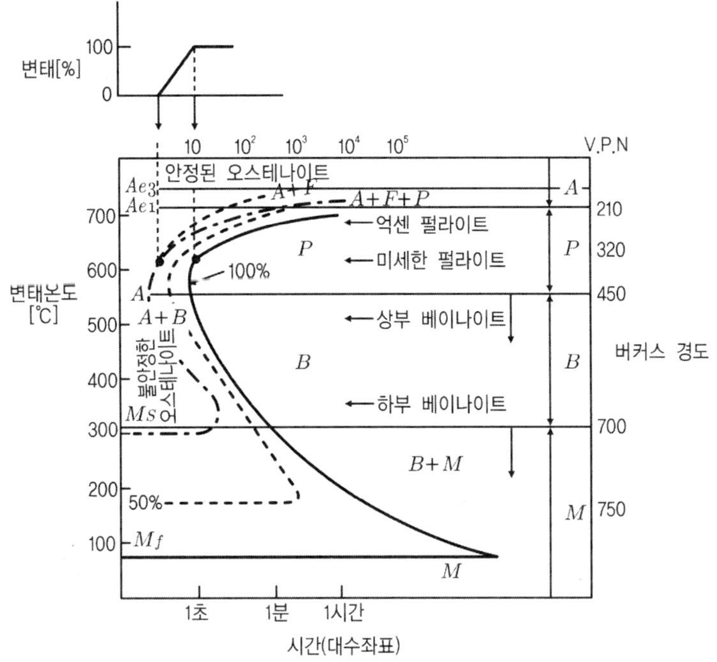

【그림 5-6 항온 열처리 곡선】

항온 열처리의 특징은 다음과 같다.

① 계단 열처리보다 균열 및 변형감소와 인성이 향상된다.

② 니켈(Ni), 크롬(Cr) 등을 함유하는 특수강이나 공구강에 좋다.

③ 고속도강의 경우 1250~1300℃에서 580℃의 소금물(鹽浴)에서 담금질하여 일정시간 유지 후 공랭시킨다.

[2] 항온 열처리의 종류

① 오스템퍼(austemper) : 소금물에서 담금질을 하여 점성이 큰 조직을 얻고, 뜨임이 필요 없으며, 담금질 균열과 변형이 없다.

② 마르템퍼(martemper) : 항온 변태 후 열처리하여 혼합조직을 얻으며, 충격에 견디는 힘이 커진다.

③ 마르퀜칭(marquenching) : 항온 열처리 한 후 뜨임을 하여 담금질 균열과 변형이 적은 조직으로 하는 것이다.

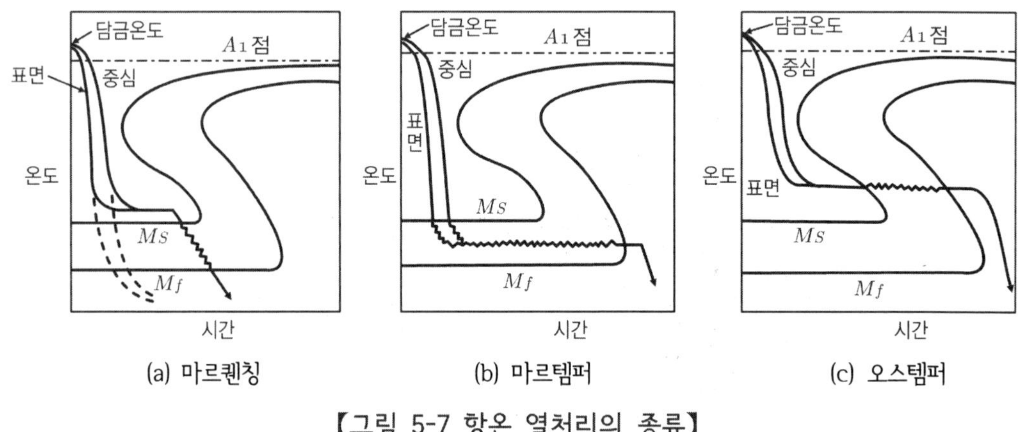

【그림 5-7 항온 열처리의 종류】

5-4 강철의 표면경화(surface hardening)

기계의 축이나 기어 등은 충격에 대해 강인한 성질을 지녀야 하고, 베어링은 마멸에 견딜 수 있어야 하므로 표면만 단단하게 하고 내부는 강인한 성질을 지니도록 하는 열처리를 말한다.

즉, 마멸되기 쉬운 재료 표면은 경도가 높은 것이 요구되는데, 고탄소강을 표면의 경도를 높이기 위하여 담금질을 하면 재료 전체가 단단해져서 파손되기 쉽다.

이때 재질이 강인한 강재(鋼材)에 표면경화 방법을 이용하여 표면을 경화하면 표면은 마멸에 강해지고 내부에는 원재료의 재질대로 있으므로 충격에 견딜 수 있다. 강철의 표면경화 방법에는 다음과 같은 것들이 있다.

(1) 화학적 방법

① 침탄법(carburizing)

㉮ 고체 침탄법

㉯ 가스 침탄법

② 청화법(cyaniding)

③ 질화법(nitriding)

④ 시멘테이션(cementation)

㉮ 크로마이징(chromizing)

㉯ 칼로라이징(calorizing)

㉰ 실리코나이징(siliconizing)

㉱ 보론나이징(boronizing)

(2) 물리적 방법

① 특수 표면경화

㉮ 고주파 표면경화 방법

㉯ 화염 경화 방법

② 방전 경화 방법

1. 침탄법(carburizing)

탄소강은 탄소함유량이 많을수록 경도는 커지나 취성이 있어 충격에 약하다. 마모와 충격을 동시에 받는 기계부품 등은 재료내부는 탄소함유량이 적고 인성이 큰 성질이 필요하고, 표면은 탄소함유량이 높아 내마모성이 큰 것이 바람직하다.

이를 위해 탄소를 0.1~0.2% 정도 함유한 연한 강철의 표면에 탄소를 침투시켜 표면을 고탄소강의 조직으로 만들고 이것을 담금질하면 표면만 경화시킨 강철이 된다.

이와 같이 표면에 탄소를 침투시키는 것을 침탄법이라 하고, 이것을 담금질하는 두 작업을 합쳐서 침탄 경화라 부른다. 즉 탄소함유량이 적은 저탄소강의 표면에 탄소 또는 탄소를 많이 함유하는 침탄재료(목탄, 골탄, 혁탄)로 표면을 감싼 후에 노(爐) 속에 넣고 밀폐시키고 800~900℃ 정도에서 3~4시간 가열하면 탄소가 표면경화 할 재료 표면에서 0.5~2.0mm 정도까지 침투하여 표면은 탄소함유량이 많고 내부로 들어감에 따라 적어진다.

이에 따라 표면은 단단한 강철이 되고, 내부는 연한 강철이 된다. 이것을 다시 담금질하면 표번은 고탄소강이므로 열처리가 되고, 내부는 저탄소강이므로 그대로 연한 강철이 된다.

침탄법에는 고체 침탄법, 액체 침탄법, 가스 침탄법 등이 있으며, 액체 침탄법은 청화물(靑化物 CN)을 사용하는 경우가 많기 때문에 청화법에서 설명하도록 한다.

[1] 고체 침탑법

고체 침탄 재료에는 목탄(木炭), 코크스, 골탄(骨炭) 등과 촉진제로 $BaCO_3$, Na_2Co_3, NaCl 등을 사용한다.

침탄 상자는 4~10mm의 강철판이나 주철로 제작하며, 표면경화 할 재료와 침탄 재료를 넣고, 내화 점토로 가스가 누출되지 않도록 바른다. 이것을 침탄로 속에서 900~950℃로 가열하여 여러 시간 동안 같은 온도가 유지되도록 한다.

침탄 재료는 높은 온도에서 가열하면 일산화탄소 또는 시안가스(CN)가 발생하며, 이것이 강철과 작용하여 γ-Fe에 침투한다.

이 반응에서 탄소는 일산화탄소 가스상태에서 γ-Fe 속에 고용된다.

즉

$$2C + O_2 \rightarrow 2CO$$

$$2CO + Fe \rightarrow [Fe - C] + CO_2$$

$$CO_2 + C \rightarrow 2CO$$

침탄 깊이와 침탄 시간은 그림 5-8과 같이 변화하며, 시간이 길면 깊게 침탄이 된다. 또 가열온도가 높으면 침탄속도가 빠르고, 침탄이 깊게 되지만 1000℃ 이상의 온도에서는 강철의 재질이 불량하게 될 우려가 있다.

따라서 침탄을 깊게 하려면 그 정도에 따라서 여러 번 반복하여야 한다. 가열시간은 표면경화 할 재료의 구조, 침탄 재료의 종류 및 침탄 상자의 크기 등에 영향을 받으며, 또 침탄할 깊이에 따라서 다르다.

침탄이 완료된 강철은 담금질하여 표면을 경화시켜 내마모성을 높이는 것이 목적이지만 침탄 온도가 높기 때문에 높은 온도에서 장시간 가열된 강철은 결정이 매우 억세고 또 성장되어 있으므로 침탄 후 상온까지 냉각시킨 후 열처리를 하여야 한다.

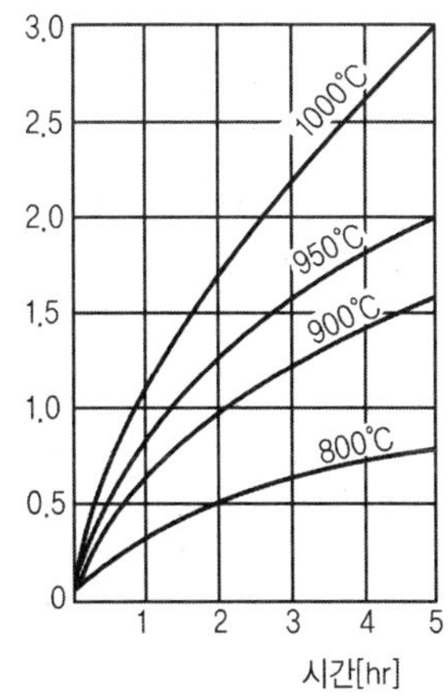

【그림 5-8 침탄 깊이와 침탄 시간】

1차 담금질은 A_{321}변태보다 높은 온도 850~900℃에서 가열하고 이것을 물 또는 오일에서 담금질하여 표면경화 할 재료의 중심조직을 미세화시킨다.

이때 표면도 경화되지만 이 온도는 표면 담금질 온도보다 높기 때문에 표면조직이 억세진다. 2차 담금질은 A_1변태점보다 다소 높은 770~800℃로 가열하고, 물 또는 오일 속에서 급랭시켜 전체를 치밀한 조직으로 만든다.

이와 같이 2단계로 열처리를 하면 표면 경화된 강철은 목적에 적합한 재질이 된다.

[2] 가스 침탄법

침탄 재료로 사용하는 가스는 이산화탄소(CO_2), 일산화탄소(CO), 메탄가스(CH_4), 에탄가스(C_2H_6), 프로판 가스(C_3H_8) 등이며, 이 가스들이 높은 온도에서 표면경화 할 재료와의 사이에서 활성화되면 탄소를 석출하고 이것이 γ-Fe 속에 고용된다. 가스 침탄은 다음과 같이 작업한다.

밀폐 상자형 전기로에 표면경화 할 재료를 넣고 높은 온도에서 침탄가스를 유동시키면서 연속적으로 보내고, 폐(廢) 가스는 노(爐) 밖에서 연소시킨다. 가스 침탄은 고체 침탄에 비해 가열이 빠르고 노(爐)속의 온도도 균일하게 할 수 있다.

침탄 온도는 930℃이고 침탄이 완료되고, 침탄가스의 공급을 중지하면 확산이 진행되어 과잉 침탄층이 없어지고 경화층이 깊어진다. 노(爐)의 온도를 낮춰 담금질 온도에 도달하였을 때 담금질한다.

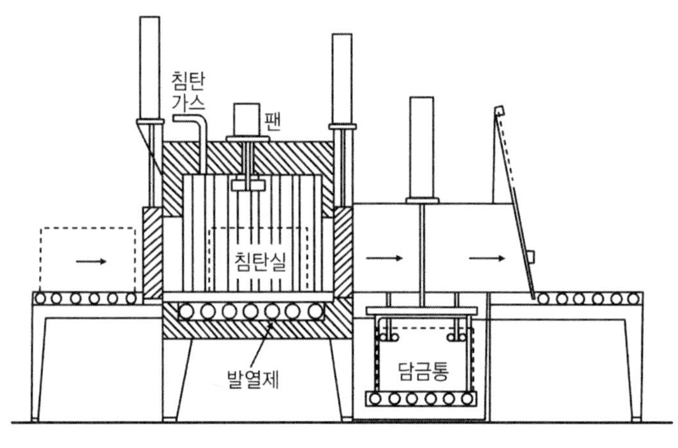

【그림 5-9 가스 침탄로의 구조】

2. 질화법(nitriding)

질소는 높은 온도에서 철이나 강철에 작용하여 질화철을 만든다. 이 질화물은 경도가 크고, 취성이 있다.

그러나 표면에만 작용시키면 내마모성과 경도가 높은 재질이 된다. 즉 철 또는 강철을 암모니아 가스 속에서 500~550℃로 50~100시간 가열하면 철과 질소가 작용하여 강철의 표면을 질화철이 되도록 하는 방법이다.

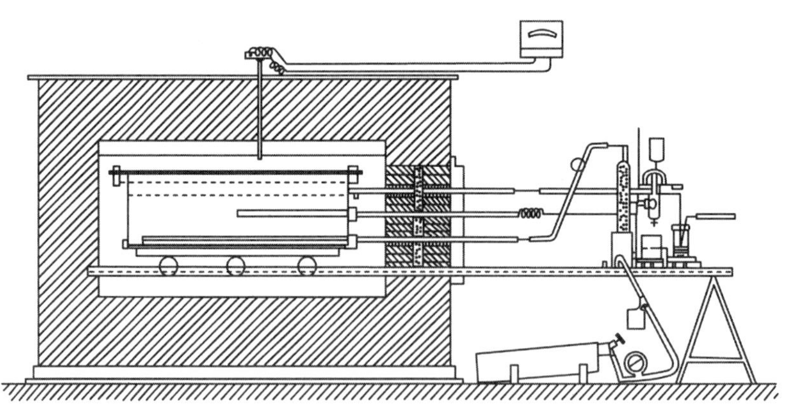

【그림 5-10 질화로의 구조】

침탄법에 비해 경화층이 얇고 조작시간이 길다. 질화법에 적합한 합금강은 합금원소로서 알루미늄(Al), 크롬(Cr), 몰리브덴(Mo), 바나듐(V) 등을 함유한 것이다.

크랭크축, 피스톤 핀 등에 이용된다.

【참고】 침탄법과 질화법의 비교

침탄법	질화법
경도가 낮다.	경도가 높다.
침탄 한 후의 열처리가 필요하다.	열처리가 필요 없다.
경화에 의한 변형이 발생한다.	경화에 의한 변형이 적다.
질화층보다 여리지 않다.	질화층이 여리다.
수정이 가능하다.	수정이 불가능하다.
높은 온도로 가열할 때 뜨임이 되고 경도가 낮아진다.	높은 온도로 가열을 하여도 경도가 낮아지지 않는다.

3. 청화법(cyaniding)

청화법은 강철을 황혈염(黄血鹽)등의 CN 화물물을 주성분으로 한 청산소다(NaCN)나 청산칼리(KCN)와 유동성을 향상시키고 용융점을 낮추기 위해 NaCl, KC1, Na_2Co_3, K_2CO_3, $BaCl_2$ 등을 첨가한 액체 속에 넣어 금속 표면에 질소와 탄소가 동시에 침투되게 하는 방법이다.

청화법은 청화물(CN)이 철과 작용하여 침탄과 질화가 동시에 진행되는 장점이 있다.

4. 시멘테이션에 의한 경화

강철 표면에 다른 금속[크롬(Cr), 알루미늄(Al), 티탄(Ti), 코발트(Co)] 또는 규소(Si)를 삼투(滲透)시켜 그 표면에 합금층 및 금속피복을 만드는 것을 시멘테이션(cementation)이라 한다.

일반적으로 금속보다 증기압력이 높고 금속표면에서 쉽게 분해될 수 있는 가스상태의 금속 화합물을 사용한다.

이 가스가 침투할 물질을 금속표면으로 운반하고 여기서 분해되어 활성기체 상태가 되고 금속표면에 흡착 침투한다.

[1] 크로마이징(chromizing)- 크롬(Cr) 침투 처리

크롬은 내부식성, 내산성, 내마모성이 크기 때문에 금속표면에 크롬(Cr)을 침투시키는 것이며, 크로마이징에는 고체분말 방법과 가스 크로마이징이 있다.

고체분말 방법은 강철의 표면을 깨끗이 한 후에 Fe-Cr 분말 60%, Al_2O_3 30%, NH_4Cl 3%를 혼합한 분말 속에 넣고 980~1050℃로 10~15시간 가열한다.

이 처리에 의해 크롬은 강철 속으로 침투하여 0.05~0.15mm 정도의 크롬 침투층이 얻어진다.

크롬 침투층은 매우 단단하고 내마모성이 커 다이스(dies), 게이지(gauge), 절삭공구 등에서 사용된다.

[2] 칼로라이징(calorizing) - 알루미늄(Al) 침투 처리

칼로라이징은 강철의 표면에 알루미늄(Al)을 침투시키는 것이며, 스케일(scale)에 견디는 성질을 증가시킬 때 사용한다. 강철을 알루미늄 분말 49%, Al_2O_3 분말 49%, NH_4Cl 2%의 혼합분말 속에 넣고 노(爐) 속에 넣어 950~1050℃로 가열한다. 가열시간은 일반적으로 3~15시간 정도이며, 0.3~0.5mm의 두께가 형성된다.

칼로라이징 된 제품은 900℃까지의 고온산화에 견디는 성질이 있으며, 이보다 높은 온도에서는 약간의 산화가 발생한다.

[3] 실리코나이징(siliconizing) - 규소(Si) 침투 처리

실리코나이징은 내부식성을 향상시키는 것이며, 강철표면에 규소(Si)를 침투 확산시키는 처리로서, 고체분말 방법과 가스 방법이 있다.

고체분말 방법은 규소분말, Fe-Si, Si-C 등의 혼합물 속에 넣고 회전로(回轉爐) 또는 침탄로(浸炭爐)에서 950~1050℃로 되었을 때 Cl_2가스를 통과시킨다.

Cl_2가스는 용기 내의 실리콘 카바이드(silicon carbide) 또는 Fe-Si와 작용하여 강철 속으로 침투 확산된다. 950~1050℃에서 2~4시간 처리로 0.5~1.0mm의 규소 침투층이 얻어진다.

가장 바깥쪽의 규소함유량은 14% 정도이며, 펌프의 축, 실린더 라이너, 나사 등의 부식, 열 및 마모가 일어나기 쉬운 부품에 효과적이다.

[4] 보론나이징(boronizing) - 붕소(B) 침투 처리

강철표면에 붕소(B)를 침투 확산시켜 경도가 높은 보론화된 층을 형성시키는 표면경화 방법이다. 이 방법은 붕소의 용해 및 전해에 의해 얻어지며, 붕소처리에서 경화 깊이는 약 0.15mm이다.

이 방법은 처리 후 담금질이 필요 없으며, 각종 강철에 적용이 가능하다.

5. 물리적 표면경화 방법

[1] 고주파 경화 방법(induction hardening)

일반적인 열처리에서 사용하는 가열 방법은 열에너지가 전도 및 복사의 형식으로 가열하는 금속에 도달하는 방식을 사용하고 있으나 고주파 경화 방법에서는 전자에너지의 형식으로 금속에 전달되고, 금속의 표면에 도달하면 도전성(導電性) 금속에는 유도 2차 전류가 발생한다.

주파수가 높을수록 효과적이며, 10~200kHz 정도를 사용한다. 금속표면에 표피효과가 크기 때문에 맴돌이 전류라고도 한다.

즉 고주파 경화 방법은 고주파 전류를 이용하여 일정한 두께의 표면만을 가열 한 후 급랭시키는 방법이다.

이 방법의 장점은 다음과 같다.

① 기어 또는 복잡한 형상의 부품들을 부분적으로 경화시킬 수 있다.

② 경화시간이 짧고 탄화물을 고용하기 쉬우며, 주로 대량생산에서 이용된다.

③ 금속표면에 에너지가 집중되기 때문에 가열시간을 단축시킬 수 있다.

④ 금속의 스트레인(strain)을 최대한 억제시킬 수 있다.

⑤ 가열시간이 짧아 산화 및 탈탄의 우려가 적다.

⑥ 값이 싸므로 경제적이다.

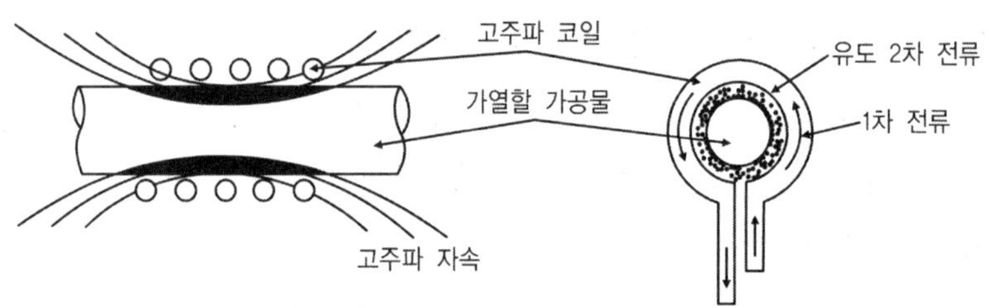

【그림 5-11 고주파 경화 방법】

[2] 화염 경화 방법(flame hardening)

탄소함유량 0.4% 정도의 강철을 산소-아세틸렌 불꽃으로 표면만 담금질 온도로 가열한 다음 급랭시켜 표면만 담금질하는 것으로 경화층 깊이는 불꽃의 온도, 불꽃의 이동시간으로 결정한다.

6. 강철의 탈탄

강철을 높은 온도로 가열하여 열처리할 때 또는 고온가공을 하기 위하여 장시간 가열하면 산화(oxidation)가 일어나 산화막을 형성한다. 이때 강철 속의 탄소도 산화하여 이산화탄소, 일산화탄소 가스로 되어 제거된다.

이것을 탈탄(脫炭)이라 한다. 강철표면이 탈탄되면 표면에는 연한 페라이트층이 형성된다. 이것은 공구강이나 스프링강 등에서는 제품의 성능을 떨어뜨린다.

강철의 탈탄은 공기, 수증기, 이산화탄소와 같은 산화성 가스 또는 수소, 암모니아와 같은 환원성 가스 및 용융염(熔融鹽), 산화철 중의 슬래그 등에 의해서도 발생한다.

강철의 탈탄은 니켈(Ni), 망간(Mn), 크롬(Cr) 등을 첨가하면 감소하고, 규소(Si), 인(P) 등을 첨가하면 증가한다. 그리고 결정격자가 거친 강철은 미세한 경우보다 더욱더 탈탄되기 쉽다.

연습문제

1. 담금질 후 시간이 경과함에 따라 경도가 커지는 현상을 의미하는 용어는?
   ㉮ 표면 경화　　　　㉯ 가공 경화
   ㉰ 담금질 경화　　　㉱ 시효경화

2. 담금질(quenching)한 강을 A_1 변태점 이하온도로 가열하여 공냉 등을 하여 인성을 증가시키는 열처리는?
   ㉮ 풀림(annealing)
   ㉯ 불림(normalizing)
   ㉰ 뜨임(tempering)
   ㉱ 서브제로(subzero)처리

3. 뜨임이란 열처리의 용어 설명으로 가장 적합한 것은?
   ㉮ 담금질한 것을 풀림 하기 위해 가열하여 서냉한 것을 뜻한다.
   ㉯ 경도를 높게 하기 위하여 가열 냉각하는 조작을 말한다.
   ㉰ 담금질한 강철에 인성이 필요할 때 A_1점 이하의 적당한 온도로 가열하여 인성을 증가시키는 것이다.
   ㉱ 경도는 약간 후퇴시키더라도 취성을 주기 위하여 가열 처리한 것이다.

4. 열간 및 냉간 가공 후의 불균일한 조직과 결정 입자를 조정하기 위하여 A_3 변태점 이상가열 후 대기 중에서 공냉하여 균일하게 하는 열처리 방법은?
   ㉮ 담금질　　　　㉯ 불림
   ㉰ 뜨임　　　　　㉱ 오스템퍼

5. 강을 열처리하는 방법 중에서 풀림의 일반적인 목적이 아닌 것은?
   ㉮ 가공에서 생긴 내부 응력을 저하시킨다.
   ㉯ 조직을 균일화, 미세화 한다.
   ㉰ 담금질한 강을 강화시킨다.
   ㉱ 열처리로 인하여 경화된 재료를 연화시킨다.

6. 풀림(annealing)열처리에 관한 설명 중 틀린 것은?
   ㉮ 고순도 금속일수록 저온 풀림으로 재결정이 일어난다.
   ㉯ 재결정은 결정립 크기에 영향을 준다.
   ㉰ 재결정 핵의 성장은 석출물과 무관하다.
   ㉱ 재결정은 가공도에 영향을 받는다.

7. 다음 중 강의 표면 경화법이 아닌 것은?
   ㉮ 침탄법　　㉯ 화염경화법
   ㉰ 질화법　　㉱ 방사선 탐상법

8. 마찰부분이 많아 내마모성과 인성이 풍부한 강을 만들기 위한 열처리 방법에 속하지 않는 것은?
   ㉮ 침탄법　　㉯ 산화법
   ㉰ 화염 경화법　　㉱ 고주파 경화법

9. 탄소강 표면에 질소를 침투시켜 경화하는 방법으로 이 방법을 사용하면 담금질 조작을 하지 않아도 되는 특징이 있는 것은?
   ㉮ 질화법　　㉯ 화염경화법
   ㉰ 침탄법　　㉱ 방전경화법

10. 강의 표면 경화하는 침탄법과 질화법의 특징 설명으로 틀린 것은?
   ㉮ 질화법은 담금질할 필요가 없다.
   ㉯ 경화층이 얇으나 경도는 침탄한 것보다 크다.
   ㉰ 질화법은 마모 및 부식에 대한 저항이 작다.
   ㉱ 질화법은 변형이 적으나 경화시간이 많이 걸린다.

1 ④
2 ③
3 ③
4 ②
5 ③
6 ③
7 ④
8 ②
9 ①
10 ③

CHAPTER

6 특수강(합금강)

특수강(special steel)이란 탄소강에 다른 원소를 1개 또는 2개 이상을 첨가한 것으로 합금강(alloy steel)이라고도 부른다.

첨가되는 원소에는 니켈(Ni), 크롬(Cr), 망간(Mn), 규소(Si), 텅스텐(W), 몰리브덴(Mo), 바나듐(V), 티탄(Ti), 코발트(Co), 붕소(B), 황(S), 알루미늄(Al) 등이 있다.

6-1 특수강의 분류와 합금원소의 영향

1. 특수강의 분류

특수강이란 우수한 기계적 성질을 지닌 강철을 필요로 할 때 그 목적에 따라 합금원소를 넣은 것을 말한다.

합금원소의 함유량에 따라 고특수강과 저특수강, 성분에 따라서 니켈강, 망간강, 텅스텐강, 몰리브덴강 등으로 분류하기도 하며, 용도에 따라서 구조용 특수강, 공구용 특수강, 내부식-내열용 특수강, 특수용도용 특수강으로 나누기도 한다.

2. 합금원소의 영향

탄소강에 여러 가지 목적으로 합금원소를 첨가하는데 그 중에서 중요한 목적은 다음과 같다.

① 강철을 경화시킬 수 있는 깊이를 증가시켜 기계적 성질을 개선하기 위해

② 높은 강도와 연성을 유지하기 위해

③ 높은 온도와 낮은 온도에서의 기계적 성질을 개선하기 위해

④ 내부식성, 내고온성, 내산화성 등을 개선하기 위해

⑤ 내마모성 및 피로 특성 등의 특수한 성질을 개선하기 위해

그리고, 특수강에 첨가되는 원소의 특성은 다음과 같다.

① 니켈(Ni) : 강성과 인성, 내부식성, 내산성, 저온 충격값을 증가시킨다.

② 크롬(Cr) : 함유량이 적어도 강도와 경도를 증가시키며, 함유량이 많아지면 내부식성, 내마모성 및 자경성을 크게 증가시키는 것 이외에, 탄화물의 생성을 쉽게 하여 내마모성도 증가시킨다.

③ 텅스텐(W) : 함유량이 적으면 크롬과 거의 비슷한 작용을 하지만, 함유량이 많아지면 탄화물 생성을 쉽게 하여 경도와 내마모성을 크게 증가시킨다. 특히, 고온 강도와 경도를 증가시킨다.

④ 몰리브덴(Mo) : 담금질 깊이를 크게 하고, 크리프 저항과 내부식성을 증가시킨다. 또 뜨임 취성을 방지한다.

⑤ 규소(Si) : 함유량이 적으면 강도와 경도를 조금 향상시키나, 함유량이 많아지면 내마모성을 크게 증가시키고, 전자기적 성질도 개선시킨다.

【참고】

자경성이란 특수원소를 첨가하여 가열 후 공기 중에서 냉각시켜도 자연히 경화하여 담금질 효과를 얻는 것으로 크롬(Cr), 니켈(Ni), 망간(Mn), 텅스텐(W), 몰리브덴(Mo) 등이 있다.

6-2 구조용 특수강

구조용 특수강은 기계를 구성하는 주요부품 또는 구조물을 제작하는데 사용하는 강철 재료이며, 인장강도, 탄성한도, 연신율, 단면수축률, 충격 값, 피로한도 등의 기계적 성질이 우수하여야 한다. 또, 주조성, 단조성, 절삭성 등의 가공성도 좋아야 한다.

1. 강인강(强靭鋼)

강인강은 탄소강에서 얻을 수 없는 강성과 인성을 지니는 재료를 얻기 위해 탄소강에 니켈(Ni), 크롬(Cr), 텅스텐(W), 망간(Mn), 티탄(Ti), 몰리브덴(Mo), 규소(Si) 등을 첨가한 것이다.

이 중에는 합금된 상태 그대로 사용하는 경우도 있으나 적당히 담금질, 뜨임 등의 열처리를 하여 그 성질을 개선시켜 사용하는 경우가 많다.

강인강은 볼트, 너트, 축, 기어 등에 사용되며 탄소 함유량은 0.28~0.48% 정도이다.

[1] 니켈강(Ni steel)

강성과 인성, 열처리성, 내마모성, 내부식성 등을 향상시키기 위해 탄소강에 니켈을 첨가시킨 것이다.

니켈강을 적절히 열처리하면 인성이 탄소강의 5~6배 정도 증가되고, 내부식성과 내마모성도 개선된다.

용도는 기어, 스핀들, 크랭크축, 추진축 등에서 사용된다.

[2] 크롬강(Cr steel)

크롬은 Fe_3C 중에 녹아 들어가 $(Fe \cdot Cr)_3C$를 형성하여 경도를 증가시켜 내마모성을 향상시킨다. 결정입자는 인장강도, 항복점을 증가시키며, 인성이 크다. 또, 임계 냉각속도를 느리게 하여 공기 중에서 냉각하여도 경화되는 자경성이 있다.

크롬 2% 이하의 저탄소 크롬강은 침탄용 강으로, 고탄소 크롬강은 베어링, 줄, 다이스 등으로 이용된다. 크롬 12% 이상의 저탄소인 것은 매우 안정된 피막을 형성하므로 내부식강, 내열강으로 이용된다.

[3] 니켈-크롬강(Ni-Cr steel, SNC)

니켈-크롬강은 탄소강에 니켈과 크롬을 첨가하여 각각의 효과를 이용한 것이다. 니켈은 페라이트 기지의 인성 증가를, 크롬은 탄화물에 의한 경도를 증가시킨다.

따라서, 강성과 인성이 있고 연신율 및 단면수축률이 크게 감소되지 않고 강도가 큰 특성이 있어 대표적인 구조용 강철로 사용된다. 구조용 강철로 사용되고 있는 것은 펄라이트 조직이지만 내마모성과 내부식성이 우수하고 또 높은 온도에서 장시간 가열하여도 결정립이 거칠어지지 않는다.

그러나 이 합금은 열전도성이 불량하기 때문에 서서히 가열하여야 한다. 또, 뜨임을 할 경우에는 600℃에서 물 또는 기름에 급랭한다.

[4] 크롬-몰리브덴강(Cr-Mo steel)

니켈-크롬강에서 니켈 대신 몰리브덴을 적은 양 첨가하여 성질을 향상시킨 것이다. 기계적 성질, 질량효과도 니켈-크롬강에 비해 큰 차이가 없으며, 용접성이 우수하다.

크롬 이외에 몰리브덴을 함유하면 강철의 경화성능이 커지고, 뜨임 취성도 적어지므로 고온 가공성이 좋고, 가공 면이 깨끗하여 얇은 강철판이나 파이프 제조에 많이 사용된다. 각종 축(shaft), 기어, 강력 볼트 등에도 사용된다.

[5] 니켈-크롬-몰리브덴강(Ni-Cr-Mo steel)

구조용 니켈-크롬강에 0.3% 정도의 몰리브덴을 첨가하면 강성과 인성을 증가시킬 뿐만 아니라, 담금질한 경우에는 질량 효과를 감소시키고, 뜨임 취성을 방지하는 효과가 크다.

몰리브덴은 높은 온도에서 점성이 좋으므로 단조 및 압연이 쉽고, 스케일(scale) 분리가 잘되므로 표면이 매끈하다. 이 강철은 엔진의 크랭크축, 강력 볼트, 기어 등에 사용된다.

[6] 망간강(Mn steel)

망간은 탄소강에 자경성을 주며, 많은 양을 첨가한 망간강은 공기 중에서 냉각하여도 쉽게 마르텐사이트나 오스테나이트 조직으로 된다.

(1) 저망간강

일반적으로 사용되는 저망간강은 탄소 0.2~0.2%, 망간 1.2~2%, 저탄소, 저망간강으로 듀콜(ducol)강이라 한다.

강하고 연신율도 양호하므로 선박, 차량, 건축, 교량 등 일반 구조용 강철로 사용한다.

(2) 고망간강

망간 10~14%, 탄소 0.9~1.3%의 고탄소, 고망간강으로 하드필드(hard field)강 또는 상온에서 오스테나이트 조직을 지니고 있어 오스테나이트 망간강이라고도 한다.

완전한 오스테나이트 조직은 공랭에 의해서는 얻을 수 없으므로 1000~1100℃에서 수중 냉각하는 방법을 사용한다. 이 강철은 내마모성과 내충격성이 크고, 특히 인성이 크다.

6-3 공구용 특수강

공구는 금속가공에서 절삭, 전단 등에 사용되는 칼 또는 측정에 사용하는 기구를 말한다. 공구재료로서의 구비조건은 용도에 따라서 다르나 대략 다음과 같다.

① 상온과 높은 온도에서 경도가 높을 것

② 내마모성, 강성과 인성이 클 것

③ 열처리와 공작이 쉬울 것

④ 값이 쌀 것

따라서, 각종 공구재료로 사용되는 특수강은 탄소 공구강보다 강도, 경도, 인성, 내마모성이 커야 한다.

공구용 특수강은 높은 탄소함유량 이외에 크롬, 텅스텐, 니켈, 망간 등의 1종류 또는 그 이상 첨가되며 고급 특수강에서는 성질을 개선하기 위해 몰리브덴, 바나듐(V), 코발트(Co) 등이 더 첨가된다.

1. 합금 공구강(STS)

탄소강은 높은 온도에서의 경도가 낮고, 고속절삭과 강력 절삭공구 또는 단조, 주조 등에 부적당하다.

이와 같은 결점을 보완하기 위해 탄소 공구강에 특수원소로서 크롬, 텅스텐, 망간, 니켈, 바나듐 등을 1종류 또는 2종류 이상 첨가하여 성능을 개선한 것을 합금 공구강이라 한다.

2. 고속도강(SKH)

고속도강은 절삭 공구강의 일종이며, 500~600℃까지 가열하여도 뜨임에 의해서 연화하지 않고, 또 높은 온도에서도 경도의 감소가 적은 것이 특징이다.

텅스텐(W) 18%, 크롬(Cr) 4%, 바나듐(V) 1% 형과 텅스텐(W) 14%, 크롬(Cr) 4%, 바나듐(V) 1% 형이다.

3. 소결 초경합금

소결 초경합금은 WC, TiC, Tac 등의 금속 탄화물을 코발트(Co)로 소결한 비철합금이며, 소결 탄화물 공구라고도 한다. 이 소결 초경합금은 크게 WC-Co 계열과 WC-TiC-Co 계열의 2종류로 나누어진다.

WC-Co 계열의 공구재료는 인성이 적어 충격을 받는 부분에는 부적당하다. 그러나 주철, 강철, 황동 및 경합금용의 공구로 사용하면 고속도강의 2배 이상의 속도로 절삭할 수 있다.

또 높은 온도에서 내구력이 커 석재, 유리, 도자기 등과 같이 고속도강으로 절삭하기 어려운 재료도 절삭할 수 있고, 공구수명도 길다.

WC-Co 계열에 Tic 또는 TaC을 첨가한 것은 고탄소강, 니켈-크롬강, 망간강 등 강한 재질의 절삭용으로 사용한다. TiC은 내마모성과 높은 온도의 경도가 커 공구수명을 증가시킨다.

4. 스텔라이트(stellite, 주조합금 공구재료)

경질주조 합금 공구재료로서, 주조한 상태 그대로 연삭하여 사용하는 비철합금이다. 또, 열처리를 하지 않아도 충분한 경도를 지닌다.

코발트(Co)를 주성분으로 한 코발트(Co)-크롬(Cr)-텅스텐(W)-탄소(C) 계열의 이 합금은 단조가 불가능하므로 금형 주조에 의해 소정의 모양으로 만들어 사용한다.

상온에서는 담금질한 고속도강보다 다소 연하나 600℃ 이상에서는 고속도강보다 단단하므로, 절삭능력이 고속도강의 1.5~2.0배 정도 크다. 그러나 취약하여 충격에 의해 쉽게 파손되는 큰 결점이 있다.

5. 세라믹스(ceramics)

세라믹스는 알루미나(Al_2O_3)를 주성분으로 결합제를 사용하지 않고 소결시킨 공구이다. 제조 방법은 알루미나를 1600℃ 이상에서 소결 성형시키며, 특성은 내열성이 가장 높고, 고온경도 및 내마모성은 크나 비자성, 비전도체이며 충격에 약하다.

용도는 고온절삭, 고속 정밀가공, 강자성 재료 가공용이다.

6-4 내부식 및 내열 특수강

1. 내부식강

내부식강은 금속의 부식을 방지하기 위해 합금원소를 첨가하여 부식이 어려운 조직으로 하거나 또는 특수 표면처리를 하여 진행을 저지한다.

스테인리스강은 합금원소 첨가에 의한 방법을 이용한 대표적인 것이다. 철(Fe)에 크롬(Cr)을 첨가하면 결정격자 내에서 철(Fe)원자가 크롬(Cr)원자에 의해 보호되어 화학작용을 발생하지 않아 부식이 방지된다.

[1] 페라이트계열 스테인리스강(고 크롬계열)

크롬 13%인 것과 크롬 18%인 것이 대표적이지만, 최고 25% 크롬인 것도 제조되고 있다. 탄소함유량을 가능한 한 적게 하여 페라이트 조직으로 한 것으로 내부식성이 크다. 탄소함유량이 많아지면 철(Fe), 코발트(Co), 크롬(Cr)의 복합 탄화물을 형성하여 내부식성과 가공성이 낮아진다.

[2] 오스테나이트계열 스테인리스강(고 크롬, 고 니켈계열)

고 크롬(Cr)계열 스테인리스강에 니켈(Ni)을 10% 정도 첨가한 것으로 크롬 18%, 니켈 8%인 것이 가장 대표적인 성분으로 18-8강이라고도 부른다.

고 크롬계열보다도 내부식성과 내산화성이 크다. 상온에서 오스테나이트 조직으로 연하여 가공성이 좋다. 그러나 400℃ 이상에서는 $Cr_{23}C_6$ 등의 탄화물이 결정입계(粒界)에 석출하기 쉽다.

그 때문에 입계 부식을 일으켜 내부식성을 저하시키고 입간(粒間) 균열을 일으키게 된다. 이를 방지하기 위해 높은 온도에서 담금질하여 탄화물을 고용시키면 좋다. 용접을 하면 용접부분에 석출이 일어나 균열이 일어나기 쉽고, 또 절삭성도 나빠진다.

[3] 마르텐사이트계열 스테인리스강(고 크롬, 고 탄소계열)

12~17%의 크롬(Cr)과 충분한 탄소(C)를 함유하므로 담금질하였을 때 마르텐사이트 조직을 형성한다.

이 합금의 조성은 높은 강도와 경도를 목적으로 조정하였으므로 내부식성은 고 크롬 및 고 크롬-고 니켈계열에 비해 불량하다.

2. 내열강(耐熱鋼)

내열재료는 단지 높은 온도에서 경도, 강도가 유지되는 것만 아니라 조직이 안정되어 산화가스 등의 침식에도 견딜 수 있어야 한다.

내열성을 증대시키기 위해 첨가하는 대표적인 성분은 크롬(Cr)이지만 규소(Si), 알루미늄(Al), 니켈(Ni), 몰리브덴(Mo), 텅스텐(W), 티탄(Ti) 등도 강도를 증대시킬 목적으로 첨가한다.

크롬계열 내열강은 페라이트 조직이지만 이것의 사용 온도는 650℃ 정도이다. 온도를 초과하면 급격히 강도가 감소하기 때문에 이 이상의 온도에 견딜 수 있는 것은 많은 양의 니켈과 망간을 첨가하여 오스테나이트 조직으로 한 것이 있다.

6-5 특수 목적 특수강

1. 쾌삭강(快削鋼)

강철에 황(S), 납(Pb) 등의 특수원소를 첨가하여 절삭할 때, 칩(chip)을 잘게 하고, 피삭 성능을 향상시킨 것을 쾌삭강(free cutting steel)이라 한다.

2. 스프링강

스프링 재료는 탄성한도와 항복점이 높고 충격이나 반복 응력에 대해 잘 견딜 수 있는 것이 필요하다. 따라서 고탄소강을 사용하기도 하지만 대부분은 망간강, 규소-망간강, 크롬강, 크롬-바나듐강 등의 특수강을 사용한다.

3. 불변강(不變鋼)

주위의 온도변화에 따라 선팽창 계수나 탄성률 등의 특정한 성질이 변화하지 않는 강을 말하며, 불변강(invariable steel)은 비자성강으로 니켈(Ni) 26%에서 오스테나이트 조직을 갖는다.

불변강의 종류는 다음과 같다.

[1] 인바(invar)강

인바강은 탄소함유량 0.2% 이하, 니켈(Ni) 35~36%, 망간(Mn) 0.4%가 함유된 철(Fe)합금이며, 200℃ 이하에서의 선팽창 계수가 매우 작다. 20℃에서의 선팽창 계수가 1.2×10^{-6} 정도이며, 줄자, 표준 자, 시계 추 등의 재료로 사용된다.

[2] 슈퍼 인바(super invar, 초인바)강

니켈(Ni) 30.5~32.5%, 코발트(Co) 4.0~6.0%가 함유된 철(Fe)합금이며, 20℃에서의 선팽창 계수가 0.1×10^{-6} 정도로 인바의 1/12 밖에 되지 않으며, 정밀기계 부품 재료로 사용된다.

[3] 엘린바(elinvar)

니켈(Ni) 36%, 크롬(Cr) 12%가 함유된 철(Fe)합금이며, 온도변화에 따른 탄성률 변화가 거의 없다. 20℃에서는 선팽창 계수가 8.0×10^{-6} 정도이다.

[4] 코엘린바(coelinvar)

니켈(Ni) 16.5%, 크롬(Cr) 10~11%, 코발트(Co) 26~58%가 함유된 철(Fe) 합금이며, 온도변화에 따른 탄성률 변화가 매우 작고, 공기나 물 속에서 부식되지 않는 특성이 있다.

그밖에 니켈(Ni)을 75~80% 함유한 퍼멀로이(permalloy)와 철(Fe)-니켈(Ni) 42~46%, 코발트(Co) 18%를 함유한 플래티나이트(platinite)가 있다.

연습문제

1. 탄소강에 하나 또는 여러 종류의 합금 원소를 첨가하여 여러 가지의 목적에 적합하도록 성질을 개선한 강을 무엇이라 하는가?
   ㉮ 과공석강 ㉯ 고탄소강
   ㉰ 합금강 ㉱ 중금속

2. 세라믹스의 성직에 대한 설명이다. 맞지 않는 것은?
   ㉮ 단단하고 취성이 있다.
   ㉯ 융점이 낮다.
   ㉰ 내열성, 내산화성이 좋다.
   ㉱ 열전도율이 낮다.

3. 다음 재료 중 수중에서의 내식성이 가장 좋은 것은?
   ㉮ 일반 구조용 압연 강제
   ㉯ 열간 압연 강판
   ㉰ 기계 구조용 압연 강제
   ㉱ 스테인레스강

4. 스테인레스 강의 일반적인 특성 설명으로 틀린 것은?
   ㉮ 내식성이 있다.
   ㉯ 내수성이 있다.
   ㉰ 내산화성이 있다.
   ㉱ 자성이 매우 강하다.

5. 18-8 스테인리스강에서 18-8의 표준 성분은?
   ㉮ 규소 18%, 니켈 8%
   ㉯ 니켈 18%, 크롬 8%
   ㉰ 규소 18%, 크롬 8%
   ㉱ 크롬 18%, 니겔 8%

6. 온도가 변화하여도 열팽창계수와 탄성계수의 변화가 적은 불변강인 것은?

㉮ 인바 ㉯ 두랄미늄

㉰ 콘스탄탄 ㉱ 로우엑스

7. 보통 주철과 고급 주철에서 보통 주철에 대한 설명으로 틀린 것은?

㉮ 보통 주철의 탄소 함유량은 $3.2 \sim 3.8\%$ 정도이다.

㉯ 보통 주철은 인장강도 $25kgf/mm^2$ 이상인 회주철이다.

㉰ 주철은 강에 비하여 인장강도는 약하나 압축강도가 크다.

㉱ 기계 구조물의 몸체 등에 많이 사용된다.

8. 주철 중에서 유리된 탄소와 Fe_3C가 혼재하고 있는 주철은 어느 것인가?

㉮ 백주철 ㉯ 회주철

㉰ 반주철 ㉱ 적주철

9. 다음 주철 중 인장강도가 높아 차량의 프레임이나 캠 및 기어용 부품 등에 적합한 것은?

㉮ 회주철 ㉯ 칠드 주철

㉰ 백주철 ㉱ 가단 주철

10. 다음 중 인장강도가 가장 높은 것은 어느 것인가?

㉮ 고급주철 ㉯ 구상흑연주철

㉰ 흑심가단주철 ㉱ 백심가단주철

1	③
2	②
3	④
4	④
5	④
6	①
7	②
8	②
9	④
10	②

CHAPTER 7

주철(Cast Iron)

7-1 주철의 개요

주철은 강철보다 탄소함유량이 높기 때문에 강철에 비해 인장강도는 낮고, 취성이 크며, 소성변형이 되지 않는 단점이 있으나 주조성능이 우수해 복잡한 형상을 쉽게 주조할 수 있고 값이 싸 널리 사용된다.

주철의 주조성능은 탄소함유량과 그 밖의 성분의 양에 따라 달라지며, 실용되는 주철의 성분은 탄소(C) 2.5~4.5%, 규소(Si), 0.5~3.0%, 망간(Mn) 0.5~1.5%, 인(P) 0.05~1.0%, 황(S) 0.05~0.15% 범위이다.

주철 중의 탄소의 일부가 유리(遊離)되어 흑연화(graphite)된 것을 회주철(grey cast iron)이라 한다.

탄소를 흑연화하기 위한 인자로 탄소함유량과 규소(Si)함유량이 매우 큰 영향을 미친다.

회주철은 주조 및 절삭성능이 좋기 때문에 기계 구조재료로 각종 공작기계의 베드(bed), 내연기관의 실린더 블록, 실린더 헤드, 주철 파이프, 난방기구, 농기구, 펌프, 내수압 용기, 기어 등에서 사용한다.

주철 중의 탄소가 탄화철(Fe_3C)의 화합상태로 존재하는 것을 백주철(white cast iron)이라 한다.

주철 중의 탄소가 화합탄소 또는 흑연으로 되는 데에는 함유원소 및 냉각속도의 영향이 크게 좌우한다.

그리고 회주철과 백주철의 중간상태인 것을 반주철(mottled cast iron)이라 한다.

백주철은 규소(Si)의 양이 적고 냉각속도를 빠르게 한 칠느주절(chilled cast iron, 냉간주철)이며, 경도와 내마모성이 크기 때문에 압연기(rolling mill)의 롤러, 기차와 전차의 바퀴, 브레이크 슈, 파쇄기의 이(jaw), 볼 밀(ball mill)의 볼, 다이스(dies) 등에서 사용한다.

또 사형(砂型)에서 주조한 후 열처리한 가단주철이 있다. 주철의 기계적 성질은 제품의 두께, 성분, 조직에 따라서 다르다.

일반적으로 인장강도는 15~20kgf/mm²로 비교적 낮다. 그러나 강도, 내열성, 내마모성을 증가시키기 위해 니켈(Ni), 크롬(Cr), 몰리브덴(Mo) 등을 첨가하는 경우가 있는데 이것을 합금주철이라 한다.

주철의 분류는 다음과 같다.

[주철의 분류]

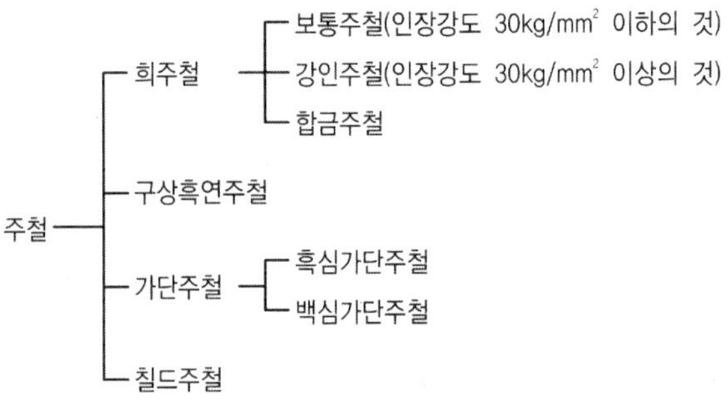

7-2 주철의 조직

주철은 탄소함유량이 1.7~6.68%인 철(Fe)과 탄소(C)의 합금이다. 인장강도가 강(steel)에 비해 작고 취성이 크며 높은 온도에서도 소성 변형이 되지 않는 결점이 있으나 주조성능이 우수하여 복잡한 형상도 쉽게 주조되며, 값이 싸기 때문에 널리 사용된다.

주철 중에 함유된 탄소함유량은 일반적으로 2.5~4.5% 정도인데 그 일부분은 유리상태로 존재하는 유리탄소(free carbon)또는 흑연(graphite)이며, 다른 일부분은 화합상태로 펄라이트 또는 시멘타이트로 존재하는 화합탄소로 되어 있다.

주철에 함유되는 탄소량은 흑연과 화합탄소를 합한 전체 탄소로 나타내며, 주철의 특성은 다음과 같다.

① 용융점이 낮고, 유동성이 좋다.

② 압축강도는 크나 인장강도가 부족하다.

③ 가단성·전성 및 연성이 적고, 취성이 크다.

④ 마찰저항이 크며, 값이 싸다.

⑤ 녹이 잘생기지 않는다.

⑥ 내마모성이 크고, 절삭성능이 좋다.

⑦ 가공은 가능하나, 용접성이 불량하다.

주철 중의 탄소는 용융상태에서는 모두 균일하게 용융되어 있으나, 응고될 때 급랭하면 시멘타이트로, 서서히 냉각시키면 흑연으로 석출된다.

흑연이 석출될 때를 안정 평형상태라 하고, 시멘타이트가 나올 때를 준안정 평형상태라 한다.

주철 조직을 크게 지배하는 것은 철(Fe)의 고용체와 흑연 및 시멘타이트이다.

그리고 주철의 조직을 지배하는 중요한 요소는 탄소(C), 규소(Si)의 양과 속도이며, 이들의 요소와 조직의 관계를 나타낸 것이 마울러 조직도(Maurer's diagram)이다.

1. Fe-C 평형 상태도

그림 7-1의 평형 상태도에서 C점은 공정점(eutectic point)이며, 탄소함유량 4.3%를 포함한다.

C점 왼쪽 탄소 함유량 1.7~4.3%를 포함한 주철을 아공정 주철(hypo eutectic cast iron)이라 부르고, C점 오른쪽 탄소함유량 4.3% 이상의 주철을 과공정 주철(hyper eutectic cast iron)이라 한다.

그리고 탄소함유량 4.3%에 해당되는 것을 공정주철(eutectic cast iron)이라 한다.

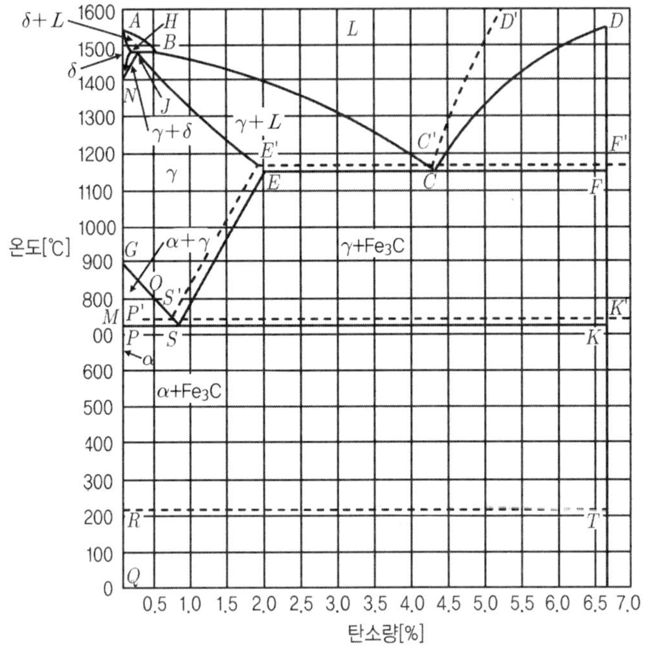

【그림 7-1 Fe-C계 평형 상태도】

용융된 주철은 철과 시멘타이트(Fe_3C)로 되어 있다. 액체상태의 선 BC로 표시되는 온도가 되면 오스테나이트의 결정을 나타낸다. 과공정의 범위에서는 흑연의 결정(G)이 정출된다.

공정온도 EF 이하의 온도에서 오스테나이트(ɣ)와 흑연(G)이 되며, A_1점(PK) 이하에서는 오스테나이트는 페라이트(α)와 시멘타이트가 되고, 페라이트와 흑연이 혼합된다.

- 안정계 : L(용체)+δ(고용체) $\rightleftarrows$ ɣ(고용체)+G(흑연)
- 불안정계 : L(용체)+δ(고용체) $\rightleftarrows$ ɣ(고용체)+Fe_3C

규소(Si)가 많은 회주철은 Fe-C-Si계의 3성분 평형도로 표시되며, 규소(Si)함유량이 증가함에 따라 공정점 C는 저탄소 쪽으로 이동한다.

2. 주철의 조직선도

주철 중의 조직은 탄소(C)와 규소(Si)의 함유량에 많은 영향을 받는다. 그림 7-2는 마울러(Maurer)의 조직도이다.

이때 사용한 시험재료는 1400℃에서 용융된 주철을 1250℃에서 75mm의 건조 사형(乾燥 砂型)에 주입한 것으로부터 제작한 조직도이다.

Ⅰ은 백주철이고, Ⅱ의 범위는 펄라이트 주철이다. 탄소와 규소가 많은 Ⅲ의 범위에서의 바탕은 페라이트 만이며, 이때 주철은 연하고 약해진다.

망간(Mn)은 다소 탄소의 흑연화를 방해하며, 바탕을 펄라이트화 시키므로 고급주철에는 망간의 함유량이 많다.

인(P)과 황(S)도 탄소의 흑연화를 방지하며, 특히 황(S)은 그 경향이 크다.

인(P)이 많으면 인화철(Fe_3P)의 화합물을 만들고 Fe, Fe_3P, 및 Fe_3C의 3성분의 3원공정(三元共晶)인 스테다이트(steadite)를 석출한다.

조직은 주물의 두께에 따라서도 변화하며, 두꺼운 것은 냉각속도가 늦으며, 탄소가 흑연화될 시간이 있어 바탕이 흑연화가 되고, 흑연은 편상(片相)모양으로 커진다.

두께가 얇은 주물은 급랭되며, 시멘타이트가 많아지고 백주철이 된다.

그림 7-2와 7-3의 각 구역 조직과 특성을 종합하면 다음 표와 같다.

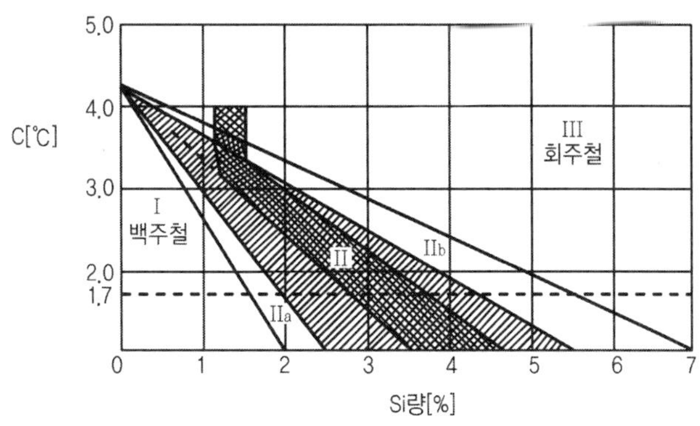

【그림 7-2 마울러의 조직도】

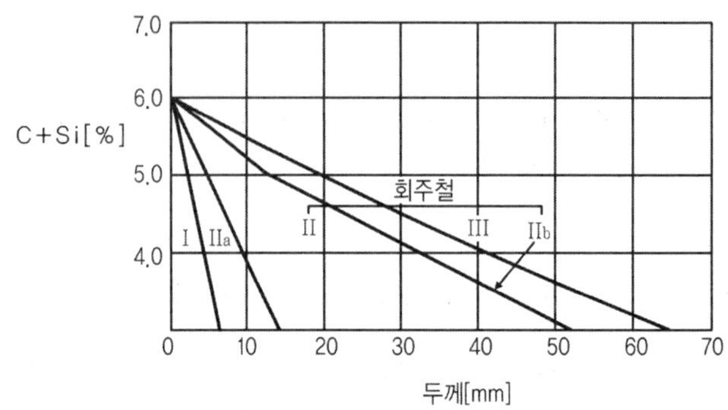

【그림 7-3 주철의 조직선도】

【표】 주철의 종류와 조직

구역	조직	주철의 종류	
I	펄라이트+시멘타이트	백주철-극경(極硬)주철	
IIa	펄라이트+시멘타이트+흑연	반주철-(경질(硬質)주철	
II	펄라이트+흑연	회주철	강력주철
IIb	펄라이트+페라이트+흑연		보통주철
III	페라이트+흑연		연질주철

3. 주철의 흑연형상

주철의 조직과 흑연형상은 매우 밀접한 관계를 지니며, 화학성분, 주철의 종류, 주입온도, 냉각속도 등의 차이에 따라서 다르다.

탄소(C)와 규소(Si)가 많으면 흑연이 정출하기 쉽고, 파단면은 회색을 띤다. 회주철은 페라이트, 흑연, Fe_3C는 펄라이트 형상을 하며, 때에 따라 인(P)이 Fe_3P를 만들어 α-Fe과 Fe_3C와의 인(P)을 함유하는 3원 공정을 형성하는 경우가 있다.

이것을 스테다이트(steadite, 함인 공정)라 부른다. 주철 중의 그래파이트(graphite)는 형상에 따라 그림 7-4와 같이 6종류로 나누어진다.

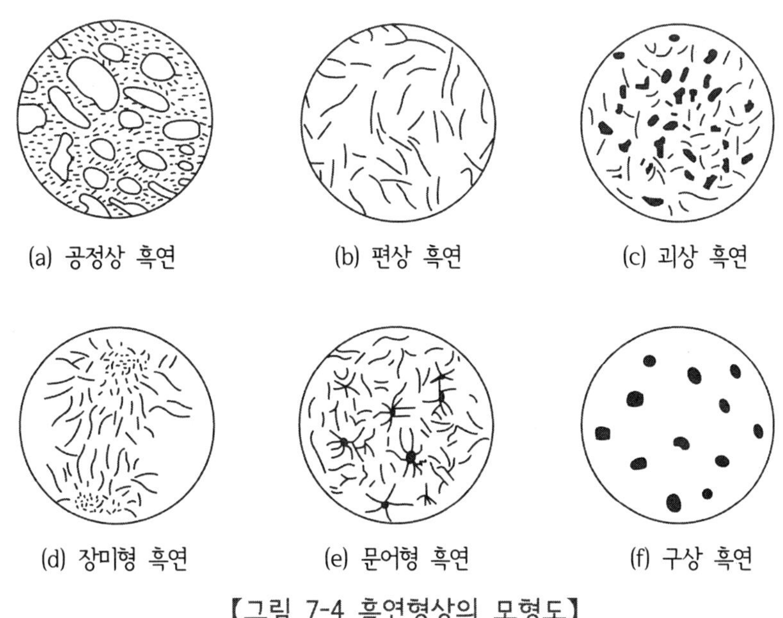

【그림 7-4 흑연형상의 모형도】

7-3 주철의 기계적 성질

회주철의 브리넬 경도는 페라이트가 많은 것이 80~120 정도이며, 기지(基地)가 모두 펄라이트이고 그 중에 흑연이 미세하게 분포되어 있는 펄라이트 주물은 170~220, 열처리하거나 합금 주철의 경우는 250~300 정도, 백주철은 420 정도이다.

회주철의 인장강도는 10~25kgf/mm^{2}이며, 압축강도는 약 56~110kgf/mm^{2}이다. 주철의 강도는 성분, 조직, 열처리에 따라서 다르며, 탄성계수는 인장강도가 큰 것이 크다.

굽힘 강도는 1.5~2.0, 연신율은 1% 이하이며, 충격값은 0.3~0.6kgf·m/cm^{2}이다. 충격값은 탄소와 규소함유량이 많고 또 흑연이 크고 거칠수록 작아진다.

7-4 주철의 종류

1. 보통주철

보통주철은 회주철이 대표적이며, 인장강도가 98~196MPa(10~25kgf/mm^2) 정도이며, 성분은 탄소 3.2~3.8%, 규소 1.4~2.5%, 망간 0.4~1,0%, 인 0.3~0.8%, 황 0.01~0.12% 정도이다.

조직은 주로 편상 흑연과 페라이트로 되어 있는데, 약간의 펄라이트를 함유하고 있다. 기계 가공성이 좋고 값이 싸다.

2. 고급주철

편상 흑연 주철 중에서 인장강도가 245MPa(25kgf/mm^2) 정도 이상인 주철을 말한다. 이 주철의 조직은 흑연이 미세하고 활 모양으로 구부러져 고르게 분포되어 있고, 그 바탕이 펄라이트 조직이므로 이를 펄라이트 주철이라고도 한다.

가장 널리 알려진 고급주철에는 미하나이트 주철(meehanite cast iron)이 있다. 미하나이트 주철은 연성과 인성이 매우 크고, 두께 차이에 의한 성질 변화가 매우 작은 특징을 지니고 있으며, 피스톤 링에 가장 적합하다.

3. 특수주철

보통 주철이나 합금 주철에 비해 기계적 성질이나 기능성이 우수한 주철을 얻기 위해 배합성분이나 주조 처리 및 열처리 등의 특별한 방법으로 제조되는 주철을 특수주철이라 한다.

[1] 가단주철(malleable cast iron)

가단주철은 탄소 2.0~3.2%, 규소 0.1~1.5% 범위의 것으로, 백주철을 열처리 노(爐)에 넣고 가열하여 탈탄 또는 흑연화 방법으로 제조한 것이다.

이 주철의 흑연은 뜨임 탄소라 하는 불규칙한 덩어리(lump)상태로 강도, 인성 및 내부식성 등이 우수하다.

(1) 흑심 가단주철

저탄소, 저규소의 백주철을 풀림 상자 속에서 열처리하여 시멘타이트를 분해시켜 흑연을 입상(粒狀)으로 석출시킨 것이다.

백주철을 850~950℃로 30~40시간 가열하는 제1단계의 흑연화와, A_1 변태점에서 오스테나이트가 많은 양의 펄라이트로 변화하고, 이 펄라이트를 680~720℃에서 30~40시간 유지하여 흑연을 분해시기는 제2단계의 흑연화로 이루어신나.

이와 같은 2단계의 흑연화에 의해 응집된 덩어리 상태의 뜨임 탄소가 혼합된 조직으로 된다.

(2) 백심 가단주철

백주철을 적철광 및 산화철 분말과 함께 풀림 상자에 넣고 900~1000℃에서 40~100시간 가열하여 시멘타이트를 탈탄시켜 주철에 가단성을 부여한 것이다.

두꺼운 주물에는 부적합하며, 표준 조성은 탄소 2.8~3.2%, 규소 0.6~1.1%, 망간 0.5% 이하이다.

(3) 펄라이트 가단주철

펄라이트 가단주철은 흑심 가단주철 공정에서 제1단계의 흑연화 처리만 한 후 955℃정도까지 가열하여 뜨임 탄소를 구상화하고, 시멘타이트가 오스테나이트 내에 용해되도록 7시간 정도 유지하며, 2시간 안에 900℃로 노(爐) 속에서 냉각시킨 후 급속히 공기 중에 냉각한다.

높은 탄소의 오스테나이트는 급랭되는 동안 펄라이트로 변태한다. 펄라이트를 구상화하여 필요한 기계적 성질을 얻기 위해 일정한 온도에서 뜨임 하거나, 공랭(空冷)하여 870℃까지 다시 가열한 후 기름 속에서 냉각시키거나 뜨임 한다.

[2] 구상 흑연주철(nodular cast iron)

구상 흑연주철은 주조성능, 가공성능 및 내마모성이 우수할 뿐만 아니라 인장강도가 주철의 종류 중에서 가장 높고 인성, 연성, 가공성능 및 경화성능이 강철의 성질과 비슷하다.

구상 흑연주철의 경우에는 인(P)과 황(S)의 양을 회주철보다 약 10% 정도 낮게 하여야 하고, 다른 흑연 구상화 방해 원소도 낮아야 한다.

이 주철은 황(S)이 적은 선철을 용해하여 주입 전에 마그네슘(Mg), 세륨(Ce), 칼슘(Ca) 등을 첨가하여 제조한다. 그리고 조직은 주조된 상태에서 시멘타이트형, 펄라이트형 및 페라이트형 등으로 구분된다.

구상 흑연주철은 열처리에 의해 조직을 개선하거나 니켈, 크롬, 몰리브덴, 구리 등을 첨가하여 강도, 내마모성, 내열성, 내부식성 등을 향상시켜 재질을 개선한다.

[3] 칠드 주철(chilled cast iron, 냉경 주철)

보통주철보다 규소 함유량을 적게 하고, 적당한 양의 망간 쇳물을 금형이나 칠 메탈(chill metal)이 붙어 있는 모래형에 주입하여 필요한 부분만 급랭시킨다.

이에 따라 표면만 단단하게 되고 내부는 회주철이 되므로 강인한 성질을 지니게 된다.

칠드(chill)된 부분은 내마모성이 크고, 내열성이 좋으며, 높은 온도에서 오랫동안 사용하여도 경도가 크게 저하되지 않는다.

4. 합금원소의 영향

탄소(C), 규소(Si), 망간(Mn), 인(P) 및 황(S) 등의 5가지 원소 이외의 합금원소를 첨가하여 강력한 주철 또는 특수한 성질을 지닌 주철로 제작할 수 있다.

즉 니켈(Ni), 크롬(Cr), 구리(Cu), 몰리브덴(Mo), 바나듐(V), 티탄(Ti), 알루미늄(Al), 텅스텐(W), 마그네슘(Mg) 등의 원소를 단독 또는 함께 첨가하거나 또는 규소(Si), 망간(Mn), 인(P)을 많이 넣어서 강도, 내열성, 내부식성, 내마모성 등을 개선한다.

첨가되는 원소의 영향은 다음과 같다.

[1] 구리(Cu)

주철에 구리를 0.25~2.5% 정도를 첨가하면 경도가 증가하고, 내마모성이 개선되며, 내부식성이 향상된다. 내부식성은 구리 0.4~0.5%를 첨가하였을 때 가장 좋으며, 특히 염산, 초산, 황산 등에 대해 매우 효과적이다.

[2] 크롬(Cr)

크롬은 흑연화를 방지하여 탄화물을 안정시킨다. 크롬은 0.2~1.5% 정도 첨가하며, 이 정도 첨가시키면 펄라이트 조직을 미세화하며, 경도가 증가하고, 내열성과 내부식성도 향상된다.

또 크롬을 많이 첨가하면 높은 온도에서의 내열성이 높아진다.

[3] 니켈(Ni)

니켈은 흑연화를 촉진하며, 0.1~1.0%를 첨가하여도 조직이 미세화된다. 니켈의 흑연화 능력은 규소의 1/2~1/3 정도이다.

니켈은 주물의 두꺼운 부분의 조직이 거칠어지는 것을 방지하며, 얇은 부분에서 칠(chill)이 발생하는 것도 방지한다.

내열성, 내산화성, 내알칼리성이 있으며, 비자성인 오스테나이트 주물을 만들 경우에는 니켈을 14~38% 첨가한다.

[4] 몰리브덴(Mo)

몰리브덴은 0.25~1.25% 첨가하면 흑연을 미세화하고 강도와 경도 및 내마모성이 증가한다. 또 두꺼운 주물의 조직을 균일화한다.

연습문제

1. 주물의 필요한 부분만 금형에 접촉시켜 급랭한 표면에서 어느 깊이까지는 매우 단단하고 내부는 서냉되어 연하며 강인한 성질을 갖는 주철은?

㉮ 칠드 주철　　㉯ 합금 주철
㉰ 가단 주철　　㉱ 구상 흑연 주철

2. 다음 기계재료 중 경금속에 속하는 것은?

㉮ 합금 주철　　㉯ 황동
㉰ 규소 강판　　㉱ 알루미늄

3. 알루미늄 및 알루미늄 합금의 특징 설명으로 틀린 것은?

㉮ 두랄루민은 비강도가 연강의 약 3배 정도이다.
㉯ 비중이 2.7로 작고, 용융점이 600℃ 정도이다.
㉰ 열전도성, 전기 전도성이 좋다.
㉱ 표면에 산화 막이 형성되지 않아 부식이 쉽게 된다.

4. 다음 중 알루미늄(Al)의 특성이 아닌 것은?

㉮ 비중 2.7로 강보다 가볍다.
㉯ 은백색의 전, 연성이 좋은 금속이다.
㉰ 주조가 용이하다.
㉱ 전기 및 열의 전도성이 구리보다 높다.

5. 다음 중 알루미늄 합금인 것은?

㉮ 포금(건 메탈)　　㉯ 다우메탈
㉰ 델타메탈　　㉱ 두랄루민

6. 다음 중 고강도 알루미늄 합금인 것은?

㉮ 두랄루민(duralumin)　　㉯ 바이메탈(bimetal)
㉰ 플래스티나이트(plaztinite)　　㉱ 엘린바(elinvar)

7. 알루미늄 합금인 두랄루민의 표준성분에 해당하지 않는 원소는?

㉮ Cu ㉯ Co
㉰ Mg ㉱ Mn

8. 두랄루민(duralumin)을 설명한 것 중 틀린 것은?

㉮ 담금질 시효경화 처리에 의하여 기계적 성질을 개선하여 강도가 크고 성형성이 좋다.
㉯ 알루미늄 합금 중에서도 열처리에 의해 재질개선이 가능한 합금이다.
㉰ Al-Si-Ni-Mg 합금으로 고온강도가 커서 피스톤 재료로 주로 쓰인다.
㉱ Al-Cu-Mg-Mn 합금으로 항공기, 자동차 등의 재료로 널리 사용된다.

9. 다음 금속의 합금 중 시효경화를 일으킬 수 있는 것은?

㉮ 동 합금 ㉯ 알루미늄 합금
㉰ 마그네슘 합금 ㉱ 니켈 합금

10. 다음 중 시효경화가 가장 잘 일어나는 금속은?

㉮ Y 합금 ㉯ 두랄루민
㉰ 배빗 메탈 ㉱ 고속도강

1 ①
2 ④
3 ④
4 ④
5 ④
6 ①
7 ②
8 ③
9 ②
10 ②

CHAPTER

8 비철금속 및 그 합금

8-1 알루미늄 및 그 합금

1. 알루미늄의 개요

알루미늄(aluminium Al)은 규소(Si) 다음으로 지구상에 다량으로 존재하는 원소이며, 비중은 2.7이고, 공업용 금속 중 마그네슘(Mg) 다음으로 가벼운 금속이다.

주조가 쉽고, 다른 금속과 합금이 잘되며, 또 상온 및 고온가공이 쉽다. 대기 중에서 내부식성이 크고 전기 및 열의 양도체이다.

알루미늄은 광석 보크사이트(bauxite)로부터 제련한다. 보크사이트는 Al_2O_3 이외에 SiO_2, Fe_2O_3도 포함하기 때문에 보크사이트로 만든 Al_2O_3를 용융한 빙정석(氷晶石) 중에서 가열 및 전기 분해하여 얻은 알루미늄 중에는 철(Fe), 규소(Si) 등의 불순물을 함유한다.

이와 같이 1차 전해로 얻은 지금(地金)을 1번 지금, 부스러기로 만든 재생 지금을 2번 지금이라 한다.

알루미늄 및 알루미늄 합금의 특징은 다음과 같다.

① 비중이 2.7로 작고, 용융점은 600℃ 정도이다.

② 전성과 연성이 좋다.

③ 표면에 산화 막이 형성되어 있어 내부식성이 우수하다.

④ 열전도성 및 전기 전도성이 구리 다음으로 좋다.

⑤ 두랄루민은 비강도가 연강의 약 3배 정도이다.

2. 알루미늄의 성질

[1] 알루미늄의 물리적 성질

알루미늄의 전기 전도성은 구리(Cu)의 65% 정도이며, 불순물의 함유량에 따라서 달라진다.

가장 유해한 원소는 티탄(Ti)이고, 다음은 망간(Mn), 아연(Zn), 구리(Cu), 규소(Si), 철(Fe)의 순서이다.

[2] 알루미늄의 기계적 성질

알루미늄의 기계적 성질도 불순물의 함유량 및 열처리에 의해 변화한다. 알루미늄은 상온에서 판(板)과 선(線)으로 압연가공을 하면 경도와 인장강도가 증가하고 연신율은 감소한다.

상온가공에 의해 경화된 것을 가열하면 150℃에서 연화되기 시작하여 300~350℃에서 완전히 연화되며, 연신율은 400~500℃에서 매우 증가한다.

따라서 압연이나 압축 등의 가공은 이 온도 범위에서 한다. 또 알루미늄은 산화막이 생겨 그 이상 산화가 진행되지 않는 내부식성이 있으며, 맑은 물에서는 안정하나 소금물에서는 부식된다.

[3] 알루미늄의 주조성능 및 용접성능

알루미늄은 유동성이 적고 수축률이 크고, 가스의 흡수나 발산이 많기 때문에 순수한 알루미늄은 주조가 어렵다. 따라서 주조성능을 향상시키기 위하여 구리(Cu)나 아연(Zn)의 합금으로 주조한다.

또 알루미늄은 가스나 전기용접을 한다. 특히 용융금속의 표면에 알루미늄의 산화물이 발생하므로 용제(LiCl의 혼합물 사용)로 방지하여야 한다.

3. 주조용 알루미늄 합금

주조용 알루미늄 합금의 종류에는 Al-Cu계 합금, Al-Si계 합금, Al-Mg계 합금, Al-Cu-Si계 합금, 피스톤용 Al합금 등이 있다.

[1] Al-Cu계 합금

Al-Cu계 평형 상태도는 그림 8-1과 같다. 구리(Cu)는 알루미늄(Al) 548℃에서 최대 5.65% 고용하나, 온도가 낮아짐에 따라 점차 감소하여 300℃ 정도에서는 0.45%로 된다.

구리와 알루미늄은 구리 54%에서 $CuAl_2$라는 금속사이의 화합물이 있어 이것과 고용체가 구리 33%, 548℃에서 공정점을 지닌다. 따라서 고용체 범위로부터 급랭시키면 과포화 고용체가 되었다가 시간의 경과에 따라 미세한 화합물을 석출하여 경화되는데 이것을 시효경화(age hardening)라 한다.

또 150~200℃에서 여러 시간 가열하여 이 현상을 촉진시키는 것을 인공시효라 부른다.

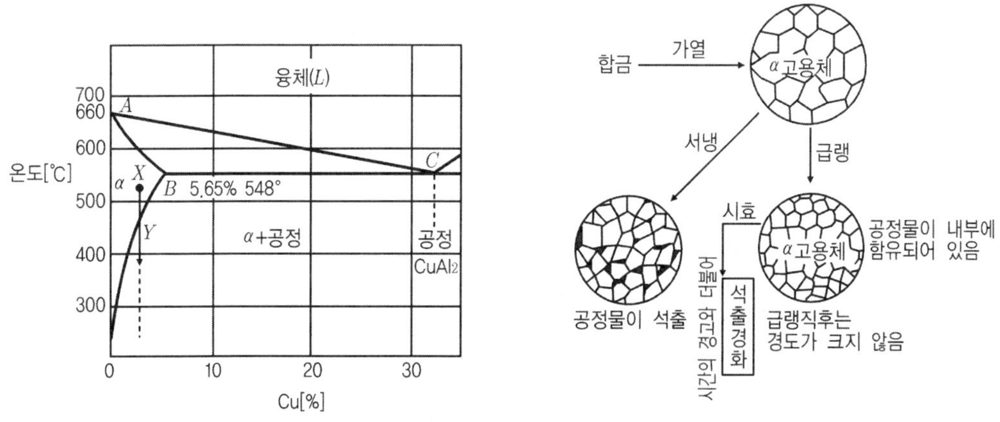

【그림 8-1 Al-Cu계 합금의 평형 상태도】

[2] Al-Si계 합금

(1) 실루민(silumin)

Al-Si계 합금의 평형 상태도는 그림 8-2와 같다. 공정점 부근의 조직이 기계적 성질이 우수하고 용융점이 낮기 때문에 많이 사용되며, 알루미늄과 규소의 공정점은 11.6%, 규소 577℃이지만, 여기에 매우 적은 양의 나트륨(Na, 0.05~0.1%) 등 알칼리 금속이나 염류를 첨가하면 조직이 미세화되어 강력해지며, 공정점도 그림 점선과 같이 이동한다. 이것을 개질 합금(改質合金)이라 한다.

개질 방법에는 불화물을 사용하는 방법, 금속 나트륨을 사용하는 방법, 탄산나트륨을 사용하는 방법 등이 있으나 금속 나트륨을 가장 많이 사용한다. 또 규소를 11~14%를 함유하는 합금을 실루민 또는 알팩스(alpax)라 부른다.

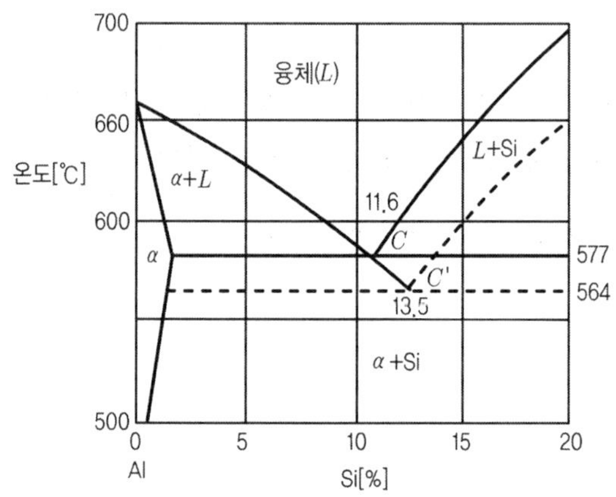

【그림 8-2 Al-Si계 합금의 평형 상태도】

(2) Al-Si-Mg계 합금

Al-Si계 합금을 더욱더 강력하게 하기 위하여 마그네슘(Mg)를 첨가한 것을 감마 실루민(γ -silumin)이라 부르며, 기계적 성질이 향상된다.

같은 목적으로 구리(Cu)를 첨가한 것을 구리 실루민이라 한다.

[3] Al-Mg계 합금

마그네슘을 함유하는 알루미늄 합금을 마그날륨(magnalium) 또는 하이드로날륨(hydronalium)이라 부르며, 내부식성 알루미늄 합금의 대표적인 것이다.

단조용(鍛造用)재료로도 사용되며, 주조용으로는 마그네슘이 12% 이하의 것을 사용한다.

이 합금은 균일한 조직을 얻기 힘들고, 또 주조한 것은 편석이 생겨 불균일하므로 마그네슘의 불균일성을 제거하기 위해 400℃까지 가열하여 균질화 처리를 하여야 한다.

[4] 주조용 Al-Cu-Si계 합금

Al-Si계 합금에서 규소(Si) 함유량의 1/2 정도를 구리(Cu)로 대치한 것과 같은 것으로 라우탈(lautal)이라고 부른다.

라우탈은 실루민의 단점인 가공표면의 거칠기를 제거한 것으로 구리(Cu) 3.0~4.5%, 규소(Si) 5~6%를 함유한 것을 주로 사용하며, 강력한 것이 요구될 경우에는 규소 함유량을 늘리고, 표면이 매끈한 것이 요구될 때에는 구리의 함유량을 늘린다.

압축재료와 단조재료 및 주조용으로도 사용된다.

[5] 피스톤용 알루미늄 합금

알루미늄 합금은 내연기관의 왕복 운동부분의 무게를 감소시킬 수 있기 때문에 진동이 감소하고 기관의 효율을 12% 정도 높일 수 있으며, 마력 당 연료소비량을 8% 정도 감소시킨다.

또 주철 피스톤에서는 온도가 400℃ 정도인데 비해 알루미늄 합금 피스톤에서는 240℃ 정도이다.

그러나 주철보다 불리한 점은 열 팽창계수가 크지만 온도가 낮기 때문에 큰 문제는 없다.

Y합금, Al-Cu 합금, Al-Si 합금 등이 높은 온도에서의 온도 특성이 우수하여 각종 기관의 피스톤으로 널리 사용된다.

[6] 다이캐스팅용 알루미늄 합금

다이캐스팅(die casting)을 하는 데에는 유동성이 좋은 재료가 필요하므로 Al-Si 또는 Al-Cu계의 합금이 사용된다.

마그네슘(Mg)을 함유하면 유성이 불량해 지며, 철(Fe)은 불순물로 최고 1%까지 함유되어도 상관없다.

4. 단조용 알루미늄 합금

[1] 두랄루민(duralumin)

단조용 알루미늄의 대표적인 것으로 알루미늄(Al)-구리(Cu)-마그네슘(Mg)-망간(Mn)계 합금인 두랄루민이 있다.

표준성분은 구리(Cu) 3.5~4.5%, 마그네슘(Mg) 1.0~1.5%, 규소(Si) 0.5~1.0%, 망간(Mn) 0.5~1.0%, 나머지는 알루미늄으로 되어 있다. 두랄루민은 주조로는 제작하기 어렵고, 기계적 성질도 이것을 단조(forging)하여 열처리 한 것에 비하면 매우 불량하다.

따라서 이 합금의 특성은 주물의 결정조직을 고온가공으로 완전히 파괴시키고, 다음에 이것을 높은 온도로 한 후 물 속에서 급랭시킨 후 시효 경화를 일으켜 얻는다.

두랄루민의 성분 중 시효 경화에 필요한 성분은 구리(Cu), 마그네슘(Mg), 규소(Si)이며, 규소는 알루미늄 지금(地金) 중에 불순물로 포함되어 있기 때문에 실제로 첨가할 성분은 구리와 마그네슘이다.

두랄루민의 기계적 성질은 풀림 한 상태에서 인장강도 18~25kgf/mm^2, 연신율 10~14%, 브리넬 경도 40~60 정도이나 이것을 500℃에서 물 속에서 담금질한 후 상온에서 2~4일 정도 시효 경화시킨 것은 인장강도 30~45kgf/mm^2, 연신율 20~25%, 브리넬 경도 90~120으로 되어 탄소함유량 0.2%의 탄소강의 기계적 성질과 비슷하다.

[2] 강력 알루미늄 합금

강력 알루미늄 합금에는 두랄루민 이외에 초두랄루민(super duralumin), 고력(高力) 알루미늄 합금, 초초 두랄루민(extra super duralumin) 등이 있다.

초두랄루민은 두랄루민에서 마그네슘 함유량을 0.5%에서 1.5%로 높인 것이며, 열처리하여 시효 경화를 완료시키면 인장강도가 최고 50kgf/mm^{2}에 달한다.

단조 가공성능은 두랄루민보다 약간 떨어진다. 용도는 주로 항공기의 구조용 재료이며, 그밖에 리벳, 일반 구조용 재료로도 많이 사용된다.

초초 두랄루민은 Al-$MgZn_2$계를 주체로 하는 합금에서 자연균열을 방지할 목적으로 망간(Mn)을 첨가한 것이다.

알루미늄에 아연(Zn) 8~10%, 구리(Cu) 2%를 첨가한 합금에다가 마그네슘(Mg)을 2~3% 첨가하면 시효 경화에 의해 최고 인장강도가 54kgf/mm^2 정도 된다.

[3] 단련용(鍛鍊用) 라우탈

Al-Cu-Si계 합금 중에서 구리(Cu) 6%, 규소(Si) 2~5%, 나머지가 알루미늄이 합금을 말한다. 단련용 합금은 440~480℃에서 단련(鍛鍊)한 후 상온 가공하여 봉(棒), 판(板)으로 만든다.

열처리 온도는 490~510℃에서 경화시키고, 120~140℃에서 16~48시간 뜨임하여 인공(人工) 시효 경화를 완료한다.

[4] 단련용(鍛鍊用) Y합금

Y합금은 Al-Cu-Ni계의 내열 합금이며, 구리(Cu) 4%, 니켈(Ni) 2%, 마그네슘(Mg) 1.5%가 표준이고, 그 밖에 구리(Cu) 3~6%, 니켈(Ni) 0.5~1.0%, 망간(Mn) 0.3~0.5%, 마그네슘(Mg) 0.1~1%의 것도 있다.

Y합금은 내열성이 매우 우수하여 250℃에서 상온의 90% 정도의 높은 강도를 유지하지 때문에 금형 주물로 하여 내연기관의 피스톤이나 실린더헤드의 재료로 많이 사용한다.

Y합금은 구리(Cu), 마그네슘(Mg)을 함유하기 때문에 시효 경화성이 있고 니켈(Ni)를 함유하고 있어 300℃ 이상에서 점성이 있기 때문에 300~450℃에서 단조를 할 수 있으며, 460~480℃에서 압연이 가능하다.

5. 내부식성 알루미늄 합금

내부식성 알루미늄 합금의 종류에는 Al-Mg계 하이드로날륨(hydronalium), Al-Mn계의 알민(almin), Al Mg-Si계의 알드레이(aldrey) 등이 있다.

하이드로날륨은 바닷물과 알칼리성에 대한 내부식성이 크고, 용접도 쉬우며, 인장강도와 피로한계의 온도에 따른 영향도 적기 때문에 매우 우수한 재료이다. 단조용 Al-Mg계 합금에는 마그네슘 6% 이하가 일반적이나 특수한 목적용은 10%의 것도 사용된다.

하이드로날륨은 두랄루민의 내부식성을 개선할 목적으로 발명된 것이며, 약 7%의 마그네슘을 함유하면 두랄루민과 같이 열처리할 필요가 없고, 가공 경화에 의해 단단하고 강한 것이 된다.

알드레이는 강도와 인성이 있고 고도의 가공 변형에도 잘 견디며, 내부식성이 우수하다. 마그네슘과 규소는 화합물 Mg_2Si를 만드는 비율 1~2% 정도 첨가한 합금에서 열처리에 의해 기계적 성질이 현저하게 개선된다.

담금질은 500℃까지는 온도가 높을수록 효과적이나 560℃를 넘으면 부분적으로 용해가 일어나 산화하여 약해진다. 담금질 후 120~200℃로 수십 시간 저온 가열하여 인공시효 경화를 완성시킨다.

8-2 구리 및 그 합금

1. 구리의 제조 방법 및 성질

[1] 구리의 제조 방법

구리(Cu)는 철(Fe)과 함께 많이 사용되는 금속이며, 구리는 은(Ag) 다음으로 전기 전도성이 높고, 내부식성이 우수하며, 가공하기 쉬워 전기공업을 비롯하여 차량, 선박 그 밖의 기계와 기구 등에서 널리 사용된다.

구리광석(銅鑛石)에는 적동광, 황동광, 휘동광, 자연동 등이 사용되며, 용광로에서 광석을 용해시켜 황화구리(Cu_2S)와 황화철(FeS)의 혼합물로 제조하며, 이 혼합물은 구리 20~40%를 함유한다.

이것을 다시 전로(轉爐)에서 산화 정련하여 순도 98~99.5%의 조동(粗銅)으로 제조한다. 이 조동은 반사로나 전기로에서 정련시킨다.

전기 정련은 그림 8-3과 같이 조동을 양(+)극으로, 순구리판을 음(-)극으로 하여 황산구리 용액 속에서 전기 분해시킨 것이 전기동(電氣銅)이다. 구리의 특성은 다음과 같다.

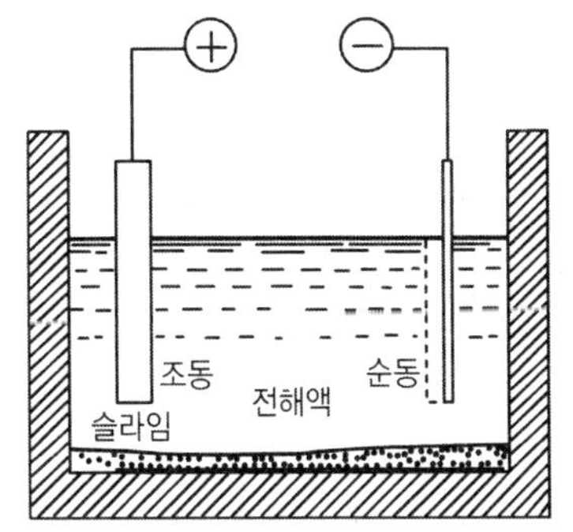

【그림 8-3 구리의 전해 정련 방법】

① 전기 및 열의 전도성이 매우 우수하다.

② 아연(Zn), 주석(Sn), 니켈(Ni), 은(Ag) 등과 쉽게 합금을 만들 수 있다.

③ 아름다운 광택과 귀금속 적인 성질이 우수하다.

④ 표면에 녹색의 염기성 탄산 구리의 녹이 생겨 보호 피막의 역할로 내부식성이 크다.

⑤ 유연하고 전성과 연성이 커 가공이 쉽다.

[2] 구리의 성질

(1) 구리의 물리적 성질

구리의 고유 색깔은 담적색(淡赤色)이지만, 공기 중에서 표면이 산화되어 암적색(暗赤色)으로 된다. 구리는 비자성체이며, 전기전도율은 은(Ag) 다음으로 크다.

그러나 구리 속에 인(P), 망간(Mn), 알루미늄(Al), 철(Fe), 안티몬(Sb), 아연(Zn) 등이 함유되면 전기전도율이 낮아진다.

(2) 구리의 화학적 성질

구리는 건조한 공기 중에서는 산화하지 않으나, 이산화탄소 또는 습기가 있으면 염기성 탄산구리, 즉 구리 녹이 발생한다.

맑은 물에는 변화하지 않으나 소금물에는 부식되며, 묽은 황산에는 다소 저항이 있으나 질산 및 진한 유산에서는 쉽게 용해된다.

(3) 구리의 기계적 성질

구리는 질이 연하고 가공성능이 풍부하기 때문에 구리판이나 선, 봉 등으로 만들기 쉽다. 또 냉간 가공으로 적당한 강도로 할 수 있다.

2. 황동(Cu-Zn계 구리합금)

황동(brass, 黃銅)은 구리(Cu)와 아연(Zn)으로 구성된 황색의 구리합금이며, 실용되고 있는 것은 아연(Zn) 50% 이하를 함유하는 구리합금이다.

또 황동 중에서 가장 널리 알려진 것이 7-3 황동과 6-4 황동이다.

황동의 특징은 다음과 같다.

① 아연(Zn)이 5% 함유된 황동은 예로부터 화폐, 메달 등에 사용되었기 때문에 도금용 금속(gilding metal)이라 한다.

② 아연(Zn)이 10% 정도의 황동은 색깔이 청동과 비슷하므로 청동 대용으로도 사용되었다.

③ 아연(Zn) 20%의 황동은 황금색의 아름다운 색깔을 띠게 되므로 순금의 모조품, 장식용 제품, 악기 등에 사용된다.

또 황동은 주물 또는 봉(棒), 각재(角材), 파이프, 각종 기계기구, 일상용품, 공예품 등으로 주로 사용된다. 공업용으로 사용되는 아연(Zn)의 함유량은 8~50% 범위이며, 주물용 및 압연용 황동의 성분은 같으나 주물에는 불순물이 다소 있고, 압연용은 압연작업을 쉽게 하기 위해 순도가 높은 원료를 사용한다.

[1] 톰백(tombac)

톰백은 아연(Zn)의 함유량이 8~20% 정도이며, 색깔이 황금색에 가깝고, 소량의 납(Pb)을 첨가한 것은 더욱더 황금색을 띤다.

α고용체만으로 구성되어 있기 때문에 냉간 가공이 쉬워 금박(金箔), 금 모조품,

장식용구, 청동 대용품 등으로 사용된다. 기계적 성질은 순수한 구리와 큰 차이가 없어 기계재료로 사용되는 경우는 적다.

[2] 7-3 황동(cartridge brass)

7-3 황동은 아연(Zn)의 함유량이 30% 정도이며, 연신율이 크고, 인장강도를 지니고 있어 각종 봉(棒), 선, 파이프, 전구의 소켓, 탄피(彈皮)와 같은 복잡한 가공물에서 주로 사용된다.

또 냉간 가공성능이 우수하며, 풀림 온도는 420~750℃가 좋다. 그리고 열간 가공을 할 경우에는 가공온도를 720~850℃로 한다.

[3] 하이 브라스(high brass or yellow brass)

하이 브라스는 아연(Zn)의 함유량이 33~35% 정도이며, 7-3황동과 같은 α황동이다. 용도는 7-3 황동과 거의 같으나 구리(Cu)의 함유량이 많은 만큼 재료비용이 비싸진다.

높은 온도에서는 $\alpha+\beta$ 조직이지만, 과냉하면 β가 나와 굳어져 전성과 연성이 낮아지므로 냉각 가공을 하기 전에 400~500℃의 풀림으로 β를 소멸시켜야 한다.

[4] 6-4 황동

6-4 황동은 아연(Zn)의 함유량이 35~45% 정도이며, 문츠 메탈(muntz metal)이라고도 부른다. 이것은 상온 조직은 $\alpha+\beta$ 황동이나 높은 온도에서는 β가 많기 때문에 단조성능이 좋아지고, 고온가공이 쉬워진다.

황동으로서는 강하기 때문에 강도를 요구하는 부분에는 모두 이것을 사용한다. 또 가공이 쉽기 때문에 판재, 봉재, 선재, 건축재료, 볼트와 너트, 콘덴서, 파이프, 밸브 등에서 사용된다.

[5] 주조용 황동

주조용 황동의 아연(Zn) 함유량은 30~40% 정도이며, 주로 아연 함유량 35%를 가장 많이 사용한다.

아연의 함유량이 많기 때문에 쇳물의 유동성이 좋아 정밀한 주물을 제작할 수 있고, 청동에 비해 값도 싸다.

[6] 델타 메탈(delta metal)

델타 메탈은 구리(Cu) 54~58%, 아연(Zn) 40~43%, 철(Fe) 1% 정도의 합금이며, 인(P) 또는 망간(Mn)으로 탈산하고, 니켈(Ni)이나 납(Pb)을 첨가하기도 한다.

주물 또는 단조재료로 적합하며, 또 높은 온도에서 압연 및 단조성능이 좋고, 상온에서도 가공이 가능하다. 델타 메탈은 주로 기계재료로 기어, 볼트, 너트, 베어링 등에서 사용한다.

3. 청동(Cu-Sn계 구리합금)

[1] 청동의 개요

청동(靑銅)은 Cu-Sn계 합금 또는 주석(Sn)의 일부를 다른 원소로 바꾼 것을 의미하나, 주석(Sn)을 함유하지 아니하고 구리(Cu)에 알루미늄(Al), 규소(Si) 등을 첨가한 합금도 알루미늄 청동, 규소 청동이라 부르며, 또 황동에 작은 양의 망간(Mn), 니켈(Ni) 등을 첨가한 것도 망간 청동, 니켈 청동이라 부른다.

따라서 넓은 의미에서 청동이라 함은 구리(Cu)를 주요성분으로 하며 Cu-Zn계 이외의 것으로 강하고 단단하며, 녹슬지 않는 합금을 말한다.

청동의 용도는 순수한 구리나 황동에 비해 주조성능이 좋고, 내부식성이 크기 때문에 예전부터 화폐, 종, 미술 공예품, 동상, 일상용품을 비롯하여 무기나 기계의 부품, 베어링 재료 등으로 널리 사용되고 있다.

[2] 청동의 성질

(1) 청동의 물리적 성질

주석(Sn)은 구리에 비해 착색(着色)이 잘 되기 때문에 작은 양의 주석(Sn)을 함유하여도 구리(Cu)의 색깔이 변화한다. 특히 백색의 결정이 생기면 색깔이 희게 된다. 색깔은 용해온도의 높고 낮음, 냉각속도의 크기에 따라서 차이가 있으며, 제3의 성분에 의해서도 변화한다.

즉 납(Pb)은 구리의 색깔을 조장하고, 아연(Zn)은 백색을 강하게 한다. 비중은 주석(Sn)의 첨가에 따라 점차 낮아지다가 δ상이 나타나면서부터 증가되어 주석(Sn) 30~40%에서 최대가 되고 점차 직선적으로 감소한다.

(2) 청동의 기계적 성질

주석(Sn) 함유량 10%의 α 청동은 상온에서 압연 가공을 하며, 주석(Sn) 함유량이 많은 것은 500~700℃에서 가공한 후 마지막에 상온 압연을 한다.

상온 가공을 할 때에는 가공도 10~40% 마다 1번씩 풀림을 하여야 한다.

황동과 마찬가지로 200~300℃에서 재결정이 일어나며, 400~600℃가 적당한 풀림 온도이다.

[3] 청동의 종류와 용도

(1) 포금(gun metal)

주석(Sn) 8~12%를 함유하는 청동을 12세기 이후에 대포의 포신 재료로 사용하였기 때문에 포금이라는 이름이 생겼다.

청동은 기계재료로 강력하고, 내부식성이 요구되는 부품에서 사용된다. 주석(Sn) 함유량 10%의 것을 망간 구리로 탈산시킨 것이 기계적 성질이 가장 우수하다. 포금에는 1% 정도의 아연(Zn)을 첨가하며, 아연(Zn)을 첨가하면 쇳물의 유동성이 향상되고, 다소 재질이 연해지므로 절삭가공이 쉬워진다.

애드미럴티 포금(admiralty gun metal)은 구리(Cu) 88%, 주석(Sn) 10%, 아연(Zn) 2%를 함유하며, 주조한 것은 단조에 부적합하나 풀림하면 높은 수압에 견디고 단조가 가능하다. 포금은 일반 기계부품, 밸브, 기어 등에서 사용된다.

(2) 베어링용 청동(bearing bronze)

베어링용 청동은 주석(Sn)을 10~14% 함유하는 것으로 연성은 감소하나 경도와 내마모성이 크다. 따라서 베어링과 차축 등의 마모가 큰 부분에서 사용한다.

특히 납(Pb)을 첨가한 것은 철도차량, 공작기계, 압연기계 등의 고압용 베어링으로 적당하다.

[4] 특수청동의 종류와 용도

(1) 인청동(Cu-Sn-P계 청동)

인(P)은 청동 중에 포함되는 산화물, 주로 Sn_2O를 제거하며, 쇳물의 유동성을 향상시키고, 강도와 인성을 증가시키며, 바닷물과 황산 등에 대한 내부식성을 증가시킨다.

(2) 알루미늄 청동(Cu-Al계 청동)

알루미늄(Al)을 15% 이하로 함유하는 구리합금을 알루미늄 청동이라 하며, 내부식성, 내열성, 내마모성 등이 우수하다. 일루미늄 청동은 황동이나 청동에 비해 공업용 기계, 선박, 항공기, 차량 부품으로 우수하나, 주조, 단조 및 용접이 곤란한 결점이 있다.

(3) 니켈 청동(Cu-Ni계 청동)

Cu-Ni의 2원 합금으로 공업용 재료보다도 알루미늄(Al), 규소(Si), 아연(Zn), 망간(Mn) 등을 첨가하여 뜨임 경화성 합금으로 주로 사용한다.

① 쿠니얼 브론즈(Kunial bronze) : 니켈(Ni) 4~16%, 알루미늄(Al) 1.5~7%, 그 밖에 철(Fe), 망강(Mn), 아연(Zn) 등을 적은 양 첨가한 구리합금으로, 담금질하여 뜨임을 하면 뜨임 경화성을 보인다.

② 콜슨 합금(Colson alloy) : Cu-Ni-Si계 구리합금이며, C합금이라고도 부른다. 인장강도가 105kgf/mm^{2}정도이며, 니켈(Ni)과 규소(Si)는 Ni_2Si를 만들고, 이것이 구리(Cu)와 2성분계의 상태도를 지닌다. 실용범위는 Ni_2Si 2~5%이다.
Cu-Ni-Si계에 알루미늄(Al)을 조금 첨가한 구리합금은 기계적 강도가 크고, 내열성과 내피로성이 커 항공기, 선박 등에서 사용하여 여기에 아연(Zn)을 더 첨가하면 바닷물에 매우 강하다.

③ 양은(洋銀, german silver) : Cu-Ni-Zn계를 양은 또는 백동(白銅)이라고도 부르며, 니켈(Ni) 16~20%를 함유하는 니켈 황동이라 할 수 있다. 니켈(Ni)은 황동의 내부식성을 향상시키며, 니켈(Ni)의 함유량이 많으면 내열성, 기계적 강도, 특히 스프링 특성이 우수해 지며, 전기저항의 온도계수는 매우 낮아진다. 따라서 장식품, 식기, 가구, 스프링, 전류 조정용 저항, 내열성 전기접점, 온도조절용 바이메탈 등에서 사용된다.

8-3 니켈과 니켈 합금

1. 니켈(Ni)의 개요

니켈 재료로 판매되고 있는 것은 전해(電解) 니켈과 몬드(Mond) 니켈이며, 니켈(Ni)은 내부식성과 내열성이 크기 때문에 화학 공업용, 식품 공업용, 진공 파이프용, 화폐, 도금용으로 널리 사용된다.

또 니켈(Ni)은 합금원소로도 그 효과가 크기 때문에 강철에 니켈(Ni)을 첨가한 구조용 Ni-Cr강, 스테인리스강 및 내열강에도 사용되며, Ni-Cu 합금으로 전기 저항용, 니켈 청동 등도 제조한다.

2. 니켈합금

[1] 모넬 메탈(monel metal, Ni 60~70% 합금)

모넬 메탈은 니켈(Ni), 구리(Cu), 철(Fe)의 합금이며, 용도는 식염수, 중성염류, 암모니아수, 탄산소다, 휘발유 등에는 부식되지 않으며, 황산, 인산, 청산, 불화수소산, 빙초산, 건조된 염소가스 등에도 매우 잘 견디기 때문에 화학 공업용 또는 펌프, 디젤기관의 밸브와 시트, 증기터빈의 날개 등에서 주로 사용된다.

[2] 양은 (Ni-Cu-Zn계 합금)

양은은 구리(Cu), 아연(Zn), 니켈(Ni)의 합금이며, Cu-Ni계의 니켈(Ni)의 일부를 아연(Zn)으로 치환한 것으로 실용되고 있는 Cu-Ni의 성분은 구리(Cu) 45~65%, 니켈(Ni) 16~20%, 아연(Zn) 15~35%이다.

니켈(Ni)은 양은의 내부식성과 경도를 크게 하지만 값이 비싸고 용해하였을 때 가스를 흡수하여 주조성능과 단조성능을 떨어뜨린다.

아연(Zn)의 함유량이 많아지면 값이 싸지고, 용융점이 낮아지며, 주조성능이 향상된다.

양은은 내열성, 내부식성, 가공성능이 우수하다.

[3] 콘스탄탄(constantan, Ni 45%의 합금)

콘스탄탄은 40~50% 정도의 니겔(Ni)을 함유한 Ni-Cu계 합금으로 전기저항이 크고, 온도계수가 작아서 전기 저항선이나 열전대로 많이 사용된다.

8-4 베어링 합금

베어링 합금재료에는 화이트 메탈, 배빗 메탈, 켈밋 합금, 인청동, 연청동 등이 있으며, 구비조건은 다음과 같다.

① 마찰계수가 적을 것

② 내마모성이 클 것

③ 내부식성이 클 것

④ 열전도성이 클 것

연습문제

1. Y합금에 대한 다음의 설명 중 틀린 것은?
   ㉮ Al+Cu+Mg+Ni의 합금이다.
   ㉯ 내열성이 큰 알루미늄 합금이다.
   ㉰ 실린더 헤드에 사용된다.
   ㉱ 높은 온도에서 열전도율이 작다.

2. 다음 중 Al 합금으로 자동차나 항공기의 실린더에 많이 사용되는 합금은?
   ㉮ 고속도강　　㉯ KS강
   ㉰ 실루민　　㉱ Y합금

3. Al-Si계 대표적인 합금으로 자동차, 선박기구, 계기의 하우징 등으로 많이 쓰이는 알팩스라고도 하는 합금은?
   ㉮ 두랄루민　　㉯ 로엑스
   ㉰ Y합금　　㉱ 실루민

4. 동 및 동 합금에 대한 다음 설명 중 올바른 것은?
   ㉮ 황동은 구리와 주석의 합금이다.
   ㉯ 전기 전도율이 은(Ag) 다음으로 크다.
   ㉰ 청동은 구리와 아연의 합금이다.
   ㉱ 인청동은 내마멸성이 나쁘며, 베어링으로 사용할 수 없다.

5. 동과 동 합금에 관한 설명 중 틀린 것은?
   ㉮ 황동은 구리와 아연의 합금이다.
   ㉯ 인청동은 내식성, 내마모성을 필요로 하는 펌프 부품, 캠, 축, 베어링 등에 사용된다.
   ㉰ 청동은 구리와 주성의 합금이다.
   ㉱ 전기 전도율이 알루미늄 다음으로 크다.

6. 황동에는 7:3황동과 6:4황동이 있다. 황동의 주성분으로 가장 적당한 것은?
   ㉮ 구리(Cu)+망간(Mn)
   ㉯ 구리(Cu)+아연(Zn)
   ㉰ 구리(Cu)+니켈(Ni)
   ㉱ 구리(Cu)+규소(Si)

7. 64황동에 1~2%의 철을 첨가한 것으로 강도가 크고 내식성이 좋아 광산, 선박, 화학기계에 쓰이는 것은?
   ㉮ 7.3황동　　㉯ 톰백
   ㉰ 델타메탈　　㉱ 인청동

8. 다음 중 청동(bronze)의 주성분인 것은?
   ㉮ Cu-Zn　　㉯ Cu-Sb
   ㉰ Cu-Sn　　㉱ Cu-Pb

9. 고탄성이 요구되는 판, 선 등의 가공재료로 쓰이며, 내식성, 내마모성이 필요한 펌프 부품, 선박용 부품에 쓰이는 구리합금은?
   ㉮ 인청동　　㉯ 연청동
   ㉰ 알루미늄 청동　　㉱ 규소청동

10. 동합금 중에서 가장 높은 강도와 경도를 얻을 수 있는 합금은?
   ㉮ Cu-Sn　　㉯ Cu-Al
   ㉰ Cu-Si　　㉱ Cu-Be

1 ④
2 ④
3 ④
4 ②
5 ④
6 ②
7 ③
8 ③
9 ①
10 ④

CHAPTER

9 합성수지

9-1 합성수지의 개요

천연 유기물(有機物) 재료는 동물이나 식물의 몸체 중에서 큰 분자들로 만들어지나, 합성 고분자 재료는 분자량이 작은 분자를 인위적으로 결합시켜 제조한다.

이와 같이 합성 고분자 재료를 총칭하는 것이 플라스틱(plastic)이다. 외부의 힘을 가하면 그 형상을 변화시킬 수 있는 성질을 가소성(可塑性)이라 하며, 유기물질로 합성된 가소성이 큰 물질을 플라스틱 중에서 좁은 의미의 합성수지(synthetic resin)라 한다.

합성수지는 기계적 성질, 내열성 등은 금속재료보다 떨어지지만, 비중이 작고 탄성, 소성, 화학적 저항, 전기절연 특성, 가공성 등은 금속재료보다 우수하다.

합성수지의 공통성질은 다음과 같다.

① 가볍고 튼튼하며, 가공성이 크고, 성형이 간단하다.

② 전기 절연성이 크며, 산, 알칼리, 오일, 약품 등에 강하다.

③ 단단하지만 열에 약하다.

④ 투명한 것이 많으며, 착색이 자유롭다.

⑤ 비중과 강도의 비율인 비강도가 비교적 높다.

9-2 합성수지의 분류

합성수지는 가소성과 온도와의 관계에 기준을 둔 분류 방법으로 열경화성 수지와 열가소성수지로 나눈다. 열경화성 수지는 열고정성 수지라고도 하며, 가열하면서 가압 및 성형을 하면 다시 가열하여도 연하게 되거나 용융되지 않는다.

열가소성 수지는 열연화성 수지라고도 하며, 성형 후에도 가열하면 연해지고, 냉각하면 다시 본래의 상태로 굳어진다.

일반적으로 열경화성 수지는 페놀수지, 요소수지 등이 있으며, 가열하면 화학적 변화가 발생하고 유동성을 상실하게 되나, 강하게 가열하면 용융되지 않고 분해된다.

한편, 열가소성 수지는 가열하면 작은 힘으로도 유동하고 화학적 변화가 발생하지 않으며, 가열과 냉각을 반복하여도 상온에서 물리적 성질변화를 볼 수 없다.

열가소성 수지에는 스티렌 수지, 염화비닐 수지, 아크릴 수지, 폴리에스테르 등이 있다.

1. 열경화성(熱硬化性) 수지

열경화성 수지는 기계적 강도가 크고, 내열성이 좋아서 기계재료로서 기어, 베어링 하우징, 핸들 등이 사용된다.

[1] 페놀수지(Phenol resin)

페놀수지는 페놀, 크레졸 등과 포르마린을 반응시켜 제조한 것으로 베이클라이트(bakelite)라는 상품명으로 널리 알려져 있다.

페놀수지는 기계적 성질이 우수하고 비교적 값이 싸며, 전기 절연성이 좋다. 착색은 자유롭지 않으며, 성형한 후 선반가공이나 드릴가공 등도 쉽지 않다.

용도는 전기 절연물, 전화기, 핸들, 기어, 가재도구, 프로펠러, 광고 간판 등이며, 액체 상태의 것은 페인트 또는 접착제로도 사용된다.

[2] 요소수지(尿素樹脂, Urea resin)

요소수지는 우레아 수지라고도 하며, 강도, 내수성, 내열성, 전기 절연성 등에서는 다소 떨어지나, 가공성 및 착색이 쉽고 아름다운 상품을 제작하는데 적당하다.

내수성과 내열성은 멜라민을 첨가하면 성질이 많이 개선된다.

[3] 멜라민 수지(melamine resin)

멜라민은 석회질소로 만드는 백색 결정질 화합물이며, 무색의 가벼운 침상(針狀) 결정이다. 요소수지보다 강도, 내수성, 내열성이 우수하다.

멜라민 수지는 사용목적에 따라 멜라민과 포르말린, 석탄산, 요소 등을 합성하여 각종 성형부품, 접착제, 페인트, 섬유조제에 사용된다.

[4] 실리콘 수지(silicon resin)

실리콘 수지는 내열성과 내수성이 우수하고, 전기 절연성이 좋다. 일반 합성수지보다 내열성이 100℃이상 우수하며, 기계 가공성도 좋다.

2. 열가소성(熱可塑性) 수지

[1] 염화비닐(vinyl chloride)

염화비닐은 석회석, 석탄, 소금 등을 원료로 하기 때문에 원료를 구하기 쉽다. PVC라고도 하며, 내산성, 내알칼리성이 풍부하며, 황산·염산·수산화나트륨 등의 약품이나 바닷물에 녹거나 부식되는 경우가 없으며, 오일이나 흙에 파묻혀도 침식되지 않는다. 제품은 내·외부의 면이 모두 매끈하다.

[2] 스티렌 수지styrene resin)

스티렌의 중합(重合)물체이며, 스트롤 수지라고도 부른다. 비중이 1.05~1.07로서 합성수지 중에서 가벼운 편이다. 성형이 쉽고, 화학약품에 대하여 안정하므로 전기재료, 장식품 등으로 사용되는 대표적인 열가소성 수지이다.

일반적으로 폴리스티렌(polystrene)은 150℃에서 연화하고, 250℃ 이상에서는 분해 중합되어 단일체(單一體)의 스티렌으로 된다.

[3] 폴리에틸렌(polyethylene)

폴리에틸렌은 무색 투명하며, 내수성과 전기 절연성이 크고, 산과 알칼리에도 강하나. 또 120~180℃로 가열하면 끈끈한 액체가 되기 때문에 사출성형이 쉽다.

비중이 0.92~0.96으로 연화비닐보다 가볍고, 유연성이 있으며 -60℃에서도 경화되지 않는다. 충격에도 강하여 해머로 때려도 파손되지 않고 내화성도 고무나 염화비닐보다 좋다.

[4] 아크릴 수지(acrylic resin)

아크릴 수지는 중합물체로서 투명성이 좋고, 탄성이 크며, 햇빛에 노출되어도 변색이 잘 되지 않으므로 안전유리의 중간층 재료, 케이블의 피복재료, 페인트 등에 사용된다. 벤젠, 아세톤, 유기산 등에는 용해되나 알코올, 물, 사염화 탄소 등에는 용해되지 않는다.

3. 합성고무

고무에는 천연고무 이외에 합성고무가 있다. 고무의 특성은 변형이 매우 쉽고, 외부의 힘을 제거하면 변형이 회복되어 본래의 형상으로 돌아가는데 있다.

이와 같은 고무의 탄성은 천연고무에서는 가유(加硫)처리를 하여 분자사이의 가교(架橋)로 얻어진다.

합성고무의 제조는 분자사이의 힘이 약한 실 모양의 분자를 가능한 한 결정화시키지 않고 성형하여 그 상태로 분자사이의 가교가 형성되도록 화학반응을 시킨다.

합성고무는 천연고무보다도 노화 내구성능과 내마모성이 큰 것이 많다. 또 가교방식으로 경화의 정도가 더욱 진행되면 고무에서 플라스틱에 가까운 성질로 되어 화학적인 안정성도 증가되어 내고온성, 내유성, 내열성 등이 천연고무보다 우수하다.

그 밖에 새로운 고무로 우레탄 고무가 있다. 우레탄 고무는 합성고무에 발포제(發泡劑)를 첨가하여 제조한 기포성 고무이며, 탄성이 큰 가벼운 재질이므로 패킹재료, 시트, 쿠션, 단열재료, 흡음재료 등에서 사용한다.

우레탄은 산화 프로필렌을 주성분으로 하는 플라스틱이며, 우레탄 고무는 석유화학의 산물이다.

우레탄 고무는 내열성이 이 떨어지며, 연속 사용은 80℃ 정도이다.

연습문제

1. 40~50% 정도의 니켈을 함유한 니켈-구리계 합금으로 전기 저항이 크고, 온도계수가 작아서 전기 저항선이나 열전대로 많이 사용되는 것은?
   ㉮ 인바
   ㉯ 모넬메탈
   ㉰ 엘린바
   ㉱ 콘스탄탄

2. 베어링 합금의 구비조건으로 적합한 성질은?
   ㉮ 마찰계수가 클 것
   ㉯ 내마모성이 적을 것
   ㉰ 내부식성이 적을 것
   ㉱ 열전도성이 클 것

3. 다음의 비철금속 중 베어링 합금재료로 부적당한 것은?
   ㉮ 화이트 메탈 ㉯ 배빗 메탈
   ㉰ 켈밋 합금 ㉱ 서멧

4. 다음의 금속재료 중에서 베어링 메탈과 가장 관계가 적은 것은?
   ㉮ 화이트 메탈 ㉯ 배빗 메탈
   ㉰ 켈밋 메탈 ㉱ 모넬메탈

5. 다음 중 베어링 메탈로서 가장 많이 사용되는 것은?
   ㉮ 침탄강 ㉯ 화이트 메탈
   ㉰ Ni-Cr강 ㉱ 구상흑연주철

6. 주석, 안티몬, 구리를 주성분으로 하며, 고속-고하중용 베어링 합금으로 사용되는 것은?
   ㉮ 알루미나 ㉯ 배빗메탈
   ㉰ 두랄루민 ㉱ 델타메탈

7. 청동이나 인청동의 베어링 합금에 비하여 우수한 성질을 가지고 있으며, 납과 주석을 주성분으로 하는 베어링 합금의 총칭은?

㉮ 알루미나 ㉯ 화이트 메탈
㉰ 다우메탈 ㉱ Y합금

8. 다음은 화이트메탈(White metal)에 대한 설명이다. 틀린 것은?

㉮ Pb, Sn을 주성분으로 하고 여기에 적당한 양의 Sb, Cu 등을 첨가한 합금이다.
㉯ Sn, Cu, Sb를 주성분으로 한 베어링 합금이다.
㉰ Babbit metal 이라고도 한다.
㉱ Cu에 Pb 25~40% 첨가한 합금으로서 항공기, 자동차의 main bearing에 사용한다.

9. Kelmet 메탈을 옳게 설명한 것은?

㉮ 동에 주석을 30~40% 가한 것이다.
㉯ 동에 철물 30~40% 가한 것이다.
㉰ 동에 인을 30~40% 가한 것이다.
㉱ 동에 납을 30~40% 가한 것이다.

10. 합성수지에 대한 일반적인 성질 설명 중 틀린 것은?

㉮ 전기 전열성이 좋다.
㉯ 가공성이 낮고 성형이 어렵다.
㉰ 일반적으로 플라스틱이라 한다.
㉱ 열경화성 수지와 열가소성 수지로 분류한다.

1 ④
2 ④
3 ④
4 ④
5 ②
6 ②
7 ②
8 ④
9 ④
10 ②

CHAPTER

10 신소재(新素材)

기존의 재료보다 우수한 특성을 지녔거나 새로운 기능, 성질을 가진 재료를 신소재라 하며, 파인 세라믹, 섬유강화 복합재료, 형상기억합금, 초전도 합금, 초탄성 합금, 방지합금, 초내열 합금, 아모르파스 합금 등이 있다.

10-1 파인 세라믹(fine ceramic)

순도를 높게 정제하고 곱게 분쇄한 알루미나, 탄화규소 등을 가압 소결한 자기재료이며, 반도체 IC회로, 내열 재료, 세라믹 축전기, 각종 절삭공구와 전자, 기계 등 산업용 기능 소재로 사용된다.

경도가 높고, 내열, 내부식성 등은 우수하나 충격 저항성이 약하다.

10-2 형상기억 합금(shape memory alloy)

적당한 열처리를 하여 고일 모양 등의 형상을 부여한 다음 인장 등 소성 변형시켜도 그 합금에 대해 정해진 변태 온도 이상으로 가열하면 처음 형상으로 되돌아가는 합금이다.

즉, 조직의 변태가 본래의 상태로 돌아가기 때문이다. 티탄(Ti)-니켈(Ni)합금, 구리(Cu)-아연(Zn)-알루미늄(Al)합금, 구리(Cu)-아연(Zn)-규소(Si)합금 등이 이에 속한다.

10-3 초전도 합금(super conductivity alloy)

초전도 상태는 합금의 매우 저온인 임계온도 이하에서 전기저항이 0으로 되는 현상으로 초전도 상태에서는 재료에 전류가 흘러도 에너지 손실이 없고, 전력소비 없이 큰 전류를 흐르게 한다. 초전도 합금에는 니오브(Nb)-티탄(Ti) 합금과, 니오브(Nb)-아연(Zn) 등이 있다.

연습문제

1. 금속재료와 대체할 수 있는 기계재료 중에서 합성수지의 공통된 성질이 아닌 것은 무엇인가?
   ㉮ 가볍고 튼튼하다.
   ㉯ 비중과 강도의 비인 비강도는 비교적 낮다.
   ㉰ 전기 전열성이 좋다.
   ㉱ 가공성이 크고 성형이 간단하다.

2. 플라스틱의 특징으로 외력을 가하면 어느 정도의 저항력으로 그 형태를 유지하는 성질은?
   ㉮ 소성　　㉯ 탄성
   ㉰ 가소성　　㉱ 내성

3. 합성수지의 일반적인 특성 중 금속 재료보다 우수하여 널리 활용되는 특성은?
   ㉮ 인장강도　　㉯ 열전도성
   ㉰ 절연성　　㉱ 내구성

4. 플라스틱으로 경화된 수지로서 수축이 적고, 양호한 화학적 저항, 우수한 전기적 특성, 강한 물리적 성질을 가지고 있으며, 판재제작, 용기성형, 페인트, 접착제 등으로 사용되는 열경화성 수지는?
   ㉮ 에폭시 수지　　㉯ 페놀 수지
   ㉰ 비닐 수지　　㉱ 아크릴 수지

5. 다음의 재료 중 페놀계 수지로 종이, 면, 석면 등의 적층품은 베어링 재료나 기어 재료 등으로 사용되는 것은?
   ㉮ 두랄루민
   ㉯ 염화 비닐
   ㉰ 배빗메탈
   ㉱ 베이클라이트

6. 다음 중 가열하면 분자간의 결합력이 약해져서 연해지나 냉각시키면 결합력이 강해져서 굳는 열가소성 수지에 해당하지 않는 것은?

㉮ 폴리염화 비닐 ㉯ 폴리에스테르
㉰ 폴리아미드 ㉱ 폴리염화비닐 수지

7. 열경화성 수지(성형하여 굳어지면 다시 가열하여도 연화되거나 용융되지 않고 연소하는 성질을 가진 수지)가 아닌 것은?

㉮ 페놀수지 ㉯ 아크릴 수지
㉰ 요소수지 ㉱ 멜라민 수지

8. 비금속 기계재료로 투명성이 좋고 탄성이 크며, 햇빛에 노출되어도 변색이 잘되지 않으므로 안전유리의 중간층 재료로 사용되는 열가소성 수지는?

㉮ 폴리에틸렌 ㉯ 아크릴 수지
㉰ 베이클라이트 ㉱ 폴리에스테르 수지

9. 자동차용 판 스프링을 생산하는 성형법 중 섬유강화플라스틱 성형법에 속하지 않는 것은?

㉮ 매치드 다이법(matched die)
㉯ 필라멘트 와인딩법(filament winding)
㉰ 연속 인발법
㉱ 폭발압접법

10. 자동차 스프링 등에 응용되는 섬유강화 플라스틱의 특징이 아닌 것은?

㉮ 비중은 강의 약 1/3~1/4 정도이다.
㉯ 비탄성 에너지가 크다.
㉰ 내식성이 우수하다.
㉱ 층간 전단강도가 높다.

1 ②
2 ③
3 ③
4 ①
5 ④
6 ②
7 ②
8 ②
9 ④
10 ④

CHAPTER

11 복합재료(複合材料)

11-1 복합재료의 개요

단일재료(單一材料)는 그 개발에 한계가 따르기 때문에 아무리 좋은 재료라도 내열성, 내산성, 고경도성 등 모든 면에서 좋은 재료가 될 수 없다.

복합재료는 이와 같은 재료의 단점을 보완하고 장점을 살리는 방향으로 2개 이상의 단일재료를 결합하여 보다 성능이 우수하고, 경제성이 좋은 재료를 얻기 위해 시도된 것이다.

복합재료에는 최근에 개발된 섬유강화 플라스틱(FRP ; fiber reinforced plastic), 예전부터 사용하던 철근-콘크리트, 구조물 재료의 샌드위치(sand witch) 재료나 층상(層狀)재료가 있다.

복합재료는 1960년 이후 플라스틱 계열의 복합재료와 금속접합 계열의 복합재료들이 개발되어 고강도, 내부식성, 내산성, 내충격성, 외관, 무게, 피로수명, 열전도성, 방음 등의 성질을 향상시켜 항공기. 우주개발, 기계 구조물, 군사장비, 가정용품 등에서 많이 사용되고 있다.

11-2 복합재료의 종류

복합재료는 서로 질이 다르거나 형태가 다른 재료를 조합하여 물리적 또는 화학적 처리에 의해 단독으로 소유하지 않는 우수한 성질을 지닌 재료들이다.

복합재료는 주로 입자(粒子) 또는 섬유로 된 복합재료가 중점 대상으로 되어 있기 때문에 복합재료의 새질은 보재(母材)와 분산재료로 구성되고 분산재료의 형태에는 입자, 섬유, 얇은 판(flake) 등이 있다.

복합재료를 분산재료의 형태에 따라 분류하면 다음과 같다.

① 분산강화 복합재료(dispersion strengthened composite)

② 입자강화 복합재료(partical reinforced composite)

③ 섬유강화 복합재료(fiber reinforced composite)

등이 있으며, 섬유강화 매트릭스에 의해 분류하면 다음과 같다.

① 섬유강화 플라스틱(FRP ; fiber reinforced plastic)

② 섬유강화 고무(FRR ; fiber reinforced rubber)

③ 섬유강화 금속(FRM ; fiber reinforced metal)

④ 섬유강화 세라믹(FRC ; fiber reinforced ceramic)

11-3 복합재료의 용도

1. 섬유강화 플라스틱(FRP)

섬유강화 플라스틱은 우수한 경량 강도재료로 많이 사용되고 있으며, 강화섬유는 유리섬유를 주로 사용하지만 탄소섬유, 붕소섬유, 케블라 섬유 등도 사용된다.

강화섬유는 비강도와 비강성이 강철에 비해 크다. 그리고 플라스틱은 금속에 비해 가볍고, 내부식성이 크지만 구조용 재료로서는 강도와 탄성계수가 작고, 열팽창 계수가 큰 결점이 있다.

또 기계적 성질이 우수한 플라스틱은 값이 비싸기 때문에 그 용도가 제한된다. 구조용 재료로 이와 같은 결점을 다른 재료로 보충하기 위한 각종 강화 플라스틱이 사용된다.

섬유강화 플라스틱은 성형성능이 좋고, 강도와 내구성이 우수한 장점이 있다.

[1] 유리섬유 강화 플라스틱

유리섬유를 사용한 섬유강화 플라스틱은 FRP(fiberglass reinforced plastic)라고 하며, 대표적인 불포화 폴리에스테르 수지, 에폭시 수지, 페놀수지에 지름 5~8μ의 유리섬유를 보강재료로 첨가하여 성형한 것이다.

유리섬유는 지름이 가늘어지면 인장강도가 증가하고, 지름이 5~8μ의 유리섬유의 인장강도는 100~300kgf/mm² 정도이다.

유리섬유는 원료를 용해하여 마블형상 덩어리를 만들고 이것에 전기를 통하여 가열한 백금(Pt) 포트에서 다시 용융하여 작은 구멍에서 실을 뽑는다.

이와 같이 만든 실을 합사(合糸)하여 드럼(drum)에 감는다. 이때 합사한 것을 스트랜드(strand)라 부르며, 스트랜드를 몇 개 합사한 얀(yarn)을 직조(織造)한 것을 크로스(cloth)라 하고, 이것은 여러 가지로 직조할 수 있다.

그리고 스트랜드를 꼬지 않고 수십 개를 한한 것을 로빙(roving)이라 하고, 필라멘트 와인딩에는 이것을 사용한다.

로빙으로 직조한 것을 로빙 크로스(roving cloth)라 한다. 그리고 유리섬유는 스트랜드, 얀, 크로스, 로빙 등으로 플라스틱의 보강재료로 사용된다.

성형 가압을 할 경우에는 공기가압, 기계 가압의 방법을 사용하며, 사출 방법에는 주입방법, 금형 방법, 연속 압출 방법 등이 있다.

[2] 플라스틱 적층판

플라스틱 적층판은 플라스틱을 삼투(滲透)한 판(plate)을 겹쳐놓고 가열 압착시킨 것이며, 나무를 기초 판으로 하여 베니어 판 모양으로 적층한 것과 금속판을 기초 판으로 한 적층판이 구조용 재료로 사용된다.

베이클라이트 적층 재료는 페놀수지를 면포(綿布) 또는 그라프트지로 보강한 것이다. 면포 적층 재료는 기어재료로 사용된다.

또 화장판(化粧板)에는 멜라민 수지의 축합물(縮合物)을 삼투시킨 종이를 압축한 것이나 폴리에스테르 수지를 이용한 것 등이 있다.

그리고 금속을 기초 판으로 한 적층 재료에는 염화비닐 금속판 등이 있다. 또 최근에는 플라스틱 라이닝(plastic lining)이 각광을 받고 있는데 이것은 강철의 결점인 물 또는 약품에 대한 내부식성을 높이기 위해 사용한다.

라이닝 방법은 페인트용 솔, 스프레이용 롤러, 분말 스프레이 또는 플라스틱 시트의 접착제를 이용한 접합 등이 쓰인다.

라이닝에는 열가소성 플라스틱, 열경화성 플라스틱 및 강화 플라스틱 등이 사용된다.

2. 금속강화 복합재료와 세라믹 복합재료

높은 온도에서 제조를 하거나 사용할 때에는 세라믹(ceramic)과 금속과의 고용체가 필요하다. 탄화물(TiC, WC)은 고용성이 크기 때문에 금속이 용융된 상태일 때 단화물로 용해되지만 상온에서 냉가시키면 석출(析出)된다.

Al_2O_3(알루미나)와 철(Fe)또는 크롬(Cr)과 서멧(cermet)에서는 철(Fe)과 크롬(Cr)은 산소가 용해되어 Al_2O_3에 FeO 또는 Cr_2O_3가 용해되므로 서로 친화성이 발생한다. 이를 위해 제조할 때 산소의 분압(分壓)을 조정하는 것이 중요하다.

3. 금속접합 복합재료

한 가지 금속으로 사용목적에 적합한 성질을 얻을 수 없는 경우에는 금속과 금속을 접합한 복합재료를 사용한다.

이 금속 복합재료는 복합(composite), 피복(coated) 및 접합(clad) 등의 3가지를 포함한 말이며, 2종류 이상의 금속을 결합하여 목적에 적합한 재료를 얻는 것이다.

이때는 단접이나 납땜으로 접합하는 작업 이외에 표면을 전기도금, 스프레이, 세라다이징, 칼로다이징 등을 사용하는 방법과 클래드(clad) 방법이 있다.

금속접합 복합재료의 제조 방법에는 냉간압접 압연 방법, 열간압접 압연 방법 등이 널리 사용되며, 그 밖에 폭발 압접 방법이 있다.

4. 섬유강화 플라스틱의 자동차 스프링에의 응용

섬유강화 플라스틱 코일스프링은 성형의 어려움, 일관되지 않은 응력분포에 알맞은 섬유배열의 어려움 등으로 아직까지는 연구단계에 있다.

섬유강화 플라스틱의 성형 방법에는 여러 가지가 있으며, 판스프링 생산에는 매치드 다이(matched die) 방법, 필라멘트 와인딩(filament winding) 방법, 연속인발 방법 등이 사용되고 있다.

매치드 다이 방법과 필라멘트 와인딩 방법은 소량생산에 적합하고, 연속인발 방법은 연속작업이 가능하기 때문에 생산성이 높으며, 대표적인 방법이 펄트루션 방법이다.

섬유강화 플라스틱을 스프링 재료로 사용할 때 다음과 같은 장점이 있다.

① 가볍다-섬유강화 플라스틱의 비중은 강철의 약 1/3~1/4 정도이다.

② 비탄성 에너지가 크다-유리섬유 강화 플라스틱이나 탄소섬유 강화 플라스틱의 비탄성 에너지는 강철의 약 6배 정도이다.

③ 내부식성이 크다.

④ 설계의 자유도가 크다-섬유 함유율과 섬유배열 방향을 변화시켜 가로탄성계수 등의 특성을 변화시킬 수 있다. 또 성형성능이 우수하기 때문에 희망하는 모양으로의 설계가 가능하다.

이에 비해 다음과 같은 단점을 지니고 있다.

① 이방성이다-섬유로 강화되므로 섬유방향만 강화된다. 따라서 한쪽 방향으로만 강화된 판 스프링의 경우 세로방향의 강성이 약해진다.

② 피로강도가 낮다.

③ 층간 전단강도가 낮다.

④ 가로탄성계수가 낮다.

⑤ 내열강도가 낮다.

연습문제

1. 강화유리란 보통판유리를 600℃ 정도의 가열온도로 열처리한 것인데 다음 중 그 특징이라고 볼 수 없는 것은?
   ① 유리파편의 경정질이 크다.
   ② 유리의 강도가 크다.
   ③ 곡선유리의 자유화가 쉽다.
   ④ 안전성이 높다.

2, 천연고무와 비슷한 성질을 가진 합성고무로 천연고무보다 내유성, 내산성, 내열성이 더 우수하여 가스켓 재료로 많이 사용되는 것은?
   ① 모넬메탈　　② 글라스 울
   ③ 네오프렌　　④ 세크라 울

3. 탄소강의 표준 조직이 아닌 것은?
   ① 페라이트　　② 마텐사이트
   ③ 펄라이트　　④ 시멘타이트

4. 용접 후 열처리의 목적으로 틀린 것은?
   ① 수소 등의 가스 흡수
   ② 용접 열영향 경화부의 연화
   ③ 용접부의 연성 및 인성 향상
   ④ 잔류 응력의 완화와 치수 안전화

5. 시멘타이트를 구상화하는 구상화 풀림의 효과로 옳은 것은?
   ① 인성 및 절삭성이 개선된다.
   ② 잔류 응력이 커진다.
   ③ 조직이 조대화 되며 취성이 생긴다.
   ④ 별로 변화가 없다.

6. 특수 황동의 종류에 속하지 않는 것은?

① 에드미럴티 황동　② 네이벌 황동
③ 쾌삭 황동　④ 코어손 황동

7. 다음 금속 중 면심입방격자(FCC)에 속하는 것은?

① 니켈　② 크롬
③ 텅스텐　④ 몰리브덴

8. 재료의 조질도 기호에서 풀림상태(연질)를 표시하는 기호는?

① H　② A
③ B　④ 1/2H

9. 강의 충격 시험시의 천이 온도에 대해 가장 올바르게 설명한 것은?

① 재료가 연성 파괴에서 취성 파괴로 변하는 온도 범위를 말한다.
② 충격 시험한 시편의 평균 온도를 말한다.
③ 천이온도가 낮은 강을 노치강도가 날카롭다고 한다.
④ 천인온도가 높은 강을 노치인성이 풍부하다고 한다.

10. KS에서 일반 구조용 압연강재의 종류를 나타낸 기호는?

① SS400　② SM45C
③ SWS400　④ SPC

1 ①
2 ②
3 ②
4 ①
5 ①
6 ④
7 ①
8 ②
9 ①
10 ①

CHAPTER

12 재료역학

재료역학(strength of materials)은 기계나 구조물에 외력(外力)이 가해진 경우에 그 구성부품에 미치는 인장, 압축, 휨, 비틀림 등의 작용과 이로 이해 부품내부에 발생하는 응력 및 변형을 연구하는 분야이다.

기계 및 구조물의 강도 설계에 기초가 되며 기계의 어느 부분이 사용 중에 파괴되거나 또는 과도한 변형을 일으키지 않고 또 파괴를 우려하여 비경제적으로 치수를 너무 크게 하는 일없이 기능에 따라 적합한 치수를 결정하는데 필요하다. 즉 기계나 구조물의 설계를 가장 합리적이고 경제적으로 하기 위한 것이다.

재료역학은 실험적인 면과 이론적인 면이 있으며, 또 후크의 법칙에 따르는 재료를 다루는 경우와 그렇지 않은 재료를 다루는 경우가 있다.

12-1 응력 및 변형률

1. 하중의 종류

기계부품에 외부에서 작용하는 힘 즉 외력을 재료역학에서는 하중(load)이라 한다. 하중에는 힘이 작용하는 방법이나 양상에 따라 다음과 같다.

[1] 하중의 작용상태에 따른 분류

(1) 인장하중(tensile load)

그림 12-1 (a)의 Pt와 같이 재료를 축선(軸線)을 따라 잡아당기는 작용을 하는 하중이다.

(2) 압축하중(compressive load)

그림 12-1 (b)의 Pc와 같이 재료를 축선을 따라 눌러서 압축하는 것처럼 작용하는 하중이다.

(3) 전단하중(shearing load)

그림 12-1 (c)의 Ps와 같이 재료를 가로방향으로 밀어내면서 가위로 자르는 것과 같이 작용하는 하중이다.

(4) 비틀림 하중(torsional load)

그림 12-1 (d)의 Ptw와 같이 재료를 비트는 것과 같이 작용하는 하중이다.

(5) 휨 하중(bending load)

그림 12-1 (e)의 P_B와 같이 재료를 구부리는 것과 같은 작용을 하는 하중이다.

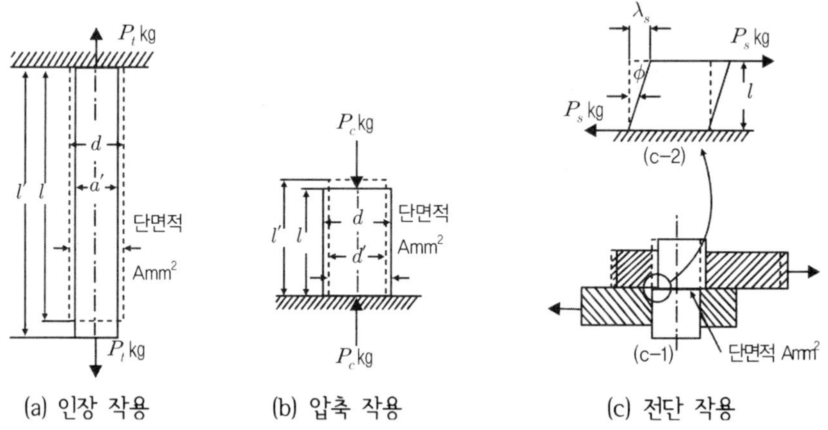

(a) 인장 작용 (b) 압축 작용 (c) 전단 작용

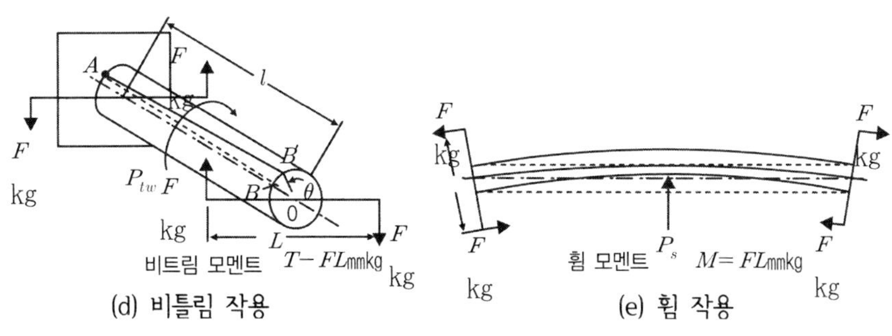

【그림 12-1 하중이 부품에 가하는 작용】

[2] 하중 분포상태에 따른 분류

(1) 집중하중(concentrated load)

하중이 작용하는 장소가 좁아 점이나 선에 가까운 경우의 하중이다.

(2) 분포하중(distributed load)

하중이 넓은 범위(장소)에 걸쳐 작용하는 하중이다.

[3] 하중의 값이 시간적으로 변화하는 상황에 따른 분류

(1) 정하중(static load or dead load)

하중의 크기와 방향이 시간과 더불어 변화하지 않거나 또는 변화가 매우 완만한 하중이다.

(2) 동하중(dynamic load or live load)

하중의 크기나 방향이 시간과 더불어 변화하는 하중이며, 그 상태에 따라 다음과 같이 분류한다.

① 충격하중(impact load) : 시간에 대한 하중의 크기 변화가 매우 극단적으로 큰 하중이다.

② 반복하중(repeated load) : 하중의 크기는 끊임없이 변화하나 방향은 변화하지

않고 연속적으로 반복되는 하중이다.

③ 교번(交番)하중(alternated load) : 하중의 방향이 끊임없이 변화하는 하중. 즉 인장, 압축 등이 번갈아 작용하는 하중이다.

④ 이동하중(traveling load) : 물체 위를 이동하면서 작용하는 하중이다.

12-2 응력(stress)

기계부품에 인장, 압축 등의 외력(하중)이 작용할 때 부품의 내부에 발생하는 저항력을 내력(內力, internal force) 또는 응력이라 한다.

외력이 작용하면 이에 따라 부품은 약간의 변형을 일으킴과 동시에 내부에는 저항력이 발생하여 외력에 저항한다.

이때 어느 정도의 외력에 대해서는 부품이 파단되거나 변형이 심하게 되지 않으나 외력이 커지면 변형이 커지고, 내부의 저항력보다 다 큰 외력을 가하면 부품의 일부에 균열이 발생하거나 또는 부품이 파단하게 된다.

실제로 중요한 것은 운전 중에 기계부품이 어느 정도의 저항력(응력)으로 일을 하느냐를 알아야 하며, 이것은 단위 면적에 대한 내부 저항력의 값을 가지고 나타내는데, 이것을 응력이라 하며 다음 공식으로 나타낸다.

$$\sigma = \frac{P}{A}[\mathrm{kgf/cm^2}]$$

여기서, σ : 응력,

P : 외력[kgf]

A : 단면적[cm^2]

응력은 작용하는 하중의 종류에 따라 분류하면 다음과 같다.

(1) 인장 응력(tensile stress)

그림 12-2 (a)와 같이 막대의 양끝에 인장하중이 작용할 때 발생하는 응력이다.

(2) 압축 응력(compressive stress)

그림 12-2 (b)와 같이 막대의 양끝에 압축 하중이 작용할 때 발생하는 응력이다.

(3) 전단 응력(shearing stress)

그림 12-2 (c)와 같이 전단 하중이 재료를 어느 단면을 따라 미끄러지도록 작용하는 경우에 발생하는 응력이다.

단면 안에 전단 응력이 균일하게 분포한다고 생각하면 그 값은 다음 공식으로 나타낸다.

$$\tau = \frac{F}{A}$$

여기서, τ : 전단응력

F : 전단 하중

A : 단면적

(4) 휨 응력(bending stress)

그림 12-2 (d)와 같이 양끝을 지지한 막대의 중앙에 축선과 직각으로 하중이 작용할 때 발생하는 하중이다. 이때 인장 응력과 압축 응력이 동시에 발생한다.

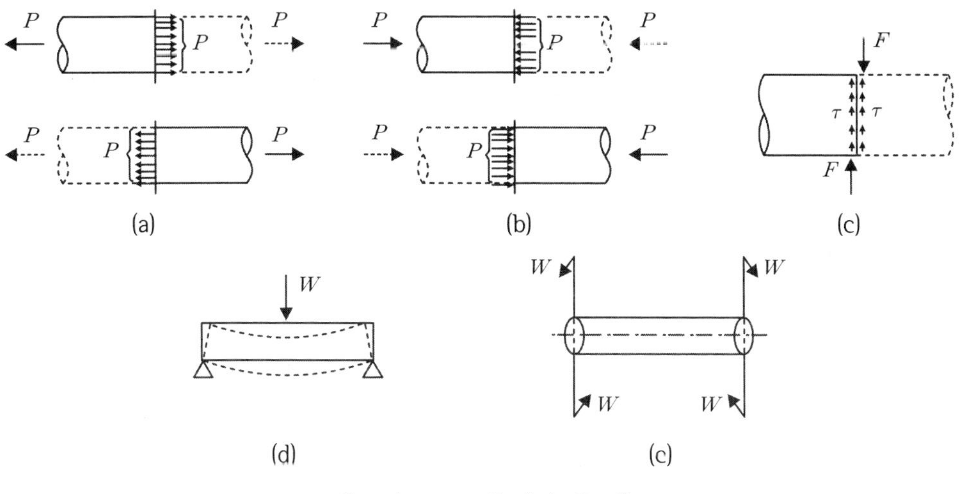

【그림 12-2 응력의 종류】

(5) 비틀림 응력(torsional stress)

막대 모양의 부품에 비틀림 모멘트의 작용으로 발생하는 응력이다. 이것은 전단 응력과 같이 나란히 발생하는 응력이다.

(6) 허용 응력과 안전율

기계를 설계할 때 그 사용 상태를 잘 생각하여 생기는 응력이 안전한 값 이하로 되게 설계하여야 한다.

이와 같은 일정한 한도의 응력을 허용 응력(allowable stress)이라 한다. 재료가 파괴될 때까지의 최대 응력, 즉 극한 강도를 허용 응력으로 나눈 값을 안전율이라 한다.

$$\text{안전율} = \frac{\text{극한강도}}{\text{허용응력}}$$

그리고 재료가 반복하중을 받는 경우의 안전율은 다음 공식으로 나타낸다.

$$\text{안전율} = \frac{\text{크리프한도}}{\text{허용응력}}$$

① 탄소강 재료를 사용하는 경우의 사용응력, 허용응력, 탄성한도의 관계는 탄성한도>허용응력≧사용응력이다.

② 안전율을 결정하는 요소에는 재료의 품질, 하중과 응력 계산의 정확성, 하중의 종류에 따른 응력의 성질 등이 있다.

③ 탄성한도 내에서 인장하중을 받는 봉의 허용 응력이 2배가 되면 안전율은 처음에 비해 1/2배가 된다.

12-3 변형률(變形率)

완전한 강체(剛體, rigid body)는 존재하지 않으며, 공업용으로 사용하는 재료는 하중을 받으면 변형한다. 이 변형의 정도는 내력을 단위 면적에 대해 나타낸 것과 같이 단위치수에 대한 변형량으로 나타낸다.

이 변령량(늘어나거나 줄어든 길이)과 처음 길이와의 비율을 변형률(strain)이라 한다. 그림 12-3 (a)와 같이 길이가 l, 지름이 d인 막대가 인장 하중을 받아 길이가 $l' = l + \Delta l$로 되었다면 변형률은 다음 공식으로 나타낸다.

$$\varepsilon = \frac{\Delta l}{l}$$

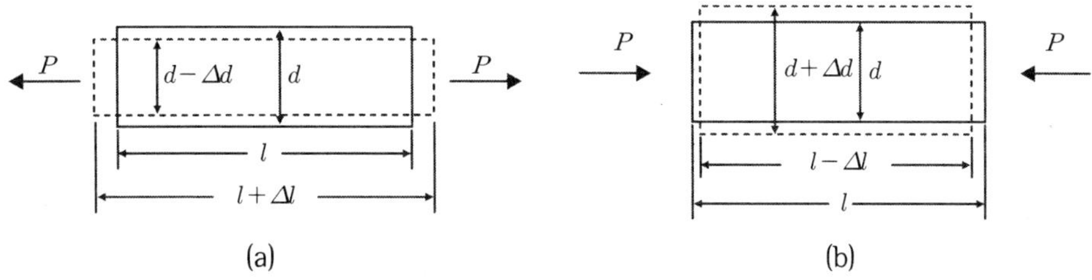

【그림 12-3 변형률】

막대가 늘어나므로, 이것을 인장 변형률(tensile strain)이라 하고, 그림 12-2 (b)와 같이 압축하중이 작용하면 변형은 그림 12-2 (a)의 반대방향으로 생겨 막대는 줄어들므로 이것을 압축 변형률(compressive strain)이라 하고 위 공식으로 나타낸다.

인장하중이나 압축하중을 받아 발생하는 변형률은 모두 재료의 축선 방향의 변형이므로 이것을 통틀어 세로 변형률(longitudinal strain)이라 하고 계산에서는 인장 변형률을 (+), 압축 변형률을 (-)로 나타낸다. 그림 12-3과 같이 축 방향의 하중을 가하면, 막대에는 세로 변형과 동시에 지름의 변화 $\Delta d = d - d'$가 발생하므로 이 방향의 변형률을 가로 변형률(lateral strain)이라 하고 다음 공식으로 나타낸다.

$$\varepsilon' = \frac{\Delta d}{d}$$

전단응력에 의해 발생하는 변형률을 전단 변형률(shearing strain)이라 하고, 그림 12-4와 같이 그림 12-2 (c)의 전단부분을 확대하여 고려하면 전단력 F에 의해 물체 안의 l만큼 떨어진 평행한 2평면 AB, CD의 CD면이 AB면에 대해 e만큼 어긋난다고 하면 다음 공식으로 전단 변형률을 나타낸다.

$$r = \frac{e}{l}$$

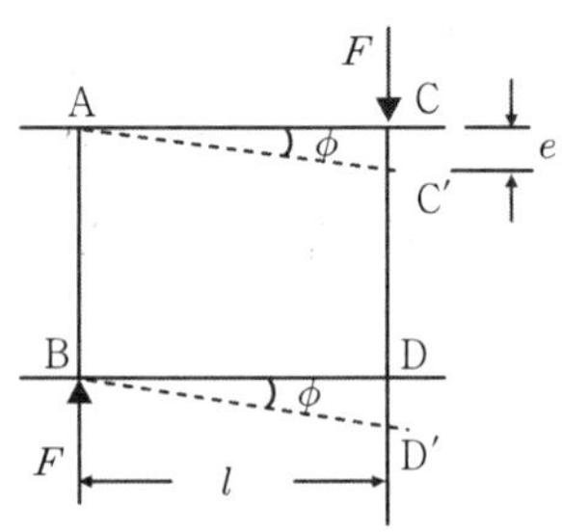

【그림 12-4 전단 변형률】

그림 12-4에서 $\frac{e}{l} = \frac{CC'}{AC} = \tan\Phi$이고 재료역학에서 다루는 변형률은 일반적으로 매우 작기 때문에 다음 공식으로 해도 된다.

$$r = \tan\Phi \fallingdotseq \Phi$$

부피의 변형률을 고려하면 물체의 부피 V가 응력의 작용을 받아 ΔV의 체적변화가 발생한 경우에, 부피의 변형량과 하중을 받기 전의 원래 부피와의 비율을 부피 변형률(volumetric strain or bulk strain)이라 하며 다음 공식으로 나타낸다.

$$\varepsilon_V = \frac{\Delta V}{V}$$

그림 12-5에서 한 변이 l인 입방체가 각 면에 σ_1, σ_2, σ_3의 수직 응력을 받아 각 변의 길이가 직각 $l(1+\epsilon_1)$, $l(1+\epsilon_2)$, $l(1+\epsilon_3)$로 늘어났다고 하면, 처음의 부피는 $V = l^3$이므로 다음 공식이 된다.

$$\epsilon_V = \frac{\Delta V}{V} = \frac{l^3(1+\epsilon_1)(1+\epsilon_2)(1+\epsilon_3) - l^3}{l^3}$$

$$\fallingdotseq \epsilon_1 + \epsilon_2 + \epsilon_3$$

부피 변형률은 세로 변형률을 합한 값과 같다.

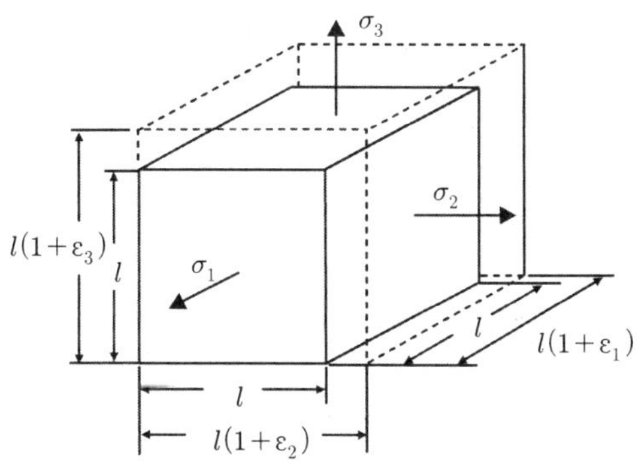

【그림 12-5 부피 변형률】

12-4 후크의 법칙과 복합 원리

재료의 "응력 값은 어느 한도(비례한도) 이내에서는, 응력과 이로 인해 발생하는 변형률은 비례한다."는 후크의 법칙(Hook's law)은 다음 공식으로 나타낸다.

이것은 영국인 로버트 후크(Robert Hooke)가 1678년에 스프링 실험에서 발견한 것이다.

$$\frac{\sigma}{\varepsilon} = C$$

여기서, σ : 응력

ϵ : 변형률

C : 비례상수

그림 12-6과 같이 세로축에 ϵ를 나타내고, 가로축에 σ를 나타내면 이 관계는 경사가 C인 직선이 된다. 이 법칙은 간단하나 중요한 것으로 재료역학의 탄성 계산은 거의 이 법칙이 적용된다.

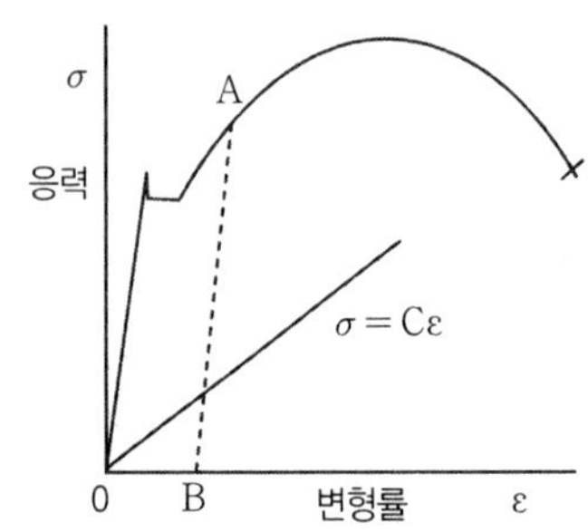

【그림 12-6 응력-변형률 선도】

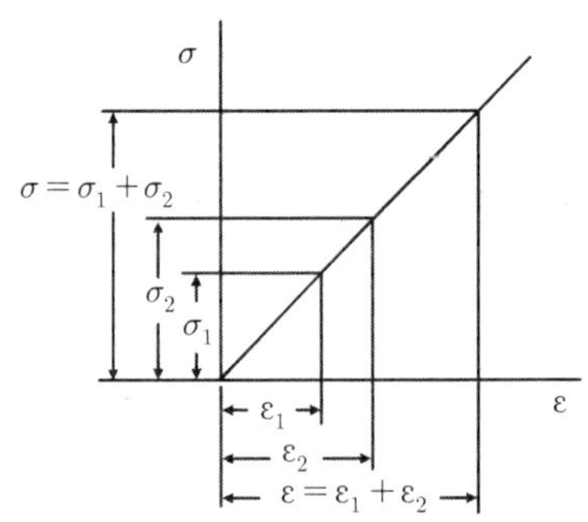

【그림 12-7 복합의 원리】

그림 12-6에서 곡선 OA는 연강(鍊鋼)의 응력-변형의 관계를 나타내고 직선 부분은 처음의 일부분이기는 하나 이 부분에서는($\frac{\sigma}{\varepsilon} = C$)를 적용할 수 있고 또 실제의 구조에서는 대부분의 경우에 이 부분을 사용한다.

그림 12-6의 점선 AB는 점 A에서 하중을 제거한 경우의 응력-변형 관계를 나타내며, 하중을 가할 때의 OA와는 다른 경로를 거치는데 이 현상을 히스테리시스(hysterisis)라 한다. 이것은 탄성 범위에서는 일반적으로 문제가 되지 않는다.

응력-변형률 관계가 후크의 법칙에 따라 직선 관계를 유지한다면 계산하는데 매우 유용한 원리를 적용할 수 있다.

이것은 복합의 원리(principle of superposition)이며 그림 12-7과 같이 어느 물체에 응력 σ_1, σ_2가 작용하여 각각 변형률 ϵ_1, ϵ_2가 발생한다면 $\sigma = \sigma_1 + \sigma_2$가 작용한 경우는 변형률은 $\epsilon = \epsilon_1 + \epsilon_2$로 되어 각각 계산한 값을 합하면 된다.

여러 가지 하중이 작용하여 계산이 복잡한 경우에는 이 원리를 적용한다.

12-5 허용 응력과 안전계수

기계나 구조물을 안전하게 사용하기 위해 각 부품이나 또는 부재(部材)에 발생하는 응력이 안전함 범위 내에 있어야 한다.

이와 같이 안전 상 허용할 수 있는 응력을 허용 응력(allowable stress)이라 한다.

허용 응력은 각 재료에 대해 여러 가지 시험에서 구한 기준 강도의 몇 분의 1로 잡고, 이 몇 분의 1을 나타내는 수치를 안전계수 또는 안전율(safety factor)이라 하며 다음 공식으로 나타낸다.

$$\text{허용응력} = \frac{\text{기준강도}}{\text{안전계수}}$$

안전계수를 정하는 방법은 기계나 구조물의 사용 상태, 하중의 상태, 마모, 부식 등 많은 조건을 고려하여야 한다.

12-6 탄성계수

탄성계수(탄성률)에는 응력과 변형률의 종류에 따라 다음과 같은 것이 있다.

1. 세로 탄성계수

막대의 단순한 수직 응력과 세로 변형률 관계에서 공식($\frac{\sigma}{\varepsilon} = C$)의 후크의 법칙을 적용한 경우의 비례상수(C)를 세로 탄성계수(또는 탄성률, modules of longitudinal elasticity) 또는 영 계수(또는 영률, Young's modules)라 하고, 일반적으로 E로 나타낸다.

길이가 l인 막대에 가하는 축하중을 P로 하고, 막대의 가로 단면적을 A, 막대의 신축량을 Δl로 하면 E는 다음 공식으로 나타낸다.

E의 단위는 kgf/cm^2를 사용하고, 강철은 $2.1 \times 10^6 kgf/cm^2$이다.

$$E = \frac{\sigma}{\varepsilon} = \frac{Pl}{A\Delta l}$$

2. 전단 탄성계수

단순한 전단 응력과 이에 따른 전단 변형률에 관한 후크의 법칙의 비례상수를 전단 탄성계수(modules of shearing elasticity, modules of rigidity) 또는 가로 탄성계수(modules of transverse elasticity)라 하며, 일반적으로 G로 나타낸다.

$$G = \frac{\tau}{\gamma}$$

여기서, G : 전단(가로) 탄성계수

τ : 전단응력[kgf/cm^2]

γ : 전단 변형률

3. 체적 탄성계수

물체가 예를 들어 정수압(靜水壓)속에 있는 경우와 같이 전체 표면에 작용하는 균일한 압력 P에 의해, 공식($\varepsilon_V = \frac{\Delta V}{V}$)로 나타낸 체적 변형률이 발생한다고 하면 P와 체적변화 ΔV의 관계에서 체적 탄성계수(modules of volumetric elasticity, bulk modules) K는 다음 공식으로 나타낸다.

$$K = \frac{P}{\varepsilon_V} = \frac{PV}{\Delta V}$$

4. 프와송 비(比)

그림 12-3에 나타낸 단순 인장에서 세로 변형률 ϵ와 가로 변형률 ϵ'는 각각 공식 $\varepsilon = \frac{\Delta l}{l}$, $\varepsilon' = \frac{\Delta d}{d}$ 로 나타내는데 이 세로 변형률과 가로 변형률과의 비율은 동일한 재료에서는 일정하다.

이를 프와송 비(poisson's ratio)라 하고 다음 공식으로 나타낸다.

$$\mu = \frac{1}{m} = \frac{\varepsilon'}{\varepsilon} = \frac{\text{가로 변형률}}{\text{세로 변형률}}$$

여기서, μ : 프와송 비

이 프와송 비 $\frac{1}{m}$은 항상 1보다 작은 값을 지니며, 이 역수(逆數) m을 프와송 수(poisson's number)라 한다. 금속재료는 프와송 비가 약 0.3 정도이다.

m의 값은 일반적으로 2~4 성노이다.

12-7 열응력

물체는 일반적으로 온도의 변화를 받으면 팽창 또는 수축한다. 그 정도는 재료에 따라서 다르나 선팽창 계수(coefficient of linear expansion) α에 따라, 즉 온도 1℃의 변화로 발생하는 물체의 단위 길이에 대한 신축량으로 나타낸다.

물체의 온도 변화에 따른 변형이 저지되면, 그 저지된 변형량 만큼 하중을 받아 변형한 것과 같게 되어 이에 상당한 응력이 물체 내에 발생한다.

이 응력을 열응력(thermal stress)이라 한다.

예를 들면 양끝이 벽에 고정된 길이 l의 막대가 온도 t_1℃에서 t_2℃로 가열되면 자유로운 상태에서는 막대의 길이는 $\alpha(t_2-t_1)l$로 변화하므로 변형률은 다음과 같이 된다.

$$\varepsilon = \frac{\alpha(t_2-t_1)l}{l} = \alpha(t_2-t_1)$$

이 변형률이 발생한 만큼 막대는 벽에 의해 압축된다고 생각하면 발생하는 응력은 E를 세로 탄성계수로 하면 다음 공식이 된다.

$$\sigma = E\alpha(t_2-t_1)$$

12-8 충격 응력

물체에 충격적으로 하중이 작용하면 조용히 작용하는 경우보다 큰 응력이 순간적으로 발생한다. 이 순간적인 응력의 최댓값을 충격 응력(impact stress)이라 한다.

충격 응력을 구하는 방법은 충돌하는 물체가 충돌하기 전에 지니고 있는 에너지가 피충돌 물체에 변형 에너지로 모두 흡수된 것으로 생각하고 구하는 것이 일반적이다.

충격 응력에는 여러 가지가 있으나 여기서는 인장 충격에 대해 설명한다. 그림 12-8과 같이 길이가 l이고, 단면적이 A인 막대의 위 끝은 고정하고 아래 끝에 받침을 대고 무게가 W인 추를 h의 높이서 낙하시키면 순간적으로 막대에 충격 응력이 발생함과 동시에 연신 Δl이 발생한다.

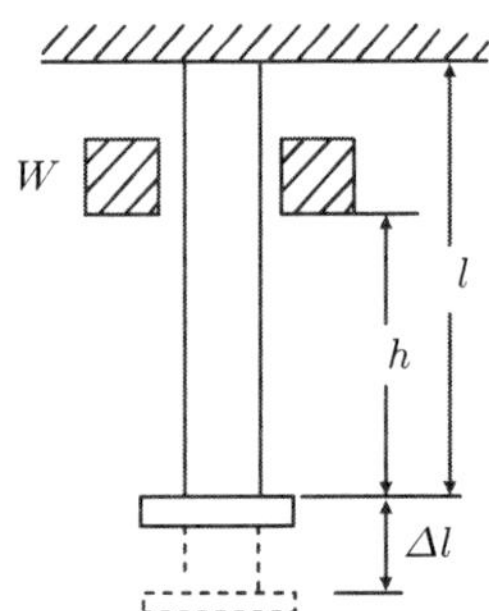

【그림 12-8 충격 응력】

막대 및 받침의 무게를 무시하고 추 W가 한 일 $W(h+\Delta l)$이 막대의 변형 에너지로 흡수되었다면, $W=(h+\Delta l)=\dfrac{\sigma A \Delta l}{2}$가 된다.

여기서 $\Delta l=\dfrac{\sigma l}{E}$이므로 $W=\dfrac{(h+\sigma l}{E})=\dfrac{\sigma^2 Al}{2E}$가 되고 따라서 다음 공식이 된다.

$$\sigma^2-Al-2\sigma Wl-2EWh=0$$

$$\therefore\ \sigma=\frac{W}{A}\left(1+\sqrt{1+\frac{2EAh}{Wl}}\right)$$

이 공식에서 정적(靜的)으로 W를 가한 경우의 막대의 응력 $\sigma o = \frac{W}{A}$ 및 연신 $\Delta lo = \frac{Wl}{AE}$를 대입하면 다음과 같다.

$$\sigma = \sigma o\left(1+\sqrt{\frac{1+2h}{\Delta lo}}\right)$$

$$\Delta l = \frac{\sigma l}{E} = \Delta lo\left(1+\sqrt{\frac{1+2h}{\Delta lo}}\right)$$

이 두 공식에서 h=0으로 하면 $\sigma = 2\sigma o$, $\Delta l = 2\Delta lo$가 된다.

즉 추를 받침에 매우 가까운 위치에서 낙하시켜도 정적으로 하중을 가한 경우보다 2배의 응력 및 연신이 발생한다.

12-9 응력 집중

기계부품에는 기능상 홈, 구멍, 단(段) 등의 노치(notch) 부분을 만들게 되며, 이 때문에 단면이 급격하게 변화하는 경우가 있다.

또 단면 모양이 다른 부분을 둥글게(rounding)하는 경우가 있다. 하중이 작용하면 이러한 모양으로 된 부분에는 다른 부분에 비해 큰 응력이 발생하며, 이것을 응력 집중(stress concentration)이라 한다.

이것은 때로는 파손이나 균열의 원인이 된다. 응력 집중에 대한 최내 탄성응력과 외견상의 평균 응력과의 비율을 응력 집중 계수(stress concentration factor) 또는 형상 계수라 한다.

취성 재료의 경우에는 응력 집중이 있으면 하중이 정적이든 동적이든 응력 집중이 없는 경우보다 약해지나, 연성(延性)재료는 정적 하중에 대해 응력 집중이 있는 편이 없는 경우보다 강해진다. 그러나 동적 하중에는 약해진다.

이 응력 집중은 광(光)탄성 실험(photoelastic experiment)이나 변형률 측정기(strain gauge) 등으로 변형률을 측정하거나 그 밖의 실험 방법 및 탄성 계산을 하여 구한다.

12-10 보(beam)

막대 모양의 물체를 적당한 방법으로 지지하고 그 길이 방향에 대해 직각으로 하중을 가하면 물체는 휘어진다. 이와 같이 휨 작용을 받는 막대나 길이가 긴 판 등을 보(beam)라 한다.

보의 길이 방향(세로 축선)이 곧은 것을 곧은 보(straight beam)라 하고, 곡선으로 된 것을 굽은 보(curved beam)이라 한다.

1. 보의 종류

보의 종류는 그림 12-9와 같이 그 지지 방법이나 삭용하는 하중에 따리 분류하는 다음과 같다.

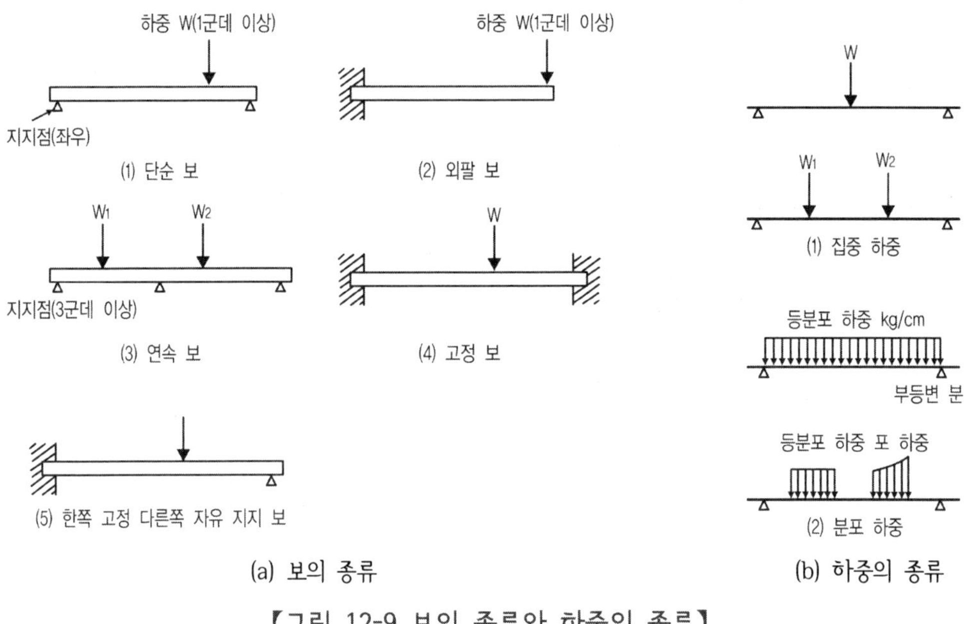

【그림 12-9 보의 종류와 하중의 종류】

[1] 외팔보(cantilever)

보의 한 끝이 고정되고 다른 끝이 자유롭게 되어 있는 보를 말한다.

[2] 단순보(simple beam, 양단 지지보)

양끝을 자유롭게 지지한 보를 말한다.

[3] 고정보(fixed beam)

양끝이 고정된 보이며, 이 보는 하중이 작용하여도 양끝의 방향이 변화하지 않는다.

[4] 내다지보(overhang beam)

보의 일부가 지지점의 바깥으로 나와 있는 보를 말한다.

[5] 연속보(continuous beam)

3곳 이상의 점에 지지된 보를 말한다.

보에 작용하는 하중은 그림 12-9 (b)와 같이 집중 하중(concentrated load)과 분포 하중(distributed load)으로 크게 나눈다.

그 밖에 모멘트 하중 및 충격 하중이 있다. 보는 수평으로 설치하여 사용하는 경우가 많으며, 이 때 보의 자체중량도 하중이 되나 영향이 적기 때문에 무시한다. 만약 필요한 경우에는 분포 하중으로 취급한다.

그리고 보를 지지한 점을 지지점(support)이라 하고, 지지점과 지지점 사이의 거리를 스팬(span)이라 한다.

2. 지지점의 반력

보에 하중이 작용하면 지지점에는 이에 대한 반력(反力, reaction)이 작용하여 하중과 균형을 이룬다.

즉 지지점을 눌러 내리려고 하는 하중과 균형을 이루기 위해 지지점에 작용하는 밀어 올리는 힘(지지력)을 반력이라 한다.

그림 12 10 (a)와 같이 외팔보의 경우는 반력 R은 하중 W와 같고 그림 (b)의

양끝을 지지한 보는 $R_1 + R_2 = W$이고, 모멘트 균형 관계에서 $R_1 l = Wb$ 또는 $R_2 l = Wa$로 되어 다음과 같이 된다.

$$R_1 = \frac{b}{l}W, \quad R_2 = \frac{a}{l}W$$

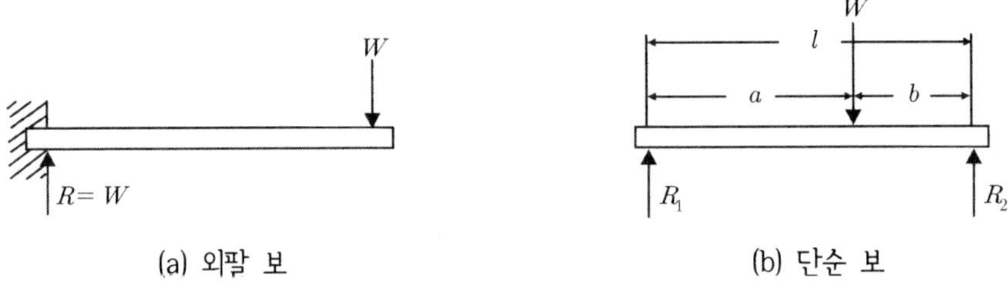

(a) 외팔 보　　(b) 단순 보

【그림 12-10 보의 지지점에서의 반력】

3. 보의 휨 모멘트

그림 12-11 (a)에서 지지점 A로부터 임의의 거리 x에 있는 점에 대해 생각하면 이 점의 오른쪽에 있는 힘에 의해 한쪽으로 굽히려고 하는 모멘트가 작용하고, 동시에 왼쪽에 있는 힘에 의해 이것과 같은 크기로 반대방향으로 굽히려고 하는 모멘트가 작용하여 균형을 유지한다(그림 b).

이와 같이 보에 작용하여 굽히려고 하는 모멘트를 휨 모멘트(bending moment)라 한다. 계산을 할 때에는 보의 위쪽이 볼록하게 되도록 작용하는 휨 모멘트를 (+)로 하고, 위쪽을 오목하게 하는 휨 모멘트를 (-)로 한다.

그림 12-11의 AC 사이에 있는 임의의 점에서의 휨 모멘트를 계산하면, 이 점의 왼쪽에 있는 반력 $R_1 = \frac{b}{l}W$에 의해 다음 휨 모멘트를 받는다.

$$Mx = -R_1 x = -\frac{b_x}{l}W$$

이 공식에서 x=0 즉 A점에서는 휨 모멘트가 0이고, $x = a$, 즉 하중이 작용하는 점에서 $Mc = -\frac{ab}{l}W$로 되며, A에서 C로 향해 Mx는 직선적으로 증가한다.

또 CB 사이의 임의의 점에 대한 휨 모멘트를 생각하면, 위와 같은 방법으로 다음 공식이 된다.

$$Mx = -R_1x + W(x-a)$$

하중이 작용하는 점에서 $x = a$이므로 $Mc = -\frac{ab}{l}W$, $x = l$에서 $M_B = 0$이 된다. 이 구간의 휨 모멘트는 C점에서 B점으로 향하여 직선적으로 감소하는 것을 알 수 있다.

따라서 이 보에서는 하중이 작용하는 점이 휨 모멘트가 가장 크고, 보가 이 점에서 가장 크게 굽는 것을 알 수 있으며, 보의 단면 모양이 균일하면 이 점이 가장 위험을 받는다.

위에서 설명한 휨 모멘트의 분포를 그림으로 나타내면 그림 12-11 (C)와 같이 되며, 이것을 휨 모멘트 선도(bending moment diagram)라 한다. 하중이 1개 이상 또는 분포 하중인 경우에도 같은 방법으로 휨 모멘트 선도를 만들 수 있다.

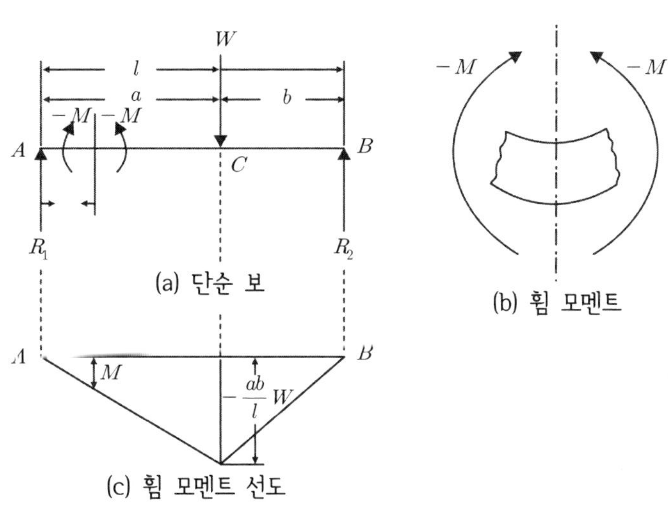

【그림 12-11 보의 휨 모멘트】

4. 보의 굽힘 응력

그림 12-12와 같은 보에 굽힘 모멘트를 작용시키면 ac 쪽은 인장을 받고, bd쪽은 압축되어 굽힘 응력이 발생한다. 그러나 중립면은 아무런 변화가 없으며, 이 면을

기준으로 하여 거리 y에 비례하여 응력이 커진다.

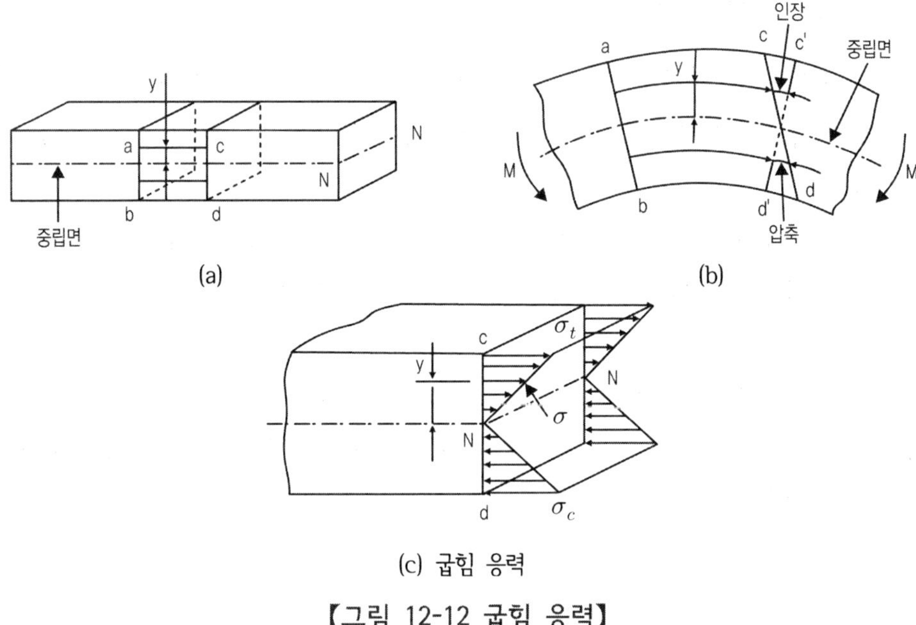

(c) 굽힘 응력

【그림 12-12 굽힘 응력】

인장 쪽의 최대 응력은 그 바깥의 응력 σ_t이며, 압축 쪽의 최대 응력은 그 바깥쪽 응력 σ_c이다.

단면의 모양이 중립축에 대해 대칭이면 σ_t와 σ_c의 크기가 같아지므로 이것을 σ_b로 하면

$$\sigma_c = \frac{M}{Z}$$

여기서, Z는 단면 계수라 하고, 그 값은 단면의 모양과 치수에 따라 결정되며, 길이의 3승 단위를 쓴다.

위 공식에서 바깥 응력 σ_b는 단면계수 Z에 반비례하므로 Z가 큰 보(beam)일수록 굽힘 작용에 대해 강해진다.

번호	1	2	3	4
단면	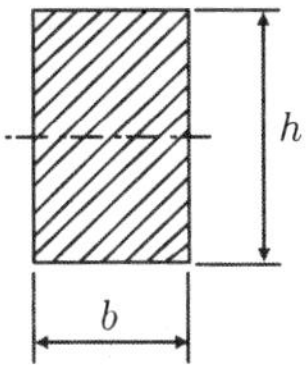	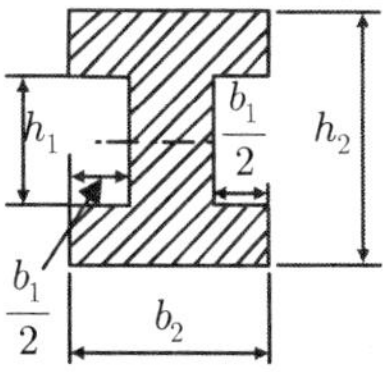	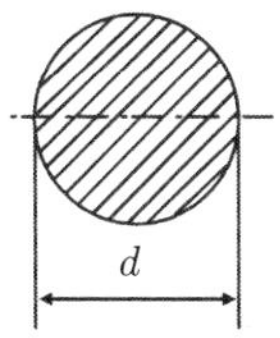	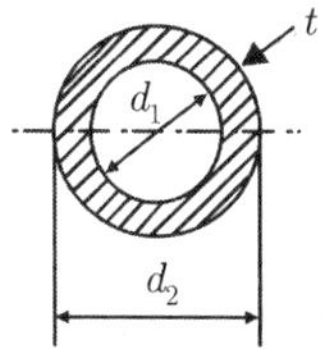
Z	$\frac{1}{6}bh^2$	$\frac{1}{6} \cdot \frac{b_2 h_2{}^3 - b_1 h_1{}^3}{h_2}$	$\frac{\pi}{32}d^3$	$\frac{\pi}{32} \cdot \frac{d_2{}^4 - d_1{}^4}{d_3}$

【그림 12-13 단면계수 Z】

5. 보의 전단력

그림 12-14 (a)와 같이 보에서 임의의 단면 X에 대해 생각하면 X의 오른쪽에 있는 모든 힘을 합한 것은 1방향(위 또는 아래)으로 향하고 왼쪽에서는 같은 크기로 반대로 향하고 있어 전체는 균형을 이루나 X단면에서는 이러한 힘에 전달 작용을 받게 된다.

이 전단력의 분포를 나타내면 그림 (b)와 같이 되며 이것을 전단력 선도(shearing force diagram)라 한다.

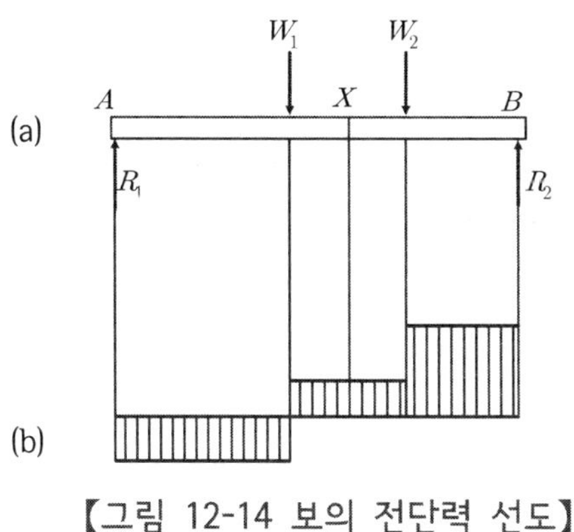

【그림 12-14 보의 전단력 선도】

연습문제

1. 같은 재료에서도 하중의 상태에 따라 안전율을 정해야 하는데, 다음 중 안전율을 가장 크게 정해야 하는 하중은?

   ㉮ 충격하중
   ㉯ 반복하중
   ㉰ 교하중
   ㉱ 정하중

해설 충격하중은 시간에 대한 하중의 크기 변화가 매우 극단적으로 큰 하중이다. 따라서 안전율을 가장 크게 정해야 한다.

2. 단면적 5㎠인 막대에 수직으로 20kgf의 압축하중이 작용한다면 이때의 압축 응력은 몇 kgf/㎠인가?

   ㉮ 1　　㉯ 2
   ㉰ 4　　㉱ 8

해설 $\sigma = \frac{P}{A}$ [여기서, σ:응력(kgf/㎟), P:하중(kgf), A: 단면적(㎟)]

$\therefore \frac{20}{5} = 4\text{kgf/cm}^2$

3. 지름 10㎜의 원형단면 축에 길이 방향으로 785kgf의 인장하중이 걸릴 때 하중 방향에 수직인 단면에 생기는 응력은 약 몇 kgf/㎟인가?

   ㉮ 7.85　　㉯ 10
   ㉰ 78.5　　㉱ 100

해설 $\sigma = \frac{P}{A} \quad \therefore \frac{785}{0.785 \times 10^2} = 10\text{kgf/mm}^2$

4. 그림과 같은 타원 단면을 갖는 봉이 하중 200kgf의 인장하중을 받는다. 이 봉에 작용한 인장응력은 몇 kgf/㎠인가?

   ㉮ 1.27　　㉯ 12.7
   ㉰ 127　　㉱ 1270

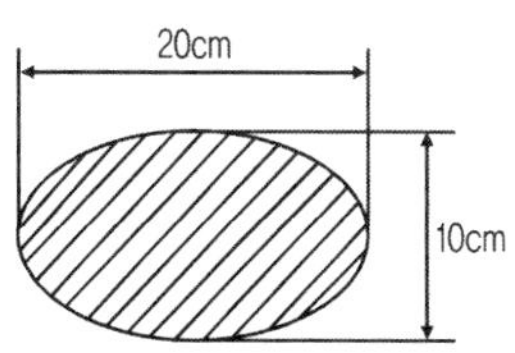

해설 $\sigma = \dfrac{P}{A}$ ∴ $\dfrac{200}{0.785 \times 20 \times 10} = 1.27\text{kgf/cm}^2$

5. 지름 10㎜, 길이 1m인 연강 환봉이 하중 1ton을 받아 0.6㎜ 신장했다고 한다. 이 봉에 발생하는 응력은 약 몇 MPa인가?

㉮ 1.25 ㉯ 12.5
㉰ 125 ㉱ 1250

해설 $\sigma = \dfrac{P}{A}$ ∴ $\dfrac{1000}{0.785 \times 10^2} \times 9.8 = 125\text{MPa}$

6. 그림과 같이 로프로 고정되어 A점에 1000kgf의 무게를 매달 때 AC 로프에 생기는 응력은 약 몇 kgf/㎠인가?(단, 로프 지름은 3cm이다.)

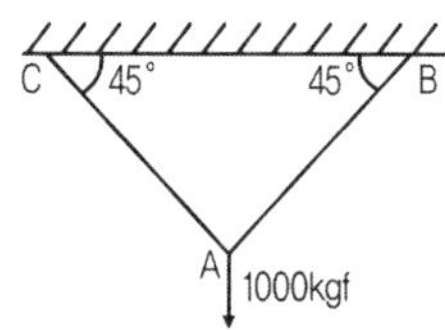

㉮ 100
㉯ 210
㉰ 431
㉱ 640

해설 A와 C 로프에 생기는 응력 $\sigma = \dfrac{P}{A} cos\alpha$

$\therefore \dfrac{1000}{0.785 \times 3^2} \times \cos 45° = 100\text{kgf/cm}^2$

7. 인장강도가 4200kgf/㎟인 연강봉이 있다. 안전율이 10이면 허용응력은 몇 kgf/㎟인가?

㉮ 42000 ㉯ 42
㉰ 280 ㉱ 420

해설 허용응력 $= \frac{인장강도}{안전율} = \frac{4200kgf/mm^2}{10}$

$= 420kgf/mm^2$

8. 단면적 600㎟인 봉에 600kgf의 추를 달았더니 허용 인장응력에 도달하였다. 이 봉의 인장강도가 500kgf/㎠이라고 하면 인장강도에 대한 안전계수는 얼마인가?

㉮ 5 ㉯ 6

㉰ 50 ㉱ 60

해설 ① 허용응력 $= \frac{600kgf}{600mm^2} = 1kgf/mm^2 \quad \therefore 1kgf/mm^2 = 100kgf/cm^2$

② 안전률 $= \frac{500kgf/cm^2}{100kgf/cm^2} = 5$

9. 가로 a, 세로 b인 직사각형의 단면을 갖는 봉이 하중 P를 받아 인장되었다. 이 봉에 작용한 인장 응력은 얼마인가?

㉮ ab^2/P

㉯ $P/(ab^2)$

㉰ $(ab)/P$

㉱ $P/(ab)$

10. 동일한 크기의 전단 응력이 작용하는 원형 단면 보의 지름을 2배로 하면 전단 응력은 얼마로 감소하는가?

㉮ 1/16 ㉯ 1/8

㉰ 1/4 ㉱ 1/2

해설 동일한 크기의 전단 응력이 작용하는 원형 단면 보의 지름을 2배로 하면 전단 응력은 1/4로 감소한다.

11. 지름이 4cm인 봉에 20kgf-m의 비틀림 모멘트가 작용하고 있다. 봉에 발생되는 최대 전단응력은 몇 kgf/㎠인가?

㉮ 185 ㉯ 163

㉰ 159 ㉱ 127

해설 $\sigma t = \frac{16T}{\pi d^3}$ [여기서, T : 비틀림 모멘트, d : 지름]

$\therefore \frac{16 \times 20 \times 100}{3.14 \times 4^3} = 159kgf/cm^2$

12. 3000kgf-cm의 비틀림 모멘트가 작용하는 지름 10cm 환봉 축의 최대 전단응력은 몇 kgf/㎠인가?

㉮ 21.28 ㉯ 17.59
㉰ 15.28 ㉱ 13.42

해설 $\sigma t = \frac{16T}{\pi d^3}$ $\therefore \frac{16 \times 3000}{3.14 \times 10^3} = 15.28\text{kgf/cm}^2$

13. 다음 중 변형률(ε)의 단위로 맞는 것은?

㉮ kgf ㉯ kgf/cm
㉰ kgf/㎠ ㉱ 단위 없음

해설 변형률은 단위가 없다.

14. 지름 30㎜, 길이 200㎜ 둥근 봉에 인장하중이 작용하여 길이가 200.12㎜로 늘어났다. 세로 변형률은 얼마인가?

㉮ 15×10^{-2} ㉯ 15×10^{-3}
㉰ 6×10^{-3} ㉱ 6×10^{-4}

해설 $\epsilon = \frac{l' - l}{l}$ [여기서, ε: 세로 변형률, l': 변형 후 길이, l : 변형 전 길이]

$\therefore \epsilon = \frac{200.12 - 200}{200} = 0.0006 = 6 \times 10^{-4}$

15. 길이 30cm의 봉이 인장력을 받아 1.5㎜ 신장되었을 때 길이 방향 변형률은?

㉮ 1.33×10^{-3} ㉯ 5×10^{-2}
㉰ 5.0×10^{-3} ㉱ 1.33×10^{-2}

해설 변형률 $= \frac{1.5\text{mm}}{300\text{mm}} = 0.005 = 5 \times 10^{-3}$

16. 단면적 20㎠의 재료에 6000kgf의 전단하중이 작용하고 있을 때 이 재료의 전단 변형률은?(단, G=0.8×10^6 kgf/㎠이다.)

㉮ 2.81×10^{-4}
㉯ 3.75×10^{-4}
㉰ 2.81×10^{-3}
㉱ 3.75×10^{-3}

해설 ① 전단응력 = $\frac{6,000}{20} = 300\text{kgf/cm}^2$

② 전단 변형률 = $\frac{300}{0.8 \times 10^6} = 3.75 \times 10^{-4}$

17. 길이 50cm인 연강재의 환봉에 인장력이 작용하여 길이가 60cm로 늘어났을 때 이 재료의 연신율은 얼마인가?

㉮ 10% ㉯ 20%
㉰ 23% ㉱ 40%

해설 연신률 = $\frac{\text{변형후 길이} - \text{처음길이}}{\text{처음 길이}} \times 100$

$= \frac{60-50}{50} \times 100 = 20\%$

18. 재료의 다음 성질 중 열 응력과 가장 관계 깊은 것은?

㉮ 경도 ㉯ 인장강도
㉰ 피로한도 ㉱ 선 팽창 계수

해설 열 응력과 가장 관계 깊은 것은 선 팽창 계수이다.

19. 15℃에서 양끝을 고정한 봉이 35℃가 되었다면 이 봉의 내부에 생기는 열응력은 어떤 응력이고 몇 kgf/cm^2인가?(단, 봉의 세로 탄성계수는 $E = 2.0 \times 10^6\ \text{kgf/cm}^2$이고 선 팽창계수는 $\alpha = 12 \times 10^{-6}/℃$ 이다.)

㉮ 인장응력 : 480 ㉯ 인장응력 : 240
㉰ 압축응력 : 480 ㉱ 압축응력 : 240

해설 열응력 = $E\alpha(t_2 - t_1)$

$= 2.0 \times 10^6 \times 12 \times 10^{-6}(35-15)$

$= 480\ \text{kgf/cm}^2$

∴ 압축응력 : 480kgf/㎠

20. 다음 그림은 연강의 응력 변형율 선도이다. 이 그림에서 C점은 무엇을 나타내는가?

㉮ 비례한도 ㉯ 하 항복점
㉰ 상 항복 ㉱ 극한강도

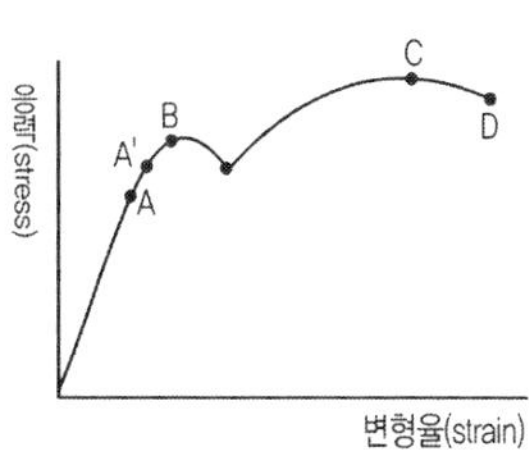

해설 응력-변율 선도 = A : 비례한계, A' : 탄성한계, B : 상항복점
C : 극한상도(인장강도), D : 파괴점

21. 후크의 법칙이 적용될 때 변형량 공식으로 옳은 것은?(단, A=단면적, E=세로 탄성계수, l=길이, P=하중이다.)

㉮ $\frac{Pl}{AE}$

㉯ $\frac{AE}{Pl}$

㉰ $\frac{APl}{E}$

㉱ $\frac{E}{APl}$

22. 단면적 1, 길이 4m인 강선(鋼線)에 2톤의 인장하중을 작용시키면 신장(cm)은?(단, 연강(鍊鋼)의 $E = 2\times10^6 \mathrm{kgf/cm^2}$이다.)

㉮ 4　　　㉯ 6
㉰ 0.6　　　㉱ 0.4

해설 $\lambda = \frac{Pl}{AE}$[여기서, P: 인장하중, l: 길이, A: 단면적, E: 세로 탄성계수]

$\therefore \frac{2000\times400}{1\times2\times10^6} = 0.4\mathrm{cm}$

23. 알루미늄 원형 단면봉이 축하중 P=70kN를 받고 있고, 봉의 길이 l=2m, 직경 d=20㎜, 탄성계수 E=70GPa이다. 포아송의 비 μ=1/3일 때 신장량(δ)은?

㉮ 5.23㎜　　　㉯ 6.38㎜
㉰ 7.12㎜　　　㉱ 8.26㎜

해설 $\delta = \frac{4\times70\times2000}{3.14\times20^2\times70} = 6.37mm$

24. 길이 2m, 지름 10㎜인 원형 봉이 2000kgf의 축 방향 인장하중을 받고 2㎜ 늘어났다면 재료의 종(세로) 탄성계수의 값은 약 몇 kgf/㎠인가?

㉮ 8.10×10^4　　㉯ 2.55×10^6

㉰ 1.61×10^5　　㉱ 3.15×10^6

해설 $E = \frac{Pl}{A\lambda} = \frac{2000 \times 200}{0.785 \times 1^2 \times 0.2} = 2.55 \times 10^6$

25. 봉이 인장하중을 받을 때 탄성한도 영역 내에서 종 변형률에 대한 횡 변형률의 비를 무엇이라 하는가?

㉮ 횡 탄성계수

㉯ 탄성한도

㉰ 체적 탄성계수

㉱ 포와송 비

해설 포와송 비란 봉이 인장하중을 받을 때 탄성한도 영역 내에서 종 변형률에 대한 횡 변형률의 비를 말한다.

26. 포와송 비(poisson's ratio)에 대하여 옳게 설명한 것은?

㉮ 종 변형률과 횡 변형률의 곱이다.

㉯ 수직응력과 종탄성계수를 곱한 값이다.

㉰ 횡 변형률을 종 변형률로 나눈 값이다.

㉱ 전단응력과 횡 탄성계수의 곱이다.

해설 포와송 비(poisson's ratio)란 횡(가로) 변형률을 종(세로) 변형률로 나눈 값을 말한다.

즉 포와송 비 $= \frac{\text{가로 변형률}}{\text{세로 변형률}}$

27. 일반적인 탄소강 재료를 사용하는 경우의 사용응력, 허용응력, 탄성한도의 관계로 다음 중 가장 적합한 것은?

㉮ 허용응력 ≧ 사용응력 〉 탄성한도

㉯ 허용응력 〉 탄성한도 〉 사용응력

㉰ 탄성한도 〉 사용응력 〉 허용응력

㉱ 탄성한도 〉 허용응력 ≧ 사용응력

해설 탄소강 재료를 사용하는 경우의 사용응력, 허용응력, 탄성한도의 관계는 탄성한도>허용응력≧사용응력이다.

28. 사용재료의 최대응력과 항복응력 및 허용응력을 적용하여 일반적인 안전율을 나타내는 식으로 가장 적합한 것은?

㉮ 안전율 $= \frac{\text{허용응력}}{\text{항복응력}}$

㉯ 안전율 $= \frac{\text{최대응력}}{\text{항복응력}}$

㉰ 안전율 $= \frac{\text{항복응력}}{\text{허용응력}}$

㉱ 안전율 $= \frac{\text{항복응력}}{\text{최대응력}}$

29. 탄소강의 인장강도, 항복점, 피로한도, 크리이프한도, 탄성한도, 허용응력에서 안전율을 구하는 공식으로 다음 중 가장 적합한 것은?

㉮ $\frac{\text{허용응력}}{\text{탄성한도}}$

㉯ $\frac{\text{피로한도}}{\text{인장강도}}$

㉰ $\frac{\text{탄성한도}}{\text{크리이프한도}}$

㉱ $\frac{\text{인장강도}}{\text{허용응력}}$

해설 안전율 $= \frac{\text{인장강도}}{\text{허용응력}}$

30. 재료가 반복하중을 받는 경우 안전율에 관한 공식으로 가장 적합한 것은?

㉮ $\frac{\text{항복점}}{\text{허용 응력}}$

㉯ $\frac{\text{크리프 한도}}{\text{허용 응력}}$

㉰ $\frac{\text{피로 한도}}{\text{허용 응력}}$

㉱ $\frac{\text{사용 응력}}{\text{허용 응력}}$

해설 재료가 반복하중을 받는 경우 안전율

$= \frac{\text{크리프 한도}}{\text{허용 응력}}$

31. 조립된 기계 부품의 세부항목에 대한 안전율을 결정하는 데는 여러 가지 변수가 있다. 안전율을 결정하는 요소가 아닌 것은?

㉮ 재료의 품질

㉯ 하중과 응력 계산의 정확성

㉰ 공작기계의 정도

㉱ 하중의 종류에 따른 응력의 성질

해설 안전율을 결정하는 요소에는 재료의 품질, 하중과 응력 계산의 정확성, 하중의 종류에 따른 응력의 성질 등이 있다.

32. 탄성한도 내에서 인장하중을 받는 봉의 허용 응력이 2배가 되면 안전율은 처음에 비해 몇 배가 되는가?

㉮ 1/2배　　㉯ 2배
㉰ 1/4배　　㉱ 4배

해설 탄성한도 내에서 인장하중을 받는 봉의 허용 응력이 2배가 되면 안전율은 처음에 비해 1/2배가 된다.

33. 단면적 60㎠인 기둥이 5000kgf의 하중을 받고 있다면 기둥재료의 극한 강도를 550kgf/㎠라 할 때 안전율은?

㉮ 3.9　　㉯ 6.6
㉰ 8.3　　㉱ 9

해설 $S = \frac{\sigma_u}{\sigma a}$, $\sigma a = \frac{P}{A}$

[여기서, S:안전율, σu:인장강도(극한강도 kgf/㎠)
σa:허용 응력(kgf/㎠), P:하중(kgf), A: 단면적(㎠)]

$\therefore \mathrm{S} = \frac{550 \times 60}{5000} = 6.6$

34. 단면 6cm×8cm의 목재가 3000kgf의 압축 하중을 받고 있다. 안전율을 7로 하면 사용응력은 허용응력의 몇 %가 되는가?(단, 목재의 인장강도는 550kgf/㎠이다.)

㉮ 79.6%
㉯ 78.6%
㉰ 62.5%
㉱ 60.5%

해설 ① $\text{허용응력} = \frac{\text{인장강도}}{\text{안전율}} = \frac{550}{7} = 78.57\mathrm{kg_f/cm^2}$

② $\text{사용응력} = \frac{\text{하중}}{\text{단면적}} = \frac{3000}{6 \times 8} = 62.5\mathrm{kg_f/cm^2}$

③ $\text{비율} = \frac{\text{사용응력}}{\text{허용응력}} = \frac{62.5}{78.57} \times 100 = 79.6\%$

35. 250kgf의 인장하중을 받은 연강봉 직경은 최소 몇 mm가 적합한가?(단, 재료의 극한강도는 36kgf/㎟, 안전율은 3이다.)

㉮ 5.2　　㉯ 6.1
㉰ 6.7　　㉱ 7.7

해설 $\sigma t = \frac{\sigma_u}{A}$, $\sigma a = \frac{\sigma_u}{S}$, $S = \frac{\sigma_u}{\sigma_a}$

[여기서, σ_t : 인장응력(kgf/㎟), σ_u : 인장하중(kgf), A : 단면적(㎟), S : 안전율, σ_a : 허용응력(kgf/㎟)]

① $\sigma_a = \frac{\sigma_u}{S} = \frac{36}{6} = 12\text{kgf/㎟}$

② $A = \frac{\sigma_u}{\sigma_a}\frac{250}{12} = 20.83\text{㎟}$

③ $d = \sqrt{\frac{4A}{\pi}} = \sqrt{\frac{4 \times 20.83}{3.14}} = 5.2\text{mm}$

36. 비틀림이 작용할 때 재료의 단면에 생기는 응력은?

㉮ 인장　　㉯ 압축
㉰ 전단　　㉱ 굽힘

해설 비틀림이 작용할 때 재료의 단면에 생기는 응력은 전단 응력이다.

37. 6300rpm으로 2.5kw를 전달시키고 있는 축의 비틀림 모멘트는 몇 kgf-mm인가?

㉮ 5240　　㉯ 7120
㉰ 8120　　㉱ 2420

해설 축의 비틀림 모멘트 $= \frac{97400 \times H_{kW}}{R}$ [여기서, R : 회전속도(rpm)]

$\therefore \frac{974000 \times 2.5}{300} = 8120\text{kgf-mm}$

38. 중공 단면축의 바깥지름 d_0=5cm, 안지름 d_1=3cm, 허용 전단응력 $\tau a = 300\text{kgf/}$㎠일 때 비틀림 모멘트는?

㉮ 4528kgf·㎠
㉯ 5510kgf·㎠
㉰ 6406kgf·㎠
㉱ 7405kgf·㎠

해설 비틀림모멘트 $= \tau a \times \frac{\pi}{16} \times \frac{d_0{}^4 - d_i{}^4}{d_0} = 300 \times \frac{3.14}{16} \times \frac{5^4 - 3^4}{5} = 6405.6$

39. 비틀림을 받는 원형 봉에서의 최대 전단 응력을 구하는 식은?

㉮ (비틀림 모멘트×봉의 지름)/극관성 모멘트

㉯ (비틀림 모멘트×봉의 반지름)/극관성 모멘트

㉰ (비틀림 모멘트×봉의 지름)/극단면계수

㉱ (비틀림 모멘트×봉의 반지름)/극단면계수

해설 비틀림을 받는 원형 봉에서의 최대 전단 응력을 구하는 공식 = (비틀림 모멘트×봉의 반지름)/극관성 모멘트

40. 비틀림 모멘트를 받는 원형 단면축에 발생되는 최대 전단 응력에 대한 설명으로 옳은 것은?

㉮ 축 제동이 증가하면 감소한다.

㉯ 가해지는 토크가 증가하면 감소한다.

㉰ 단면의 극관성 모멘트가 증가하면 증가한다.

㉱ 극단면계수가 감소하면 감소한다.

41. 비틀림 응력은 단면의 어느 곳에서 가장 크게 생기는가?

㉮ 중심

㉯ 중립축

㉰ 원주 가장자리

㉱ 중심과 원주 가장자리와의 중간점

해설 비틀림 응력은 단면의 원주 가장자리에서 가장 크게 생긴다.

42. 원형 단면 축을 비틀 때 다음 중에서 가장 비틀기 어려운 것은?(단, G는 재료의 가로 탄성계수를 나타낸다.)

㉮ 지름이 크고, G의 값이 작을수록 어렵다.

㉯ 지름이 크고, G의 값이 클수록 어렵다.

㉰ 지름이 작고, G의 값이 클수록 어렵다.

㉱ 지름이 작고, G의 값이 작을수록 어렵다.

해설 지름이 크고, G의 값이 클수록 비틀기 어렵다.

43. 다음 중 비틀림 강성계수를 나타내는 것은 어느 것인가?(단, G는 횡탄성계수, I_P는 극관성 모멘트이다.)

㉮ $G+I_P$　　㉯ $G-I_P$

㉰ $\frac{G}{I_P}$　　㉱ $G\times I_P$

44. 축에 있어서 직경을 d, 축 재료의 전단응력을 τ라 하면, 비틀림 모멘트 T의 관계식으로 올바른 것은?

㉮ $T=\frac{\pi d^2}{16}\times\tau$　　㉯ $T=\frac{\pi d^3}{16}\times\tau$

㉰ $T=\frac{\pi d^2}{32}\times\tau$　　㉱ $T=\frac{\pi d^3}{32}\times\tau$

45. 지름이 40㎜인 연강제 실축에 200rpm으로 10PS를 전달할 때 생기는 전단 응력은 약 몇 kgf/㎠인가?

㉮ 90　　㉯ 142

㉰ 180　　㉱ 285

해설 $T=\frac{71620\times H}{N}=\frac{\pi\times d^3\times\tau a}{16}$에서

[여기서, H: 마력, N: 회전속도, d: 축지름, τa : 전단응력]

$\therefore \tau a=\frac{16\times71620\times H}{\pi\times d^3\times N}=\frac{16\times71620\times10}{3.14\times4^3\times200}$

$=284.9\mathrm{kgf/cm^2}$

46. 지름 80㎜인 축에 20000kgf-cm의 굽힘 모멘트가 걸린다면 이 축에 생기는 굽힘 응력은 약 몇 kgf/㎠인가?

㉮ 398　　㉯ 452

㉰ 562　　㉱ 626

해설 $M=\sigma_a\times Z=\frac{\pi\times d^3\times\sigma_a}{32}$

[여기서, M: 축의 굽힘 모멘트(kgf-cm), σ_a: 축의 허용 굽힘 응력(kgf/㎠), Z: 단면계수(㎤), d: 축의 지름(cm)]

$\therefore\ \sigma_a=\frac{32\times20000\,\mathrm{kgf-cm}}{\pi\times8^3}=398\,\mathrm{kgf/cm^2}$

47. 비틀림만 받는 지름이 32㎜ 차축에 고정된 타이어 지름이 830㎜일 때, 최대 1.6ton의 하중이 차축에 가해진다. 이 축에 차륜이 노면에 미끄러지도록 토크를 가할 경우에 생기는 응력은 몇 kgf/㎟인가?(단, 타이어와 노면의 마찰계수 μ= 0.5로 한다.)

㉮ 23.7　　㉯ 24.5
㉰ 25.8　　㉱ 26.3

해설 $\tau a = \frac{16T}{\pi d^3} = \frac{16 \times 1600 \times 415 \times 0.5}{3.14 \times 32^2 \times 2} = 25.8 kgf/mm^2$

48. 굽힘 모멘트 1.5×10^6kgf-㎜와 비틀림 모멘트 2×10^6kgf-㎜를 동시에 받는 축의 지름으로 다음 중 가장 적합한 것은?(단, 축재료 허용 굽힘 응력은 6kgf-㎜이다.)

㉮ 150
㉯ 200
㉰ 225
㉱ 250

해설
$$M_e = M + \frac{\sqrt{M^2 + T^2}}{2}$$
$$= 1.5 \times 10^6 + \frac{\sqrt{(1.5 \times 10^6)^2 + (2 \times 10^6)^2}}{2}$$
$$= 2 \times 10^6 \text{ kgf} - \text{mm}$$
$$d = \sqrt[3]{\frac{32 \times Me}{\sigma a \times \pi}} = \sqrt[3]{\frac{10.2 \times 2 \times 10^6}{6}} = 150.4\text{mm}$$

49. 다음 중 양끝을 받치고 있는 보로, 양단 지지 보라고도 하는 보는?

㉮ 단순 보
㉯ 외팔 보
㉰ 고정 보
㉱ 연속 보

해설 ① 단순 보 : 양끝을 받치고 있는 보로, 양단 지지 보라고도 한다.
② 외팔 보 : 보의 한쪽 끝만을 고정한 것이다.
③ 고정 보 : 양끝을 모두 고정한 보이며, 가장 튼튼하다.
④ 연속 보 : 3개 이상의 지점 즉 2개 이상의 스팬을 가진 보를 말한다.

50. 다음과 같은 외팔 보에서 A지점의 반력 R_A는?

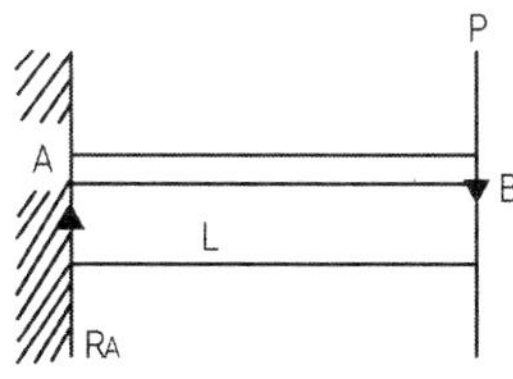

㉮ 0
㉯ P
㉰ L
㉱ P/L

51. 보기와 같은 길이 ℓ인 외팔 보 AB가 자유단 B에 집중하중 P를 받고 있다. 하중 끝단 B에서의 최대 처짐량 δ는?(단, E는 세로 탄성계수이고 I는 관성모멘트이다.)

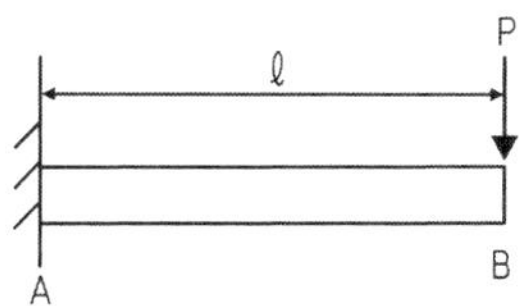

㉮ $\delta = \dfrac{P\ell^2}{6EI}$
㉯ $\delta = \dfrac{P\ell^3}{6EI}$
㉰ $\delta = \dfrac{P\ell^2}{3EI}$
㉱ $\delta = \dfrac{P\ell^3}{3EI}$

52. 단순 보의 한 지지 점으로부터 스팬 길이의 1/3 되는 점에 한 개의 집중 하중이 작용할 때 최대 처짐이 생기는 위치는?

㉮ 지지점과 하중이 작용하는 점의 중간점
㉯ 하중이 작용하는 지점
㉰ 중앙점 부근
㉱ 양단 지지점

해설 단순 보의 한 지지 점으로부터 스팬 길이의 1/3되는 점에 한 개의 집중 하중이 작용할 때 최대 처짐이 생기는 위치는 중앙점 부근이다.

53. 단순 보의 전 길이(L)에 걸쳐 균일 분포하중이 작용할 때 최대 굽힘 모멘트는 보의 어느 지점에서 일어나는가?

㉮ 중앙($\frac{1}{2}L$) 지점

㉯ 양끝에서 $\frac{1}{3}L$되는 지점

㉰ 양끝 지점

㉱ 양끝에서 $\frac{1}{4}L$되는 지점

해설 단순 보의 전 길이(L)에 걸쳐 균일 분포하중이 작용할 때 최대 굽힘 모멘트는 중앙($\frac{1}{2}L$)지점에서 일어난다.

54. 그림과 같이 길이 ℓ인 단순 보의 중앙에 집중하중 W를 받는 때 최대 굽힘 모멘트(M max점)는 얼마인가?

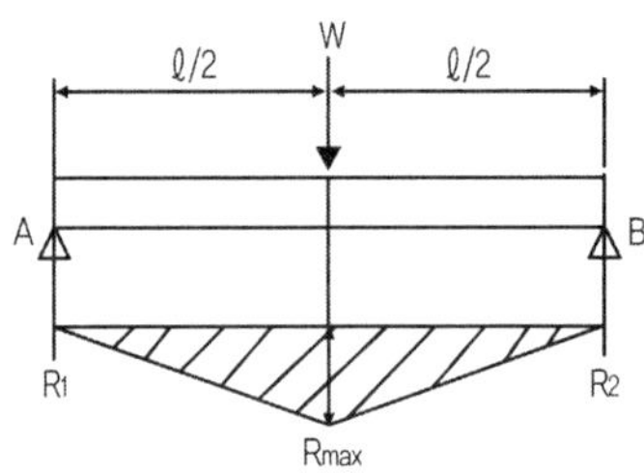

㉮ $\frac{W\ell}{4}$

㉯ $\frac{W\ell}{2}$

㉰ $\frac{W\ell^2}{4}$

㉱ $\frac{W\ell^2}{2}$

55. 보의 전 길이에 걸쳐서 균일 분포 하중을 받는 단순 보가 있다. 처짐에 관한 설명 중 잘못된 것은?

㉮ 처짐량은 보의 길이의 4제곱에 비례한다.

㉯ 처짐량은 단면 2차 모멘트에 반비례한다.

㉰ 처짐량은 종 탄성계수에 반비례한다.

㉱ 처짐 각은 보의 길이의 4제곱에 비례한다.

해설 균일 분포 하중을 받는 단순 보의 처짐은 처짐량은 보의 길이의 4제곱에 비례하고, 단면 2차 모멘트에 반비례하며, 종(세로) 탄성계수에 반비례한다.

56. 단면이 사각형인 단순 보의 중앙에 집중하중이 작용할 때 최대 처짐에 대한 설명 중 틀린 것은?(단, 지지점 사이의 거리를 L이라 한다.)

㉮ 보의 높이의 제곱에 반비례한다.

㉯ L의 3승에 비례한다.

㉰ 하중에 정비례한다.

㉱ 보의 폭에 반비례한다.

해설 단면이 사각형인 단순 보의 중앙에 집중하중이 작용할 때 최대 처짐은 L(지지점 사이의 거리)의 3승에 비례하며, 하중에 정비례하고, 보의 폭에 반비례한다.

57. 그림과 같은 4각형 단면의 외팔 보에 발생하는 최대 굽힘 응력은 어느 식으로 표시되는가?

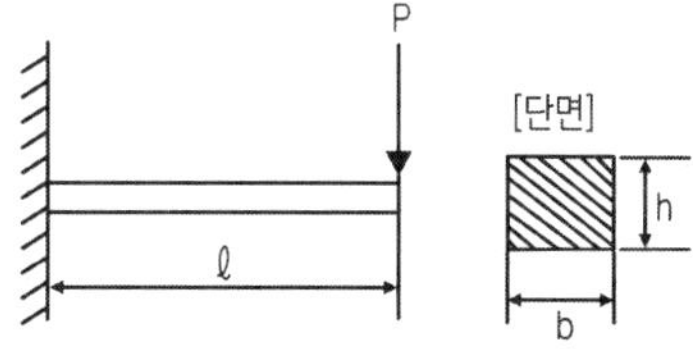

㉮ $\frac{12p\ell}{bh^2}$

㉯ $\frac{6p\ell}{b^2h}$

㉰ $\frac{6p\ell}{bh^2}$

㉱ $\frac{12p\ell}{b^2h}$

58. 스팬 ℓ인 양단지지 보의 중앙에 집중 하중 P가 작용하는 경우 최대 굽힘 모멘트 M max는?

㉮ $\frac{P\ell}{4}$　　㉯ $\frac{P\ell^2}{4}$

㉰ $\frac{P\ell^2}{2}$　　㉱ $\frac{P\ell}{2}$

해설 스팬 ℓ인 양단지지 보의 중앙에 집중 하중 P가 작용하는 경우 최대 굽힘 모멘트 $M_{max}=\frac{P\ell}{4}$ 이다.

59. 폭×높이(30㎝×40㎝)의 단면을 가진 다음 단순 보의 최대 굽힘 응력은 몇 kgf/㎠ 인가?(단, 보의 자중은 무시한다.)

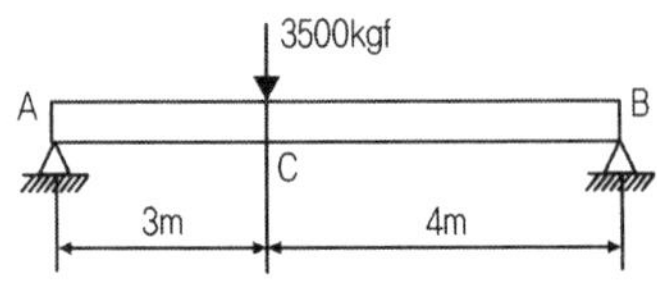

㉮ 50
㉯ 65
㉰ 75
㉱ 80

해설 $M=\sigma \cdot Z=\sigma \cdot \frac{bh^2}{6}=P\frac{\ell_1 \ell_2}{\ell}$

$\therefore \sigma=\frac{6P\ell_1 \ell_2}{bh^2\ell}$

$=\frac{6\times 3500\times 300\times 400}{30\times 40^2\times 700}=75(\text{kg}_f/\text{cm}^2)$

60. 길이가 2m인 원형인 단순 지지 보의 지름이 25㎜일 때 보 중앙에 집중하중 400kgf이 작용하면 최대 굽힘 응력은 몇 kgf/㎟인가?

㉮ 65.22
㉯ 100.38
㉰ 117.22
㉱ 130.38

해설 $\sigma=\frac{M}{Z}$, $M=\frac{P\ell}{4}$, $Z=\frac{\pi d^3}{32}$에서

$\sigma=\frac{P\times \ell\times 32}{\pi\times d^3\times 4}=\frac{400\times 2000\times 32}{3.14\times 25^3\times 4}=130.38\text{kgf/mm}^2$

61. 폭 8cm, 높이 15cm의 사각형단면 보에 굽힘 모멘트 $M=15,000\text{kgf}\cdot\text{cm}$가 작용했을 때 생기는 굽힘 응력 σ_b는 몇 kgf/㎠인가?

㉮ 50
㉯ 100
㉰ 150
㉱ 200

해설 굽힘 응력$=\frac{6M}{bh^2}=\frac{15000\times 6}{8\times 15^2}=50\text{kgf/cm}^2$

62. 폭이 5cm, 높이가 10cm의 단면을 갖는 보에 굽힘 모멘트 10000kgf·cm가 작용할 때 보에 생기는 굽힘응력 σ_b은 약 몇 kgf/㎠인가?

㉮ 120　　㉯ 240
㉰ 340　　㉱ 480

해설 굽힘응력 $\sigma_b = \frac{6M}{bh^2} = \frac{6 \times 10000}{5 \times 10^2} = 120\text{kgf/㎠}$

63. 한 변의 길이가 9cm인 정사각형 외팔 보의 최대 굽힘 응력이 120kgf/㎠일 때 최대 몇 kgf-cm까지의 굽힘 모멘트에 견디는가?

㉮ 12540　　㉯ 14580
㉰ 16720　　㉱ 18420

해설 $M = \sigma Z = \sigma \cdot \frac{bh^3}{6} = \frac{120 \times 9^3}{6} = 14580\text{kgf-cm}$

64. 그림과 같이 주어진 구조물에 인장하중이 작용할 때 구조물의 자중을 고려해서 최대응력이 발생하는 지점은?

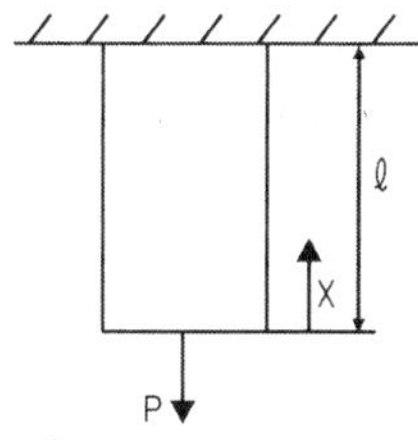

㉮ $x = 0$
㉯ $x = \ell/2$
㉰ $x = \ell$
㉱ 모든 위치에서 동일

65. 지름이 d인 원형 단면의 중심점의 극점을 통과하는 극관성 모멘트는?

㉮ $\frac{\pi d^4}{32}$　　㉯ $\frac{\pi d^4}{64}$
㉰ $\frac{\pi d^3}{32}$　　㉱ $\frac{\pi d^3}{64}$

66. 동일재료로 단면의 크기(치수)가 일정한 보에 대한 설명으로 틀린 것은?

㉮ 단면의 크기가 일정하여도 탄성계수는 변화한다.

㉯ 단면의 크기가 일정하면 단면 2차 모멘트(I)는 변화하지 아니 한다.

㉰ 굽힘 모멘트가 클수록 곡률 반지름(ρ)은 작아진다.

㉱ 보의 굽힘응력은 보에 작용하는 굽힘 모멘트에 비례한다.

해설 동일 재료로 단면의 크기(치수)가 일정한 보

① 단면의 크기가 일정하면 단면 2차 모멘트(I)는 변화하지 아니한다.

② 굽힘 모멘트가 클수록 곡률 반지름(ρ)은 작아진다.

③ 보의 굽힘응력은 보에 작용하는 굽힘 모멘트에 비례한다.

67. 단면의 형상과 길이가 같은 기둥 형상의 구조물에서 처짐량이 가장 많은 것은?

㉮ 일단 고정 타단 자유

㉯ 양단 회전

㉰ 일단 고정 타단 회전

㉱ 양단 고정

해설 단면의 형상과 길이가 같은 기둥 형상의 구조물에서 처짐량이 가장 많은 것은 일단 고정 타단 자유이다.

68. 그림과 같은 외팔 보에서 폭×높이=b×h일 때, 최대 굽힘응력(σ_{max})을 구하는 공식은?

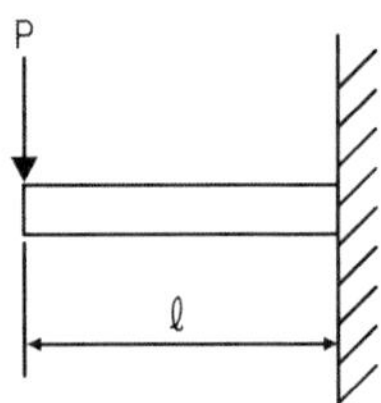

㉮ $\sigma_{max} = \frac{6P\ell}{bh^2}$

㉯ $\sigma_{max} = \frac{12P\ell}{bh^2}$

㉰ $\sigma_{max} = \frac{6P\ell}{b^2h}$

㉱ $\sigma_{max} = \frac{12P\ell}{b^2h}$

69. 전단력과 휨 모멘트의 변화 상태에 대한 다음 설명 중 올바른 것은?
   ㉮ 전단력이 변화하지 않을 때는 휨 모멘트도 기준선에 평행한 직선이다.
   ㉯ 전단력이 직선적으로 변화할 때는 휨 모멘트도 직선적으로 변화한다.
   ㉰ 전단력이 직선적으로 변화할 때는 휨 모멘트는 2차 함수로 변화한다.
   ㉱ 전단력이 0일 때는 휨 모멘트는 3차 곡선적으로 변화한다.

해설 전단력과 휨 모멘트의 변화 상태는 전단력이 직선적으로 변화할 때는 휨 모멘트는 2차 함수로 변화한다.

70. 곡률반경에 대한 설명 중 맞는 것은 어느 것인가?
   ㉮ 휘어진 보의 각 부는 곡률반경이 모두 같다.
   ㉯ 탄성계수에 반비례한다.
   ㉰ 굽힘 모멘트가 클수록 곡률반경이 작게 된다.
   ㉱ 하중에 비례한다.

해설 굽힘 모멘트가 클수록 곡률반경이 작아진다.

71. 비틀림 모멘트를 받는 원형 단면축에 발생되는 최대 전단 응력에 대한 설명으로 옳은 것은?
   ㉮ 축 제동이 증가하면 감소한다.
   ㉯ 가해지는 토크가 증가하면 감소한다.
   ㉰ 단면의 극관성 모멘트가 증가하면 증가한다.
   ㉱ 극단면계수가 감소하면 감소한다.

1	㉮	11	㉰	21	㉮	31	㉰	41	㉰	51	㉱	61	㉮	71	㉮
2	㉰	12	㉰	22	㉱	32	㉮	42	㉯	52	㉰	62	㉮		
3	㉯	13	㉱	23	㉯	33	㉯	43	㉱	53	㉮	63	㉯		
4	㉮	14	㉱	24	㉯	34	㉮	44	㉯	54	㉮	64	㉰		
5	㉰	15	㉰	25	㉱	35	㉮	45	㉱	55	㉱	65	㉮		
6	㉮	16	㉯	26	㉰	36	㉰	46	㉮	56	㉮	66	㉮		
7	㉱	17	㉯	27	㉱	37	㉰	47	㉰	57	㉰	67	㉮		
8	㉮	18	㉱	28	㉰	38	㉰	48	㉯	58	㉮	68	㉮		
9	㉱	19	㉰	29	㉱	39	㉯	49	㉮	59	㉰	69	㉰		
10	㉰	20	㉱	30	㉯	40	㉮	50	㉯	60	㉱	70	㉰		

CHAPTER

13 유체기계

13-1 유체기계의 정의

유체 기계(fluid machinery)란 물이나 및 공기와 같은 유체를 작동물질로 하여 이 유체와의 사이에 위치에너지(potential energy)를 속도(speed) 및 압력에너지(pressure energy)로 만들어 동력을 얻는 장치를 말한다.

13-2 유체기계의 분류

유체는 취급되는 유체(기체와 액체)에 의하여 수력(水力)기계, 유압(油壓)기계, 공기(空氣)기계 등으로 나눌 수 있고, 용도별로는 유체 수송기계, 유체 원동기계, 유체 동력전달기계 및 유체 제어기구 등으로 분류할 수 있다. 유체 수송기계는 유체의 수송을 목적으로 하는 기계이며, 각종 펌프, 송풍기, 압축기 및 이들을 사용한 수송장치 등이 포함된다. 유체 원동기계는 유체의 에너지를 이용하여 이것을 기계적 에너지로 변환하여 원동기로 사용하는 것이며 수차(水車), 유압모터, 풍차(風車), 공기 터빈 등이 여기에 속한다. 유체 동력전달기계는 유체를 이용하여 동력을 전달하는 것이며, 유압장치, 유체 커플링, 토크컨버터 등이 있다. 유체 제어기구는 유체를 이용하여 제어작용을 하는 것이며, 압력 제어밸브, 유량 제어밸브, 방향 전환밸브 등의 제어밸브와 유체 이론소자가 있다.

1. 수력 기계(hydraulic machinery)

[1] 펌프(pump)

(1) 터보형 펌프(turbo type pump)

① 원심형(centrifugal type) : 볼류트 펌프(volute pump)와 터빈펌프(turbine pump)

② 사류형(diagonal flow type) : 사류 펌프((diagonal pump)

③ 축류형(axial flow type) : 축류 펌프(axial pump)

(2) 용적형 펌프

① 왕복형 : 피스톤 펌프(piston pump)와 플런저 펌프(plunger pump)

② 회전형 : 기어펌프(gear pump)와 베인 펌프(vane pump)

③ 특수형 : 마찰 펌프(friction pump), 제트 펌프(jet pump), 기포 펌프(air lift pump), 수격 펌프(hydraulic pump)

[2] 수차(hydraulic turbine)의 분류

(1) 충격 수차(impulse hydraulic turbine)

펠톤(pelton) 수차

(2) 반동 수차(reaction hydraulic turbine)

프란시스(francis) 수차, 프로펠러(propeller) 수차, 카플란(kaplan) 수차

2. 공기 기계

저압형에는 송풍기(blower)와 풍차(wind mill)가 있으며, 고압형에는 압축기(compressor), 진공 펌프(vacuum pump), 압축 공기기계(compression air machinery) 등이 있다.

3. 유압 기계

[1] 유압 펌프(hydraulic pump)

기어 펌프(gear pump), 플런저 펌프(plunger pump), 로터리 펌프(rotary pump), 베인 펌프(vane pump) 등이 있다.

[2] 유압 액추에이터(hydraulic actuator)

직선 왕복운동을 하는 유압 실린더(hydraulic cylinder)와 회전운동을 하는 유압 모터(hydraulic motor)가 있다.

[3] 제어밸브

제어밸브에는 압력 제어밸브(pressure control valve, 일의 크기 결정), 유량 제어밸브(flow control valve, 일의 속도 결정) 방향 전환밸브(position control valve, 일의 방향 결정) 등이 있다.

13-3 펌프(pump)

펌프란 액체에 에너지를 주어 이것을 낮은 곳에서 높은 곳으로 송출하는 기계이다.

1. 원심펌프(Centrifugal Pump)

[1] 원심펌프의 개요

원심펌프는 1개 또는 여러 개의 회전하는 날개차(impeller)에 의하여 액체의 펌프작용, 즉 액체의 수송작용을 하거나 압력을 발생시키는 장치이다. 이 펌프는 양정이 크고 양수량이 많을 때 적합하며, 소형·경량이며, 구조가 간단하여 다루기가 쉽고, 고속 회전이 가능하며, 펌프의 효율이 높으며, 맥동 발생이 적은 특징이 있다.

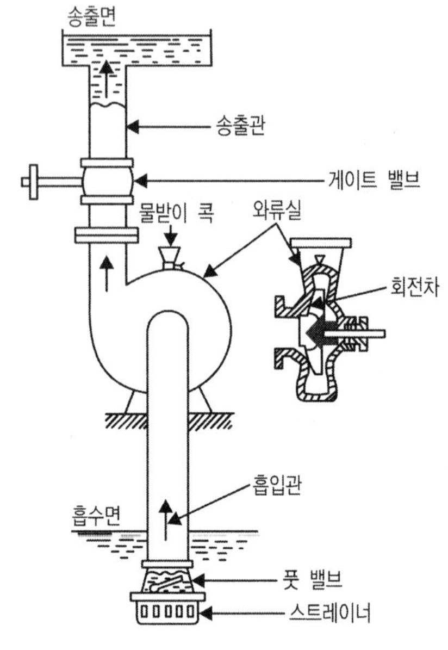

【그림 13-1 펌프 계통】

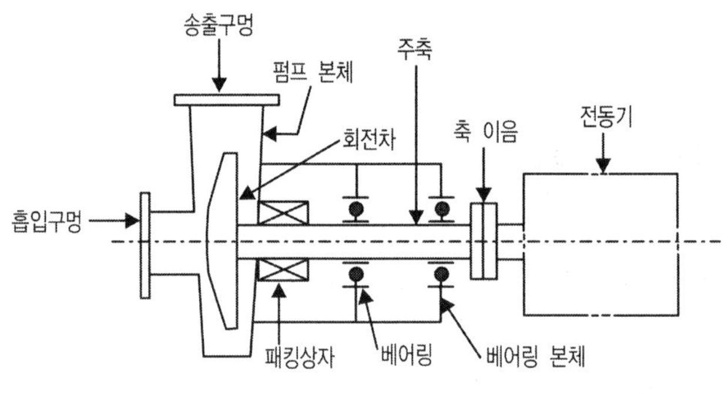

【그림 13-2 원심펌프의 구성요소】

[2] 원심펌프의 종류

(1) 안내 날개(guide vane) 유무에 따라서

① 볼류트 펌프(volute pump) : 회전차(impeller) 바깥둘레에 안내날개(guide vane)가 없는 펌프를 말한다.

② 터빈 펌프(또는 디퓨저 펌프; turbine or diffuser pump) : 회전차 바깥둘레에

안내날개 설치된 펌프를 말한다.

【참고】

안내날개(깃)의 작용은 배출 양정을 향상시키기 위해 회전차에서 얻은 속도 에너지를 배출에 보다 적합한 에너지로 변환시키는 작용을 한다.

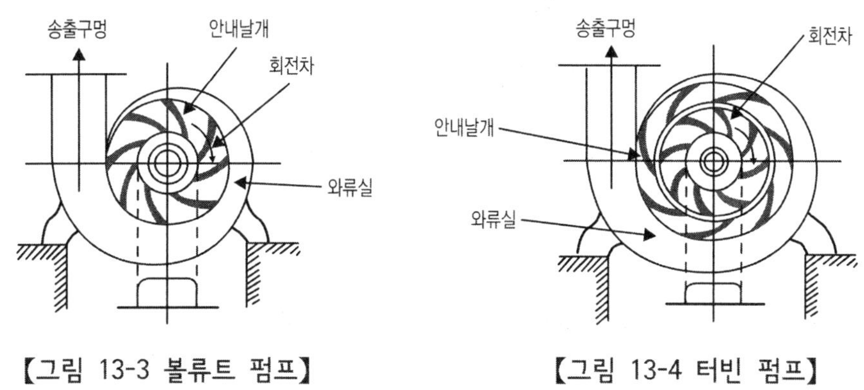

【그림 13-3 볼류트 펌프】　　【그림 13-4 터빈 펌프】

(2) 흡입구멍 수에 의한 분류

① 단흡입(single suction)펌프 : 펌프의 한쪽에서만 흡입되는 펌프를 말한다.

② 양흡입(double suction)펌프 : 펌프의 양쪽에서 흡입되는 펌프를 말한다.

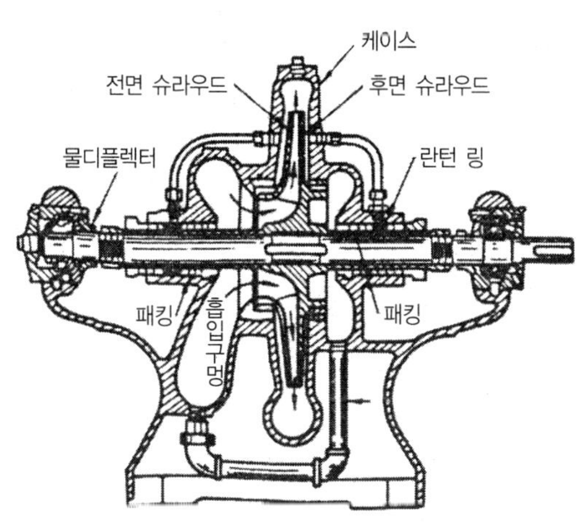

【그림 13-5 단흡입 펌프】

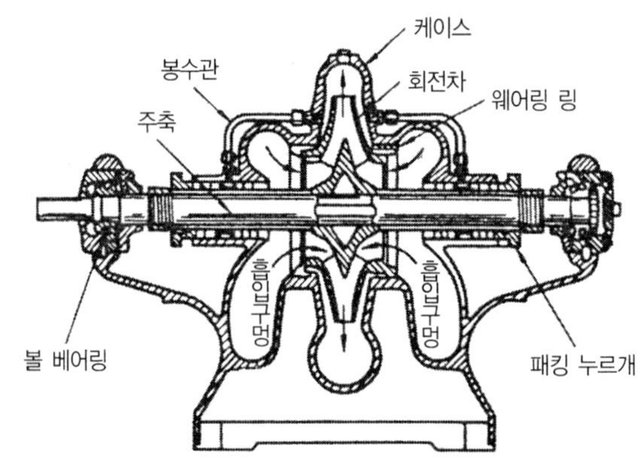

【그림 13-6 양흡입 펌프】

(3) 단(段, stage)수에 의한 분류

① 단단 펌프(single stage pump) : 펌프 1대에 회전차 1개를 설치한 펌프를 말한다.

② 다단 펌프(multi stage pump) : 회전차 여러 개를 같은 축에 설치하고 제1단에서 나온 액체는 제2단으로 흡입되고, 이하 순차적으로 다음 단에 연결되는 펌프를 말한다.

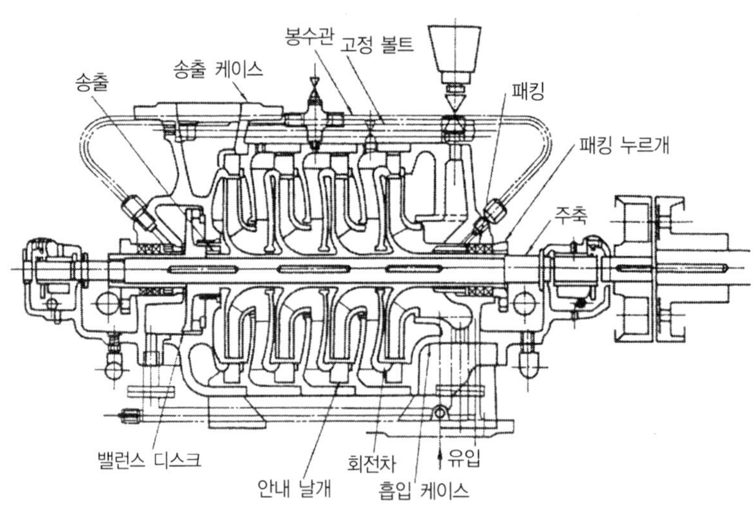

【그림 13-7 다단 터빈 펌프】

(4) 회전차의 형상에 따른 분류

① 반경류형 회전차(radial flow impeller) : 액체가 회전차 속을 지날 때 유체의 경로가 축에 수직인 평면 내를 반지름 방향으로 흐르도록 되어있는 회전차를 말한다.

② 혼류형(mixed flow impeller) : 깃(날개) 입구에서 출구에 이르는 사이에 반지름 방향과 축 방향과의 유동이 조합되어 있는 회전차를 말한다.

(5) 케이스(case)에 의한 분류

① 상하 분할형 펌프(split type pump) : 케이스가 축을 포함하는 수평면 또는 경사 평면으로 2개로 분할된 펌프를 말한다. 이 펌프는 대형 펌프에서 주로 사용하며 분리작업이 편리하다.

② 분할형 펌프(sectional type pump) : 다단 펌프의 각 단(段)이 같은 형상의 링(ring)모양으로 되어 있으며, 이것을 여러 개의 볼트로 연결한 펌프를 말한다.

③ 원통형 펌프(cylindrical type pump) : 케이스가 원통형으로 일체가 되어 있는 펌프를 말한다.

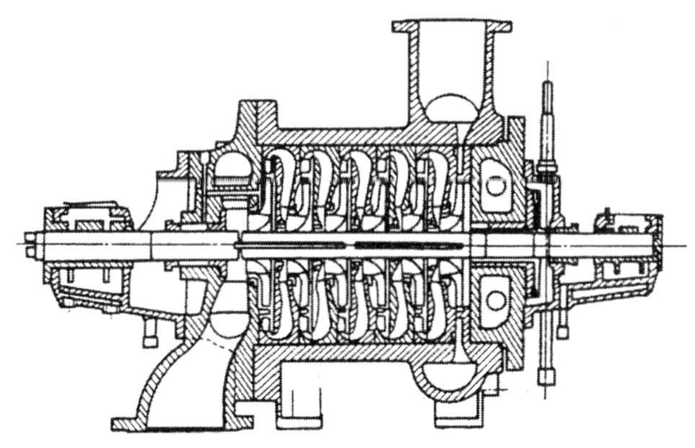

【그림 13-8 원통형 터빈 펌프】

④ 배럴형 펌프(barrel type pump) : 다단 펌프이며, 튼튼한 바깥쪽 케이스 속에 분할형 또는 조립형 안쪽 케이스를 끼우고, 그 틈으로 높은 압력의 물을 유도하여 높은 압력을 바깥쪽 케이스에 부담시켜 안쪽 케이스에는 과대한 압력이

작용하지 않도록 한 펌프를 말한다.

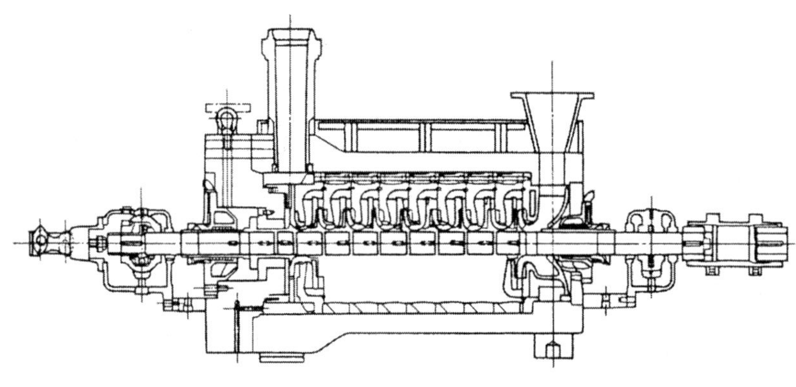

【그림 13-9 배럴형 다단 터빈 펌프】

2. 펌프의 크기 및 지름

[1] 펌프의 크기

펌프의 크기는 그림 13-10에 나타낸 바와 같이 펌프의 흡입구멍 지름 D_1과 송출 구멍 지름 D_2로 표시한다.

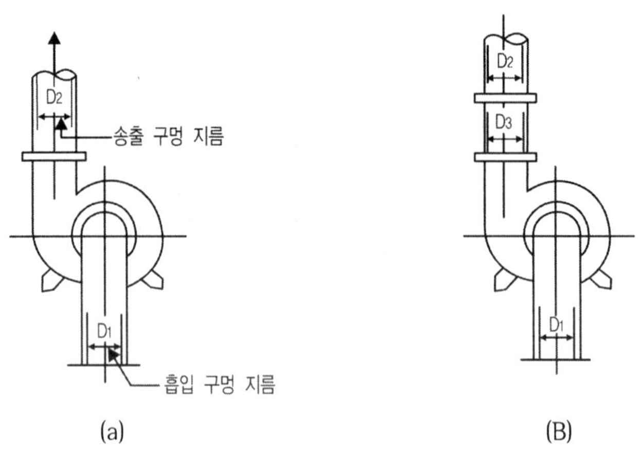

【그림 13-10 송출구멍의 접속관】

[2] 흡입 및 송출구멍의 지름

(1) 흡입구멍의 지름

① 흡입구멍의 속도

$$Vs = k_s\sqrt{2gH}$$

여기서, Vs : 흡입구멍의 속도(1~3m/s)

k_s : 흡입구멍의 유속 계수

g : 중력가속도($9.8\,m/s^2$)

H : 전양정

② 흡입구멍의 지름

$$Q = \frac{\pi}{4} D_s^2 \times Vs\ [m^3/s]$$ 에서

$$D_s = \sqrt{\frac{4Q}{\pi \times Vs}}$$

여기서, Ds : 흡입구멍의 지름

Q : 양수량[m^3/s]

(2) 송출구멍의 지름

① 송출구멍의 유속

$$Vd = kd\sqrt{2gH}$$

여기서, Vd : 송출구멍의 유속(일반적인 펌프는 2.5~3m/s, 고속 원심펌프는 5~6m/s)

kd : 송출구멍의 유속 계수

② 송출구멍의 지름

$$Dd = \sqrt{\frac{4Q}{\pi Vd}}$$

여기서, Dd : 송출구멍의 지름

3. 펌프의 전양정(全揚程)

펌프의 입구(흡입노즐)와 출구(송출노즐)에서 액체의 단위 중량이 지니는 에너지와의 차이를 양정(head)이라 한다.

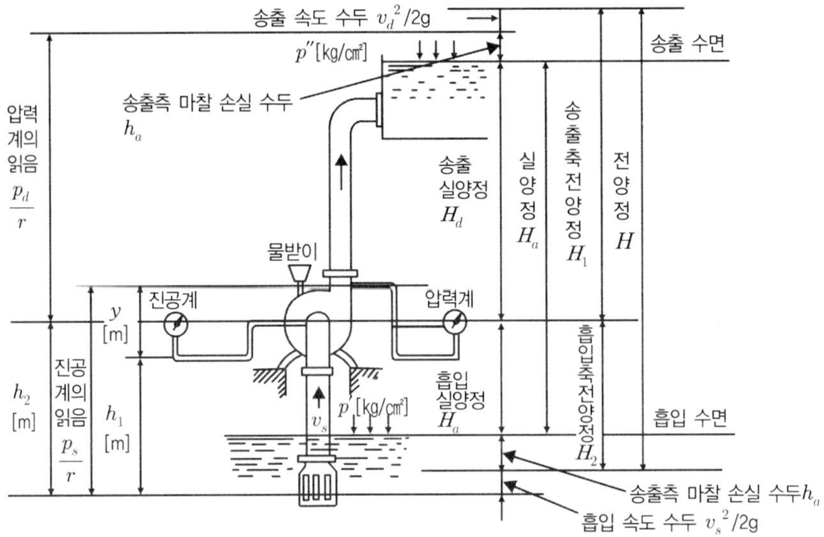

【그림 13-11 펌프의 양정】

[1] 펌프의 실양정(actual head)

실양정이란 흡입 수면과 송출 수면사이의 수직거리를 말한다.

즉, $Ha = Hs + Hd$

여기서, Ha : 실양정(actual head)

Hs : 흡입 실양정(actual suction head)

Hd : 송출 실양정(actual delivery head)

[2] 펌프의 전양정(total head)

전양정이란 총 손실 수두를 합친 양정을 말한다.

$$\frac{Ps}{\gamma} + h_1 + \frac{Vs^2}{2g} + H = \frac{Pd}{\gamma} + h_2 + \frac{Vd^2}{2g}$$

$$\therefore \quad H = \frac{Pd - Ps}{\gamma} + \frac{vd^2 - vs^2}{2g} + y$$

여기서, Ps : 펌프의 흡입노즐에서 측정한 절대압력[kgf/cm ^{2}]

Ps : 펌프의 송출노즐에서 측정한 절대압력[kgf/cm ^{2}]

Vs : 펌프의 흡입노즐에서 측정한 액체의 평균속도[m/s]

Vd : 펌프의 송출노즐에서 측정한 액체의 평균속도[m/s]

y : 압력계와 진공계 사이의 수직거리($= h_2 - h_1$)

[3] 펌프의 회전속도

(1) 전동기의 동기(同期)회전속도

$$n = \frac{120f}{P} \text{ [rpm]}$$

(2) 펌프의 회전속도

$$N = n(1 - \frac{S}{100}) = \frac{120f}{P}(1 - \frac{S}{100})$$

P : 전동기의 극수

f : 전원(電源)의 주파수

S : 펌프를 작동할 때 부하 때문에 발생한 미끄럼률(%)

4. 원심펌프의 이론 수두

[1] 날개(vane)수가 무한(無限)인 경우의 이론 수두($H_{th\infty}$)

$$H_{th\infty} = \frac{1}{g}(u_2 v_2 \cos \alpha_2 - u_1 v_1 \cos \alpha_1)$$

일반적으로 α_1=90°로 고려하면 cos90°=0이다.

[2] 날개 수가 유한(有限)인 경우의 이론 수두(H_{th})

$H_{th} = \mu H_{th\infty} \quad \therefore \mu = \frac{H_{th}}{H_{th\infty}}$ (미끄럼 계수)

5. 원심펌프의 동력과 효율

[1] 수동력(water horse power)

- $Lw = \frac{\gamma QH}{75 \times 60}$ [PS]
- $Lw = \frac{\gamma QH}{102 \times 60}$ [kW]

여기서, Lw : 수동력

γ : 액체의 비중량[kgf/m^3]

Q : 송출 유량[m^3/min]

H : 전양정[m]

[2] 축동력(軸動力)과 효율(效率)

(1) 전체 효율(total efficiency)

$\eta = \frac{Lw}{L}$

여기서, Lw : 수동력(water horse power)

L : 축 동력(shaft horse power) 또는 제동 마력(brake horse power)

(2) 체적효율(volumetric efficiency)

$\eta v = \frac{Q}{Q + \Delta Q}$

여기서, Q : 펌프의 송출유량

$Q + \Delta Q$: 회전차 속을 통과하는 유량

ΔQ : 누출된 유량

※ 체적효율을 범위는 약 0.90~0.95이다.

(3) 기계효율(mechanical efficiency)

$$\eta m = \frac{L - Lm}{L}$$

여기서, Lm : 기계 손실동력

또는, $\eta m = \frac{\gamma HQ(Q + \Delta Q)}{(75 \times 60)L}$

※ 기계효율의 범위는 0.90~0.97이다.

(4) 수력 효율(hydraulic efficiency)

$$\eta h = \frac{H}{H_{th}} = \frac{H_{th} - hl}{H_{th}}$$

여기서, H : 펌프의 실제 양정

H_{th} : 이론 양정(날개 수 유한)

hl : 펌프 내에서 발생하는 수력 손실

※ 일반적으로 수력효율은 0.80~0.96이다.

(5) 펌프의 전체 효율

기계 효율(ηm)×수력 효율(ηh)×체적 효율(ηv)

즉, $\eta = \frac{Lw}{L} = \frac{\gamma HQ}{75L} = \frac{Q}{Q + \Delta Q} \times \frac{\gamma HQ(Q + \Delta Q)}{(75 \times 60)L} \times \frac{H}{H_{th}}$

6. 펌프에서 발생하는 손실

[1] 수력 손실(水力 損失)

(1) 회전차 유로에서 마찰손실 수두

펌프의 흡입노즐에서 송출노즐까지 이르는 유로 전체에서 일어나는 손실을 말하며, 회전차 내의 손실수두를 hf, 안내장치 내의 손실수두를 $h'f$ 라 하면

- $hf = \lambda \frac{l}{m} \cdot \frac{v^2}{2g}$
- $h'f = \lambda' \frac{l'}{m'} \cdot \frac{w^2}{2g}$

여기서, λ, λ' : 마찰계수

l, l' : 유로의 길이

m, m' : 유로 단면의 수력 반지름

v : 회전차 내 흐름 상대속도

w : 안내장치 내 흐름속도

g : 중력 가속도

(2) 부차적 손실(minor loss)

회전차, 안내날개, 와류실, 송출노즐을 유체가 흐를 때 와류에 의해서 발생하는 손실을 말한다.

$$hd = \zeta_1 \frac{v^2}{2g}$$

여기서, ζ_1: 날개, 안내날개, 송출노즐에서 와류 때문에 발생하는 손실계수

(3) 충돌 손실

회전차의 날개 입구와 출구에 있어서 발생하는 충돌에 의한 손실이다. 날개 입구에서의 충돌 손실을 h_{s1}, h_{s2}라 하면

$$h_{s1} = \zeta_2 \frac{\Delta v^2 u_1}{2g}, \quad h_{s2} = \zeta_3 \frac{\Delta v^2 u_2}{2g}$$

[2] 누설 손실(漏泄 損失)

누설이 발생하는 부분은 다음과 같다.

① 회전차 입구의 웨어링 링(wearing ring)부뷴

② 축 추력 평형장치 부분

③ 패킹 박스(packing box)부분

④ 봉수용(封守用)에 사용되는 압력수

⑤ 베어링 및 패킹박스의 냉각에 사용되는 냉각수 및 다단 펌프에서는 다음 단과의 틈새

7. 원심펌프의 상사법칙(相似法則)

[1] 1개의 회전차인 경우

회전차의 회전속도가 N_1로 회전할 때 유량 Q_1, 양정 H_1과 회전차 회전속도가 N_2로 회전할 때 유량 Q_2, 양정 H_2는 상사형이다.

(1) 유량 : $Q_2 = Q_1 \frac{N_2}{N_1}$

즉, 유량은 회전속도에 비례한다.

(2) 양정 : $H_2 = H_1 \left(\frac{N_2}{N_1} \right)^2$

즉, 양정(수두)은 회전속도의 제곱에 비례함을 알 수 있다.

(3) 축동력 : $L_2 = L_1 \left(\frac{N_2}{N_1} \right)^3$

즉, 축 동력은 회전속도 비율의 3제곱에 비례한다.

[2] 형상이 상사한 2개의 회전차인 경우

펌프 속의 흐름도 상사가 되는 특성 곡선 상에서의 Q_1, Q_2, 전체 양정을 H_1, H_2, 축 동력을 L_1, L_2라 하면 2대의 펌프 사이에서는 다음과 같은 상사 법칙이 성립한다.

(1) 유량 : $\dfrac{Q_1}{N_1 D_1^3} = \dfrac{Q_2}{N_2 D_2^3}$

이 공식은 회전차의 지름, 회전속도, 유량에 관한 것이다.

(2) 양정 : $\dfrac{H_1}{N_1^2 D_1^2} = \dfrac{H_2}{N_2^2 D_2^2}$

이 공식은 양정(수두), 회전속도, 회전차 크기에 관한 것이다.

(3) 축동력 : $\dfrac{L_1}{N_1^3 D_1^5} = \dfrac{L_2}{N_2^3 D_2^5}$

이 공식은 축 동력, 회전속도, 회전차의 크기에 관한 것이다.

[3] 비교 회전도(specific speed)

$$n_s = N\frac{Q^{1/2}}{H^{3/4}} \ [\mathrm{m^3/min,\ m,\ rpm}]$$

여기서, N : 회전속도[rpm], Q : 유량[$\mathrm{m^3/min}$], H : 양정[m]

비교 회전도(n_s)는 무차원(無次元)이 아니므로 회전속도(N), 유량(Q), 양정(H)의 단위에 따라 값이 변화한다. 일반적으로 N[rpm], Q[$\mathrm{m^3/min}$], H[m]의 단위가 주로 사용된다.

(1) 비교 회전속도의 정의

1개의 회전차를 형상과 운전 상태를 상사(相似)하게 유지하면서 그 크기를 바꾸어 단위 유량에서 단위 양정을 발생시킬 때 그 회전차에 주어져야 할 매분 회전속도[rpm]를 처음(기준이 되는) 회전차의 비교 회전속도(또는 비속도(比速度)라 한다. 즉, 비교 회전속도가 같은 회전차는 상사형이며, 비교 회전속도는 회전차의 형상을 표시하는 척도가 되며 펌프의 성능을 표시하거나 가장 적합한 회전속도를 결정하는데 이용된다.

(2) 비교 회전속도와 펌프의 형식

비교 회전속도의 값은 각종 펌프의 구조를 대표하는 기준으로 사용한다.

$ns = N\frac{Q^{1/2}}{H^{3/4}}$에서 알 수 있는 바와 같이 회전속도를 일정하게 하면 높은 양정, 작은 유량의 펌프인 경우에는 비교 회전속도의 값이 적고, 회전차는 출구지름에 대해 폭이 좁다. 반대로 낮은 양정, 큰 유량의 펌프일수록 비교 회전속도의 값은 커지고, 회전차는 출구 지름에 대한 폭의 치수가 커진다. 또, 비교 회전속도가 커질수록 출구지름에 대한 출구 폭과 입구지름이 점점 커진다.

8. 펌프 회전차를 설계할 때 고려할 사항

[1] 마찰손실을 적게 하려면

① 날개의 길이(통로의 길이)를 짧게 한다.

② 날개의 매수를 가능한 적게 한다.

③ 회전차 내·외면을 매끈하게 한다.

[2] 손실수두를 적게 하려면

① 통로의 단면적이 급격히 변화하지 않도록 한다.

② 날개 곡선을 완만하게 한다.

③ 날개의 매수를 많게 하여 곡률 반지름을 크게 한다.

9. 축추력과 누출방지 장치

[1] 축 추력(axial thrust)

한쪽 흡입 회전차에서 앞면 옆쪽 벽과 뒷면 옆쪽 벽에 작용하는 정압에 차이가 있기 때문에 축 방향으로 작용하는 힘을 축 추력이라 한다. 축 추력의 크기는 다음 공식으로 나타낸다.

$$Th = (A_a - A_b)(p_1 - p_s)$$

$$= (Aa - Ab)\left[\frac{3}{4} \cdot \frac{\gamma(u_2^2 - u_1^2)}{2g}\right]$$

$$\frac{\pi}{4}(da^2 - db^2)\left[\frac{3}{4} \cdot \frac{\gamma(u_2^2 - u_1^2)}{2g}\right]$$

여기서, A_a : 웨어링 링의 면적[m²]

A_b : 회전차 축의 면적[m²]

d_a : 웨어링 링의 지름[m]

d_b : 회전차 축의 지름[m]

p_1 : 회전차 뒷면에 작용하는 압력[kgf/m²]

p_s : 흡입 압력[kgf/m²]

[2] 축 추력 방지방법

① 스러스트 베어링(thrust bearing)을 사용한다.

② 양쪽 흡입 회전차를 사용한다.

③ 평형 구멍(balance hole) 설치한다.

④ 뒷면 슈라우드(back shroud)에 방사상의 리브(rib)를 설치한다.

⑤ 다단 펌프에서는 전체 회전차의 1/2씩 서로 반대방향으로 배열한다. 이런 방식을 자기 평형(self balance)이라 한다.

⑥ 평형 원판을 설치한다.

10. 펌프에서 발생하는 이상 현상

펌프 속에서 발생하는 이상현상에는 캐비테이션(공동현상), 수격작용, 서징 현상 등이 있다.

[1] 캐비테이션(cavitation) : 공동현상

물이 관(pipe)속을 유동하고 있을 때 물 속의 어느 부분의 정압(static pressure)이 그 때의 물의 온도에 해당하는 증기압력(vapor pressure) 이하로 되면 부분적으로 증기가 발생하는 현상을 말한다.

(1) 캐비테이션 발생조건

① 펌프와 흡수면 사이의 수직거리가 너무 멀 때 발생한다.

② 펌프에 물이 과속으로 인하여 유량이 증가할 때 펌프 입구에서 발생한다.

③ 관(pipe)속을 유동하고 있는 물속의 어느 부분이 고온일수록 포화 증기압력에 비례하여 상승할 때 발생한다.

(2) 캐비테이션이 발생에 따르는 여러 가지 현상

① 소음(noise)과 진동(vibration)이 발생한다.

② 양정 곡선과 효율 곡선의 저하가 생긴다.

③ 날개(깃)에 침식(erosion)이 발생한다.

(3) 캐비테이션 방지방법

① 펌프의 설치위치를 가능한 한 낮추어 흡입 양정을 짧게 한다.

② 입축(立軸)펌프를 사용하고, 회전차가 물 속에 완전히 잠기도록 한다.

③ 펌프의 회전속도를 낮추어 흡입 비교 회전속도를 적게 한다.

④ 양쪽 흡입펌프를 사용한다.

⑤ 2대 이상의 펌프를 사용한다.

[2] 수격 현상(水擊 現象)

(1) 수격 작용(water hammering)

관속을 충만하게 흐르는 액체의 흐름속도를 급격히 변화시키면 액체에 심한 압력의 변화가 발생하는 현상을 수격 작용이라 한다.

(2) 수관(水管) 속의 압축파의 전파속도

$$a=\sqrt{\frac{K/\rho}{1+\frac{K}{E}\cdot\frac{D}{\delta}}}\ [\mathrm{m/s}]$$

여기서, a : 전파속노(음속)

K : 물의 체적탄성계수[kgf/m^2]

ρ : 물의 밀도[kgf· sec^2/m^4]

E : 관의 세로탄성계수[kgf/m^2]

D : 관의 안지름[m]

δ : 관 벽의 두께[㎜]

(3) 수격 작용의 방지방법

① 관내의 흐름속도를 낮춘다(단, 관의 지름을 크게 한다.).

② 펌프에 플라이 휠을 설치하여 펌프의 속도가 급격히 변화하는 것을 방지한다.

③ 서지 탱크(surge tank)를 관선에 설치한다.

④ 밸브를 펌프 송출구멍 가까이 설치하고, 밸브를 적당히 조정한다.

(4) 서징(surging) 현상

펌프(pump)나 송풍기(blower) 등이 작동 중에 한숨을 쉬는 것과 같은 상태로 되어, 펌프인 경우에는 입구와 출구의 진공계와 압력계 바늘이 흔들리고 동시에 송출 유량이 변화하는 현상이다. 즉, 송출 압력과 유량사이에서 주기적인 변화가 발생하는 현상이며, 발생 원인은 다음과 같다.

① 펌프의 양정 곡선이 산고 곡선(山高曲線)이고, 산고 상승 부분에서 운전하였을 때

② 유량 제어밸브가 탱크 뒤쪽에 있을 때

13-4 축류 펌프(Axial Flow Pump)

1. 축류 펌프의 특징

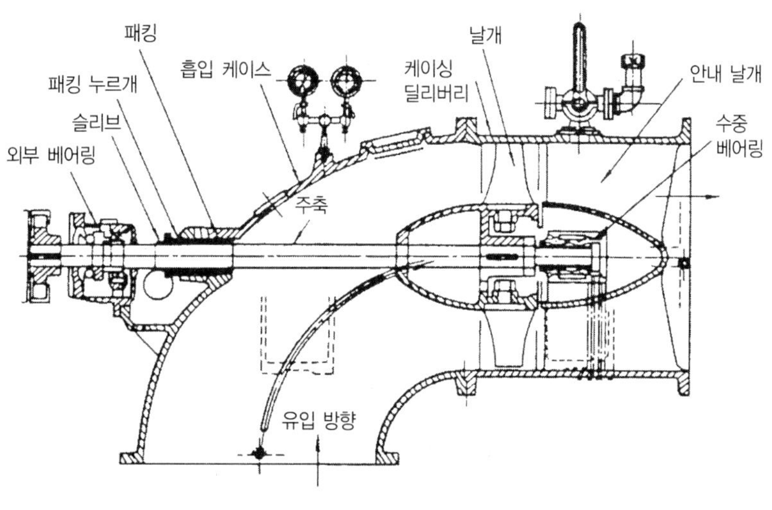

【그림 13-12 축류 펌프】

① 유량이 매우 크고, 낮은 양정에 적합하다.

② 고속운전에 적합하며, 형태가 적다.

③ 효율이 적은 것은 나쁘나, 큰 것은 원심펌프보다 훨씬 좋고, 운전 동력비용이 절감된다.

④ 풋 밸브(foot valve)나 송출밸브를 생략할 수 있다.

⑤ 구조가 간단하고 취급이 쉬우며 값이 싼 편이다.

2. 축류 펌프의 운전과 특성곡선

[1] 축류 펌프의 특성곡선

(1) 양정 곡선

유량이 0일 때 양정이 규정 양정에 비해 매우 높고, 유량이 증가할 때에는 양정의 감소비율이 크다.

(2) 동력 곡선

유량이 0일 때 소요 동력은 규정 동력에 비해 매우 높고, 유량 증가에 대한 동력 변화 경향은 양정의 경우와 같다.

(3) 효율 곡선

효율에 대해서는 유량 변화에 대한 저하가 가장 크지만, 양정의 변화가 크게 됨에 따라 효율변화가 가장 적다.

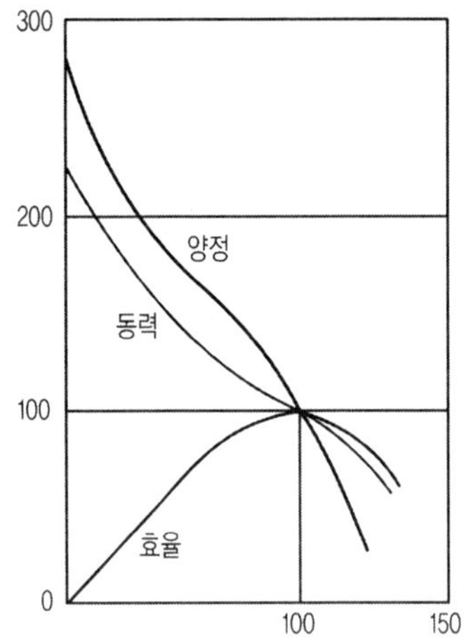

【그림 13-13 축류 펌프의 특성곡선】

13-5 왕복 펌프

1. 왕복 펌프의 개요

왕복 펌프(reciprocating pump)는 피스톤(piston) 또는 플런저(plunger)의 왕복운동에 의하여 액체를 흡입하며, 소요의 압력으로 압축하여 보내며, 일반적으로 송출 유량은 적으나 고압에서 사용된다.

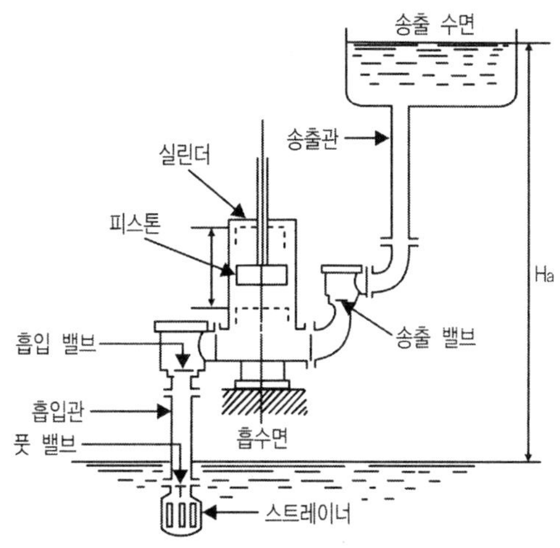

【그림 13-14 왕복 펌프】

2. 왕복 펌프의 분류

① 피스톤 펌프(piston pump)

② 버킷 펌프(bucket pump)

③ 플런저 펌프(plunger pump)

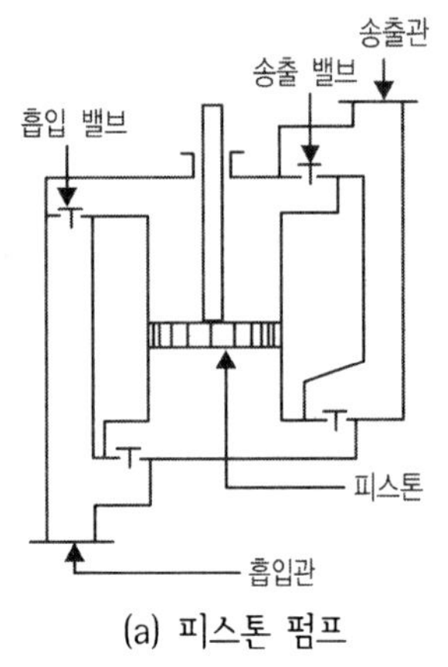

(a) 피스톤 펌프

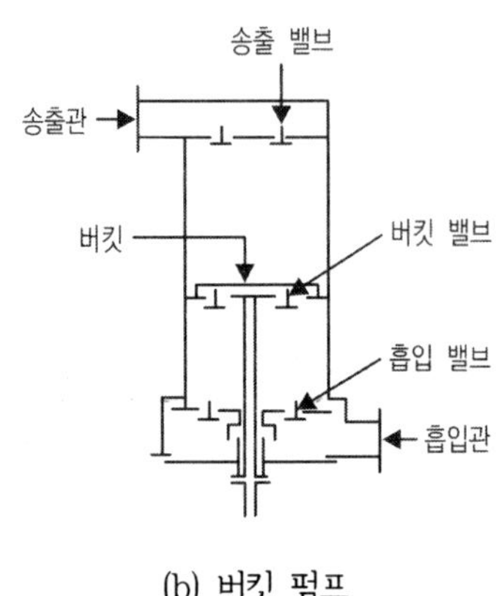

(b) 버킷 펌프

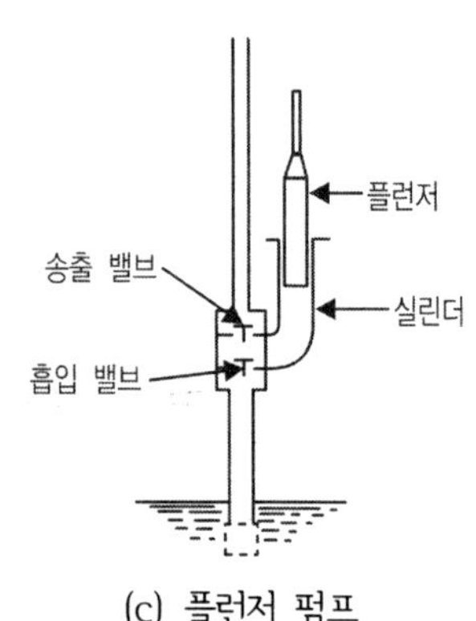

(c) 플런저 펌프

【그림 13-15 왕복 펌프의 분류】

3. 이론 송출량 계산

[1] 전체 양정(total head)

$$H = \frac{P_d - P_s}{\gamma} + H_a + hl$$

여기서, P_d : 송출 수면의 압력[kgf/m²]

P_a : 흡입 수면의 압력[kgf/m²]

H_a : 실제 양정[m]

γ : 유체의 비중량[kgf/m³]

hl : 총 손실수두[m]

[2] 이론 체적

$$V_o = \frac{\pi}{4} D^2 L = AL\,[\mathrm{m}^3]$$

여기서, D : 실린더 지름[m],

A : 피스톤 단면적[m²],

L : 행정[m]

[3] 이론 송출량

$$Q_{th} = \frac{V_o N}{60} = \frac{\frac{\pi}{4} D^2 LN}{60} = \frac{ALN}{60} \, [\mathrm{m}^2/\mathrm{s}]$$

또는 $Q_{th} = \frac{\pi}{4} D^2 LN [\mathrm{m}^2/\mathrm{s}]$

여기서, N : 회전속도[rpm]

[4] 실제 송출량

$$Q = Q_{th} - Ql$$

여기서, Ql : 누출 유량

[5] 체적효율

$$\eta v = \frac{Q}{Q_{th}} = \frac{Q_{th} - Ql}{Q_{th}} = 1 - \frac{Ql}{Q_{th}}$$

그러므로 $Q = \eta v \times Q_{th} = \eta v \frac{V_o N}{60} = \eta v \times \frac{ALN}{60}$

4. 왕복펌프의 공기실

피스톤 또는 플런저에서 송출되는 유량의 변동을 일정하게 하기 위하여 실린더 바루 뒤쪽에 공기실(air chamber)을 설치한다.

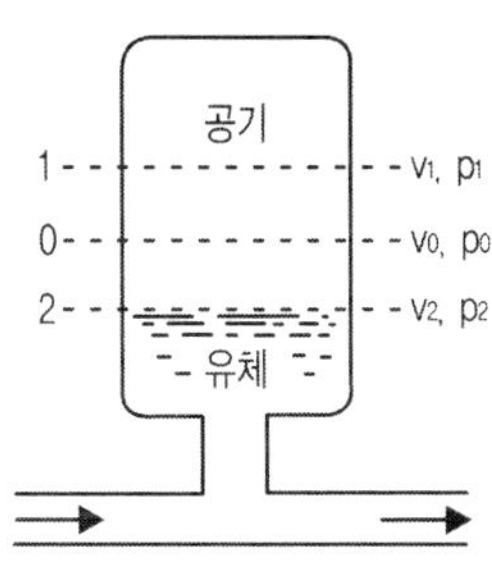

【그림 13-16 공기실】

5. 왕복펌프 밸브 구비조건

① 밸브 개폐가 정확할 것

② 물이 밸브를 통과할 때 저항을 최소한으로 할 것

③ 누설을 확실하게 방지할 것

④ 개폐작용이 신속하고, 고장이 적을 것

⑤ 내구성이 클 것

13-6 회전 펌프

1. 회전 펌프의 개요

회전 펌프(rotary pump)는 회전하는 회전체(기어, 나사, 베인)를 사용하여 흡입밸브, 송출밸브 없이 액체를 밀어내는 형식의 펌프를 총칭하여 부르는 것이다.

2. 회전 펌프의 특징

① 적은 유량, 높은 압력의 양정을 요구하는데 적합하다.
② 연속적으로 유체를 운송하므로 송출량이 맥동하는 경우가 없다.
③ 비교적 점도가 높은 액체에 좋은 성능을 발휘한다.
④ 구조가 간단하고, 취급이 쉽다.

3. 기어 펌프(gear pump, 치차 펌프)

[1] 기어 펌프의 개요

기어 펌프는 2개의 같은 형상, 같은 크기의 기어를 원통 속에서 물리게 하고, 한쪽의 기어에 외부로부터 동력을 주어 운전하며, 이(tooth)와 이 사이의 공간에 있는 물을 구축하여 양수하는 펌프이다.

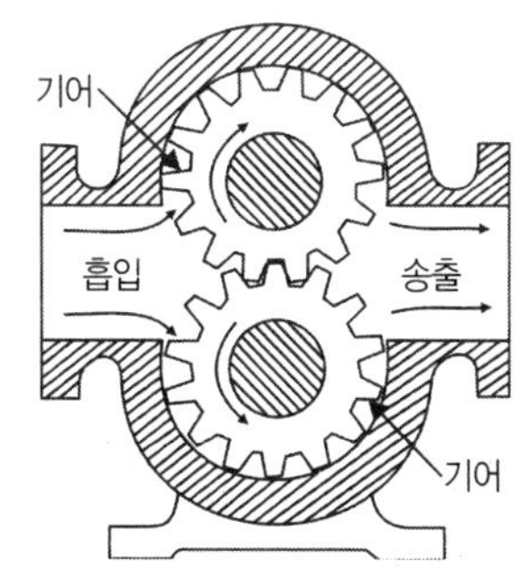

【그림 13-17 외접 기어 펌프】

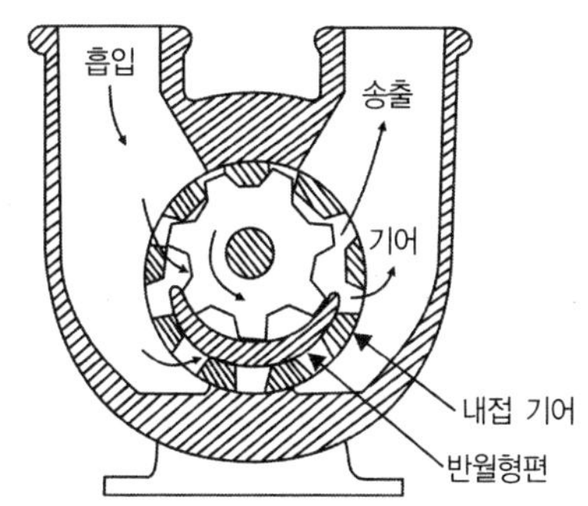

【그림 13-18 내접 기어 펌프】

[2] 기어 펌프의 설계

(1) 이론 송출량

$$V_{th} = \frac{\frac{\pi}{4}(D_a^2 - D_l^2)bN}{60} \; [\mathrm{cm}^3/\mathrm{s}]$$

여기서, D_a : 이 선원(齒先圓)의 지름

D_l : 이 저원(齒低圓)의 지름

b : 이 폭(齒幅)

또, 인벌루트(involute)기어를 사용한 경우의 기어 펌프 이론 송출량은

$$V_{th} = 2\pi m^2 zbN [\mathrm{cm}^3/\mathrm{s}]$$

여기서, m: 모듈(module)

z : 기어의 잇수

(2) 체적효율

$$\eta_v = \frac{Q}{V_{th}}$$

여기서, Q : 실제 송출 유량

V_{th} : 이론 송출 유량

4. 베인 펌프(vane pump)

[1] 베인 펌프의 개요

베인 펌프는 날개형에 속하는 것으로 주로 오일을 취급하는데 사용하며, 본질적으로는 많은 유량의 오일을 수송하는데 적합하다.

[2] 베인 펌프의 특징

① 10매 정도의 베인을 지니며, 적당한 압력포트, 캠링(cam ring)을 사용하므로 송출압력에 맥동이 적다.

② 펌프의 구동 동력에 비해 형상이 작다.

③ 베인의 선단이 마모되어도 압력저하가 발생하지 않는다.

④ 비교적 고장이 적고, 수리가 쉽다.

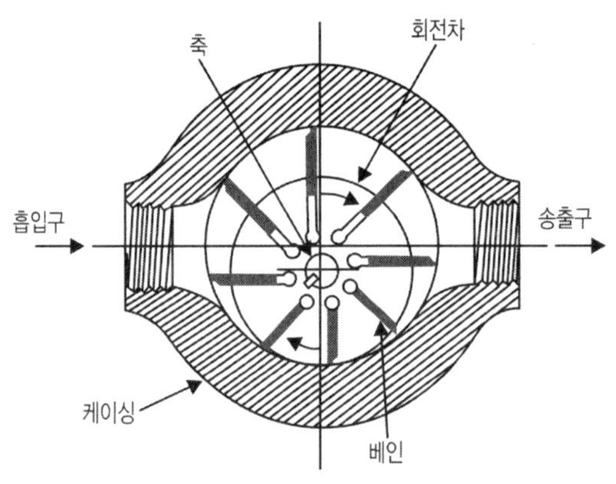

【그림 13-19 베인 펌프】

[3] 송출유량

$V = 2\pi \cdot D_a \cdot e \cdot b$

여기서, D_a : 실린더 안지름

e : 편심량

b : 회전차(rotor)의 폭

매분 회전속도[rpm)을 N이라 하면

$$Q_{th} = \frac{2\pi \cdot Da \cdot e \cdot n \cdot b}{60}$$

[4] 체적효율

$$\eta v = \frac{Q}{V_{th}}$$

5. 나사 펌프(screw pump)

[1] 나사 펌프의 개요

나사 펌프는 1개의 나사축(원동 회전체)에 다른 나사축(종동 회전체)을 1~2개를 물리도록 하여 케이스 속에 밀봉하고 이 1조의 나사축을 서로 반대방향으로 회전시켜 한쪽의 나사 홈 속의 액체를 다른 쪽의 나사산으로 밀어내도록 하는 펌프를 말한다.

[2] 나사 펌프의 특징

① 나사축 상호간에 나사와 바깥 실린더 사이에 금속적인 접촉이 없어 수명이 길다.

② 양쪽 축이 좌우 나사이므로 수압이 평형되어 추력이 발생하지 않는다.

③ 왕복운동 하는 부분이 없어 흐름은 정적이며, 소음과 진동이 적다.

④ 고속회전이 가능하므로 소형이 되고, 값이 싸다.

⑤ 다른 펌프에 비해 체적효율이 비교적 높다.

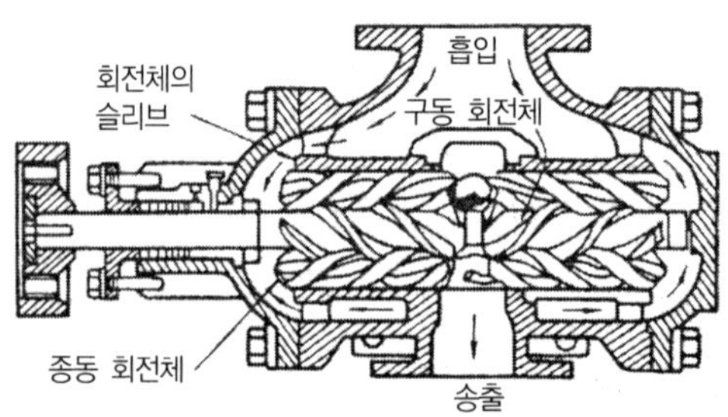

【그림 13-20 나사펌프】

6. 회전펌프의 동력과 효율

[1] 체적효율

$$\eta v = \frac{V}{V_{th}} = \frac{V_{th} - \Delta V}{V_{th}}$$

여기서, V : 펌프 1회전 당의 유량

V_{th} : 펌프 1회전 당 이론 송출유량

ΔV : 누출유량

[2] 기계효율

$$\eta m = \frac{L_{th}}{L} = \frac{pQ_{th}}{L} = \frac{pV_{th}N}{L}$$

여기서, Q_{th} : 이론 송출유량($= V_{th}N$)

N : 회전속도[rpm]

p : 압력

L_{th} : 이론동력($= pQ_{th}$)

L : 축 동력

[3] 전체효율

$$\eta = \eta v \cdot \eta m = \frac{V}{V_{th}} \times \frac{pV_{th}N}{N} = \frac{pVN}{L} = \frac{pQ}{Q}$$

13-7 특수 펌프

1. 마찰 펌프(friction pump)

마찰 펌프는 유체의 점성력을 이용하여 매끈한 회전체 또는 나사가 있는 회전축이 케이스 속에서 회전하므로 액체의 유체 마찰에 의해 압력 에너지를 주어 송출하는 펌프를 말한다. 마찰펌프에는 여러 가지가 있으나 점성이 비교적 적은 액체 대해서는 와류 펌프(vertex pump) 또는 웨스코 펌프(Westco rotay pump)로 널리 알려져 있는 것이 있다.

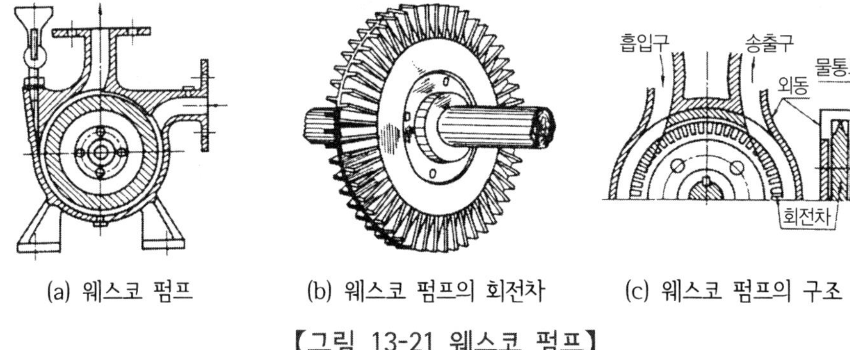

(a) 웨스코 펌프 (b) 웨스코 펌프의 회전차 (c) 웨스코 펌프의 구조

【그림 13-21 웨스코 펌프】

[1] 마찰 펌프의 작동원리

① 여러 개의 날개에 의해 연속적으로 와류를 만들어 그 에너지에 의해 양수한다.

② 홈이 헝클어져 마찰을 일으켜서 액체를 선회작용 시키고 이에 따라 액체가 미끄럼 운동을 한다.

[2] 마찰 펌프의 특징

① 구조가 간단하다.

② 적은 유량, 높은 양정에서 널리 사용된다.

③ 석유나 화학약품, 뜨거운 물, 가정용 펌프로 사용된다.

④ 비교 회전도가 비교적 적다.

2. 제트 펌프(jet pump, 분사 펌프)

고압의 액체를 분출할 때 그 주위의 액체가 분사 흐름을 따라 송출되도록 하는 펌프를 제트 펌프 또는 분사 펌프라 한다.

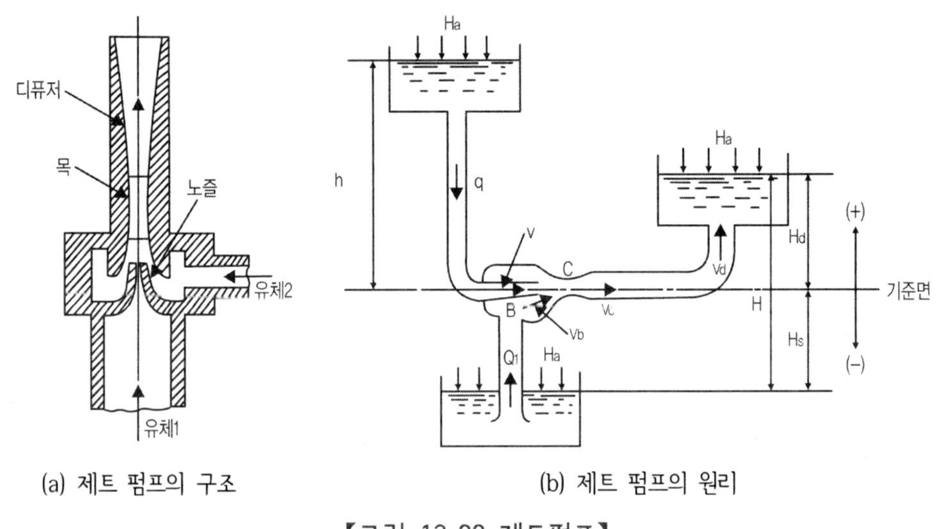

(a) 제트 펌프의 구조　　(b) 제트 펌프의 원리

【그림 13-22 제트펌프】

3. 기포 펌프(air lift pump)

공기관에 의하여 압축공기를 양수관 속에 유입하면 양수관 속은 물과 공기의 물보다 가벼운 혼합체가 되므로 관 바깥쪽 물의 압력을 받아 물이 높은 곳으로 수송하는 펌프를 말한다.

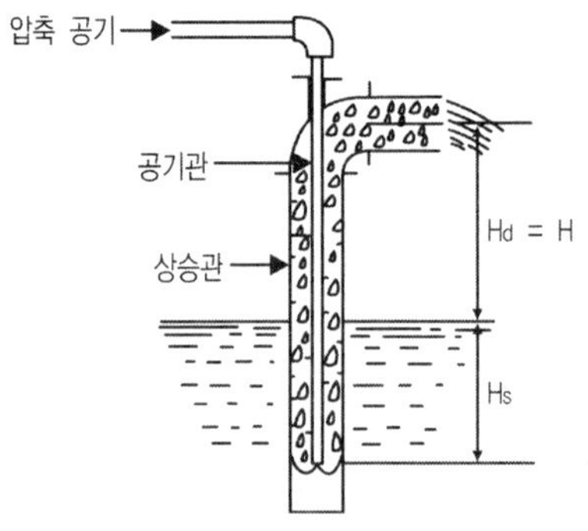

【그림 13-23 기포 펌프의 구조】

4. 수격 펌프(hydraulic pump)

비교적 낮은 낙차의 물을 긴 관으로 이끌어 그 관성작용을 이용하여 일부분의 물을 본래의 높이보다 더욱 더 높은 곳으로 수송하는 자동 양수를 수격 펌프라 한다.

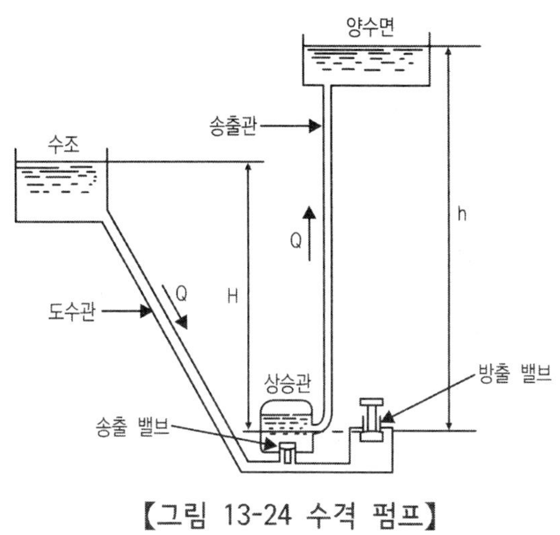

【그림 13-24 수격 펌프】

13-8 수차(Water Turbine)

1. 수차의 개요

물이 가지고 있는 에너지를 기계적 에너지로 변환하는 기계를 수력 원동기(hydraulic prime mover)라 한다. 수차가 이것을 대표적이면 그 이용범위가 매우 넓다.

2. 수차의 분류

[1] 중력 수차

물이 낙하할 때의 중력으로 작동하는 형식이다.

[2] 충격 수차

물이 가지는 속도 에너지에 의하여 물의 충격으로 수차를 회전시키는 것이며, 펠톤 수차가 여기에 속한다.

[3] 반동 수차

물이 가지는 압력과 속도 에너지를 회전차를 통과하는 사이에 수차에서 주어서 회전시키는 형식이며, 프란시스 수차, 프로펠러 수차가 여기에 속한다.

3. 수차의 유효 낙차와 출력

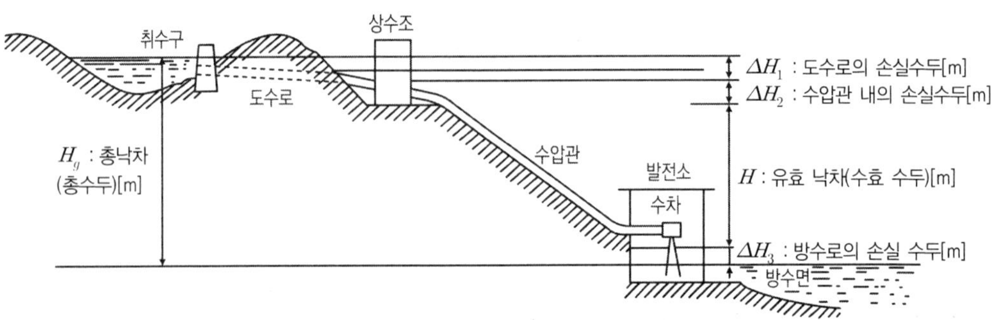

【그림 13-25 유효 낙차와 손실 수두】

[1] 수차의 유효 낙차(Effective Head)

$$H = Hg - (h_1 + h_2 + h_3)$$

여기서, Hg : 총 낙차(취수 댐 수면과 방수 면의 수직 높이, m)

h_1 : 도수로의 손실 수두(m)

h_2 : 수압관 내의 손실수도(m)

h_3 : 방수로의 손실 수두(m)

[2] 수차의 출력

• $PS = \frac{\gamma HQ}{75}$ • $kW = \frac{\gamma HQ}{102}$

여기서, γ : 물의 비중량[kgf/m^3]

Q : 유량[m^3/s]

H : 유효 낙차[m]

4. 각종 수차의 특징

[1] 펠톤(Pelton) 수차

펠톤 수차는 높은 낙차용(H=200~1800m)으로 사용되며, 유량이 비교적 적은 경우에 적합한 충격 수차이다.

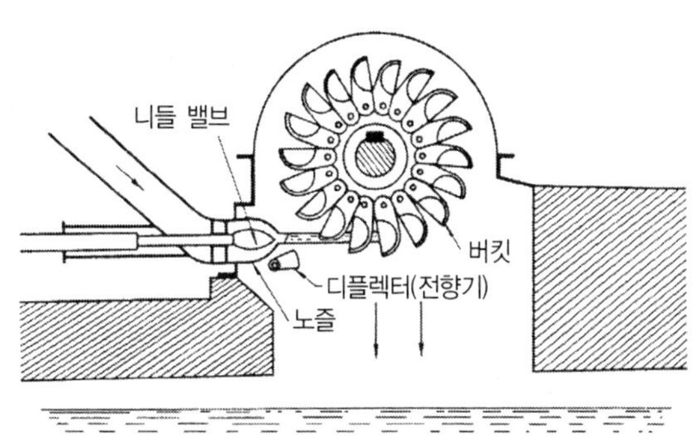

【그림 13-26 펠톤 수차의 구조】

[2] 프란시스(Francis) 수차

프란시스 수차는 물의 흐름이 회전차의 바깥둘레에서 안쪽을 향하여 유입하고, 축 방향을 향하여 유출한다. 낙차 40~500m의 중낙차에 사용되며, 그 이용도가 가장 많은 반동 수차이다.

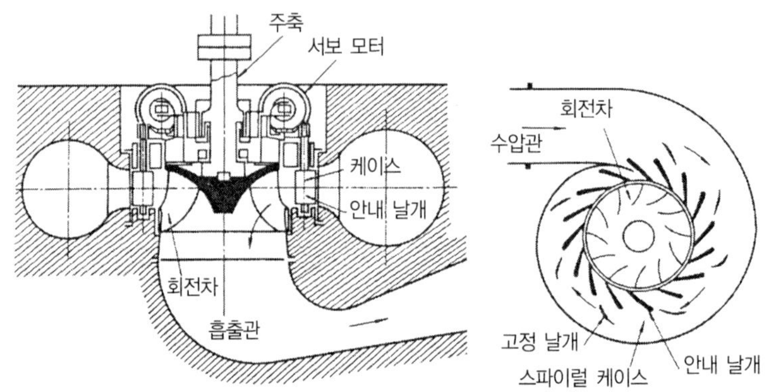

【그림 13-27 프란시스 수차】

[3] 프로펠러(Propeller) 수차

프로펠러 수차는 80m 이하 일반적으로 20~40m의 낮은 낙차로 비교적 유량이 경우에 사용되며, 날개 수는 3~10매가 일반적이다. 부하에 의해 날개 각도를 조절할 수 있는 가동익형(可動翼型)과 고정익형(固定翼型)으로 나누어지며, 앞의 경우를 카플란(Kaplan) 수차, 뒤의 경우를 프로펠러 수차라 부른다.

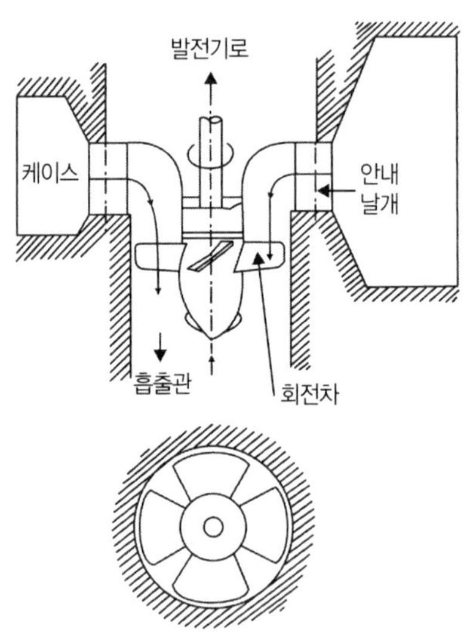

【그림 13-28 프로펠러 수차】

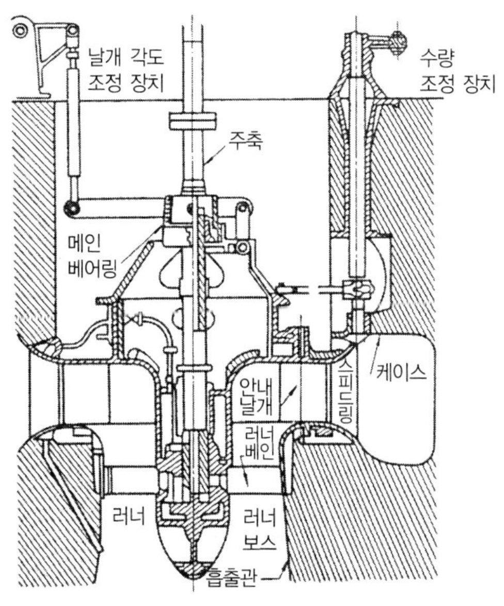

【그림 13-29 카플란 수차의 구조】

13-9 공기기계(空氣 機械)

1. 공기기계의 개요

[1] 공기기계의 정의

공기기계는 액체를 이용하는 펌프(pump)나 수차(turbine)의 기본적인 원리는 같으나 기계적 에너지를 기체에 주어 압력과 속도 에너지로 변화시키는 기계가 송풍기나 압축기이고, 이와 반대로 기계적 에너지로 변화시켜 주는 것을 압축 공기기계라 한다.

[2] 공기기계의 분류

(1) 저압 공기기계

저압 공기기계에는 송풍기(blower)와 풍차(wind mill)가 있다.

(2) 고압 공기기계

고압 공기기계에는 압축기(compressor), 진공 펌프(vacuum pump), 압축 공기기계 등이 있다.

[3] 압축방법에 의한 분류

① 용적형 : 밀폐실의 체적을 압축하여 내부의 공기압력을 높이는 형식이다.

② 터보형 : 공기에 정해진 방향의 운동을 부여하여 그 운동에너지를 압력으로 바꾸는 형식이다.

㉮ 축류형(軸流型) : 공기는 전체적으로 축 방향으로 유동하며, 날개의 양력(揚力)을 이용하여 공기의 압력과 속도를 높인다.

㉯ 원심형(遠心型) : 공기는 날개 사이를 반지름 방향으로 유동하며, 원심력을 이용하여 공기의 압력과 속도를 높인다.

[4] 공기기계의 특징

(1) 왕복 압축기

① 왕복 압축기의 장점

㉮ 풍량이 적은 경우에 효율적이다.

㉯ 송출압력이 크게 변화하여도 풍량은 변화하지 않는다.

㉰ 구조가 간단하다.

㉱ 효율을 그다지 저하시키지 않고도 풍량을 조정할 수 있다.

② 왕복 압축기의 단점

㉮ 기계 접촉부분이 많다.

㉯ 마모에 의해 효율이 저하된다.

㉰ 송출 공기가 맥동하여 윤활유를 내포하는 관계로 공기 저유부가 필요하다.

㉱ 대형이므로 시설비용이 비싸다.

(2) 회전 압축기

① 회전 압축기의 장점

㉮ 취급 공기에 관계없이 압력 상승의 변화가 없다.

㉯ 회전속도가 일정하여도 풍량은 변하지 않는다.

② 회전 압축기의 종류

㉮ 루츠 송풍기 : 원심 송풍기와 왕복 압축기의 중간이며, 저압 압축기로서 2 kgf/cm^2 이하의 송출압력에서 많이 사용한다.

㉯ 가동 날개 송풍기 : 왕복 압축기에 비해 소형·경량이며, 진동 및 소음이 적고 구조가 간단하다.

㉰ 나사형 압축기 : 대용량(300~500m^3/min)의 회전형 압축기로 개발되었으며 리솔름 압축기라고도 부른다.

(3) 축류 압축기

① 축류 압축기의 장점

㉮ 회전속도가 빠르다.

㉯ 소형·경량으로 할 수 있다.

㉰ 최고 송출압력은 4kgf/cm^{2}이다.

② 축류 압축기의 단점

㉮ 소음이 크다.

㉯ 성능이 매우 나쁘다.

(4) 축류 송풍기

① 성능이 좋다.

② 송출압력이 1.1kgf/cm^2 이상이다.

(5) 원심 압축기

① 최고 풍량은 1.8×10^5m^3/hr 정도이다.

② 송출압력은 50kgf/cm^{2}의 것까지 제작되고 있다.

(6) 원심 송풍기

① 큰 용량을 가질 수 있다.

② 소음이 적다.

[5] 공기기계의 압력·풍량 및 동력

(1) 공기기계의 압력

공기기계의 압력단위 표시는 팬(fan)에서는 mmAq, 송풍기는 mmAq, mAq 또는 mmHg, 압축기에서는 kgf/cm^{2}를 사용한다.

① 송풍기 전압(全壓)

$$p_t = p_{t2} - p_{t1} = (p_{s2} - p_{s1}) + (p_{d2} - p_{d1})\ [\text{kgf/m}^2 = \text{mmAq}]$$

여기서, t : 전압(total pressure)　　s : 정압(static pressure)

d : 동압(dynamic pressure)　　p_{d1} : 흡입상태의 동압 $\left(= \frac{\gamma}{2g} v_1^2\right)$

p_{d2} : 송출 쪽의 동압 $\left(= \frac{\gamma}{2g} v_2^2\right)$

첨자 1 : 흡입 쪽　　첨자 2 : 송출 쪽

② 송풍기 정압(靜壓)

$$p_s = p_t - p_{d2} = (p_{s2} - p_{s1}) - p_d\ [\text{kgf/m}^2 = \text{mmAq}]$$

여기서, p_{d2} : 송풍기 및 압축기에서의 송출 동압(動壓)

(2) 공기기계의 동력

① 전압(全壓) 공기동력

- $L_t = \dfrac{p_t Q_1}{75 \times 60} = \dfrac{Q_1}{4500}[(p_{s2} - p_{s1}) + (p_{d2} - p_{d1})]$ [PS]

- $L_t = \dfrac{p_t Q_1}{102 \times 60} = \dfrac{Q_1}{6120}[(p_{s2} - p_{s1}) + (p_{d2} - p_{d1})]$ [kW]

여기서, p_t : 송풍기 전압(全壓) Q_1 : 흡입상태의 풍량[m³/min]

② 정압(靜壓) 공기동력

- $L_s = \dfrac{p_s Q_1}{75 \times 60} = \dfrac{Q_1}{4500}[(p_{s2} - p_{s1}) - p_{d1}]$ [PS]

- $L_s = \dfrac{p_s Q_1}{102 \times 60} = \dfrac{Q_1}{6120}[(p_{s2} - p_{s1}) - p_{d1}]$ [kW]

여기서, p_s : 송풍기 정압[kgf/m², mmAq] Q_1 : 흡입상태의 풍량[m³/min]

③ 이론 단열(斷熱) 공기동력

$$L_{ad} = \frac{p_{ead} \times Q}{102 \times 60} = \frac{k}{k-1}\frac{p_1 Q_1}{6120}\left[\left(\frac{p_2}{p_1}\right)^{\frac{k-1}{k}}\right] = \frac{k}{k-1}\frac{GRT_1}{6120}\left[\left(\frac{p_2}{p_1}\right)^{\frac{k-1}{k}} - 1\right] \text{ [kW]}$$

여기서, p_1 : 흡입압력[kgf/m²-abs]

p_2 : 송출압력[kgf/m²-abs]

G : 공기의 흡입무게[kgf/min]

R : 기체상수[kgf-m/kgf °K]

p_{ead} : 평균유효 단열압력

단, $p_{ead} = \dfrac{k}{k-1} p_1 v_1 \left[\left(\dfrac{p_2}{p_1}\right)^{\frac{k-1}{k}} - 1\right]$

④ 이론 등온(等溫) 공기동력

$$L_{is}=\frac{p_1Q_1}{102\times60}\log_e\left(\frac{p_2}{p_1}\right)=\frac{GRT_1}{6120}\log_e\left(\frac{p_2}{p_1}\right)\ [\mathrm{kW}]$$

Q_1 : 흡입상태의 풍량[m³/min]

[6] 송풍기와 압축기의 효율

(1) 체적효율

$$\eta v=\frac{Q}{Q_{th}}$$

여기서, Q : 송출되는 공기량[m³/min] Q_{th} : 이론 송출량[m³/min]

(2) 기계효율

$$\eta m=\frac{L-L_m}{L}$$

여기서, L : 축 동력 L_m : 기계 손실동력

(3) 전압(全壓)효율

$$\eta t=\frac{L_t}{L}$$

여기서, L_t : 전압 공기동력

(4) 정압(靜壓)효율

$$\eta s=\frac{L_s}{L}$$

여기서, L_s : 정압 공기동력

(5) 전체 단열(斷熱)효율

$$\eta_{tad}=\frac{L_{ad}}{L}$$

여기서, L_{ad} : 이론 단열 공기동력

(6) 전체 등온(等溫)효율

$$\eta_{tis} = \frac{L_{is}}{L}$$

여기서, L_{is} : 이론 동온 공기동력

(7) 단열(斷熱)효율

$$\eta_{ad} = \frac{\eta_{tad}}{\eta m}$$

여기서, η_{tad} : 전체 단열효율 　　　ηm : 기계효율

(8) 등온(等溫)효율

$$\eta_{is} = \frac{\eta_{tis}}{\eta m}$$

여기서, η_{tis} : 전체 등온효율

(9) 단열 온도 효율

$$\eta = \frac{T - T_1}{T_2 - T_1} = \frac{\left(\frac{p_2}{p_1}\right)^{\frac{k-1}{k}} - 1}{\left(\frac{p_2}{p_1}\right)^{\frac{n-1}{n}} - 1}$$

여기서, T_1, T_2 : 흡입 및 송출 공기의 절대온도

n : 폴리트로픽 지수

2. 원심 송풍기 및 압축기

송풍기는 기계적 에너지를 기체에 공급하여 기체의 압력과 속도 에너지로 변환시키며, 압력의 높음과 낮음에 따라 팬(0~0.1kgf/cm^2)과 블로워(0.1~1.0kgf/cm^2)로 분류한다.

[1] 분류와 구조

(1) 원심 송풍기의 분류

① 원심 팬(centrifugal fan) : 흡입구멍으로부터 유입한 공기는 흡입 케이스, 흡입통을 거쳐 축 방향으로 회전차에 흡입된다. 회전차에 의해 원심력을 받은 공기는 회전차 바깥으로부터 와류실에 유입하며, 와류실 내를 돌면서 감속하여 속도 에너지가 압력 에너지로 변환되어 송출구멍에서 배출된다.

② 다익 팬(multi blade fan) : 날개(깃)가 회전 방향 쪽으로 기울어져 있으며, 같은 풍량에 대하여 회전차의 바깥 지름과 회전속도가 다른 팬에 비해 가장 크며 시로코 팬(sirocco fan)이라고도 부르며 풍량이 많고, 날개 현의 길이가 짧고, 날개폭이 넓다.

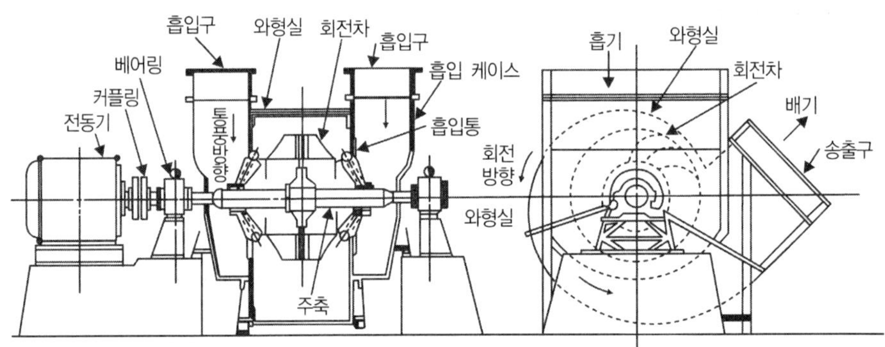

【그림 13-30 원심 팬의 구조】

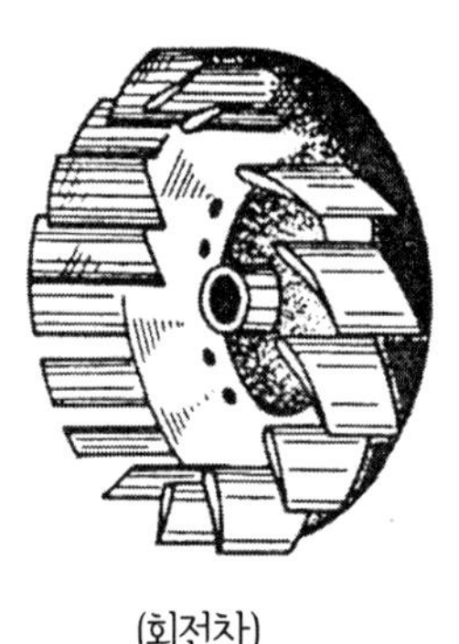

(회전차)

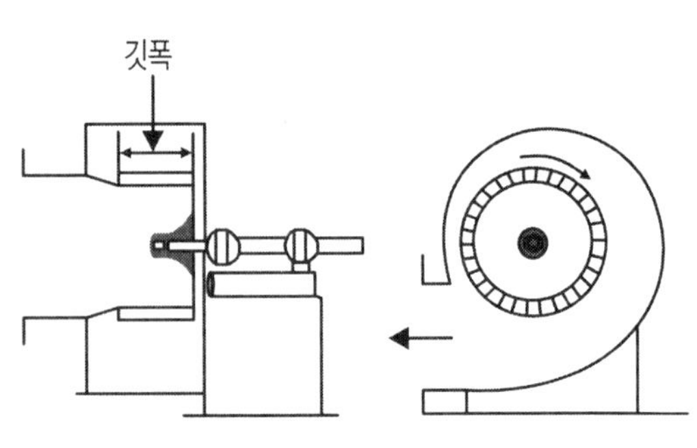

【그림 13-31 다익 팬】

③ 터보 팬(turbo fan) : 회전차의 날개가 회전방향에 대해 뒤쪽으로 기울어져 있으며, 고속회전이 가능하고 효율이 높으며 소요동력이 적으나 공기의 배출온도가 높다.

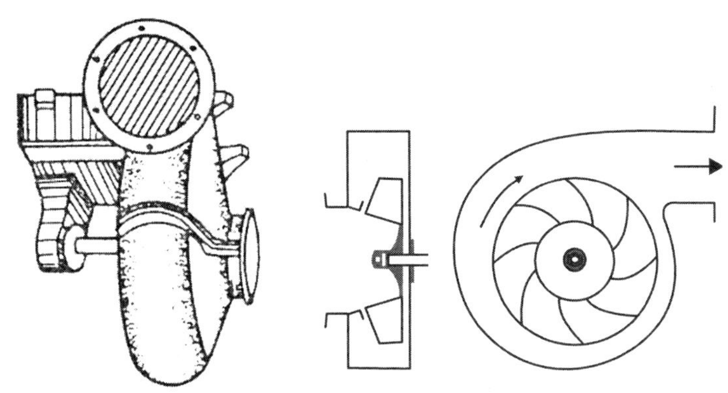

【그림 13-32 터보 팬】

④ 한계 부하 팬 : 흡입구멍에 프로펠러 형상의 안내날개가 있으며, 풍량이 설계점 이상으로 증가하여도 축 동력이 증가하지 않는다.

⑤ 익형 팬 : 풍량이 설계점 이상으로 증가하여도 축 동력이 증가하지 않으며, 효율이 높고 소음이 적다.

⑥ 레이디얼 팬(radial fan) : 경향(徑向)날개이며, 본체에서 방사형으로 나 있는 스포크(spoke)면에 철판이 리베팅된 간단한 구조이며, 날개 수는 6~12매 정도이며, 케이스는 다익 팬과 같은 형태이나 반지름 방향이 약간 내형이다.

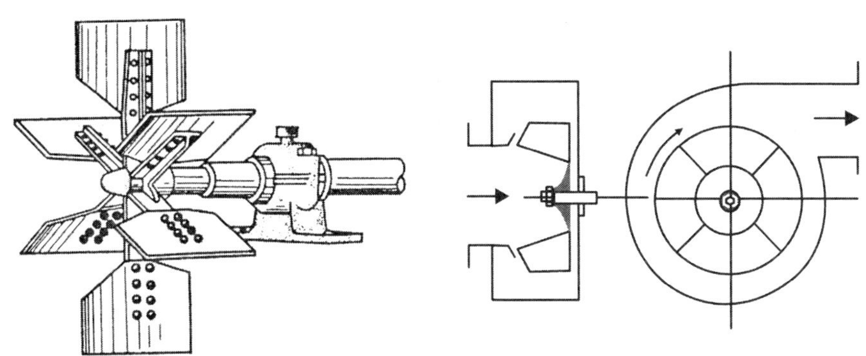

【그림 13-33 레이디얼 팬】

(2) 원심 송풍기

형체는 원심 팬과 비슷하지만 회전차와 와류실 사이에 디퓨저를 설치하여 회전차에서 나온 흐름을 높은 효율로 감속시킨다.

[2] 원심 압축기

터보 송풍기보다 압력비율이 높고 온도 상승이 큰 경우에는 다단 원심 압축기를 사용하며, 케이스에 물 재킷(water jacket)을 사용하거나 인터 쿨러(inter cooler)를 사용한다.

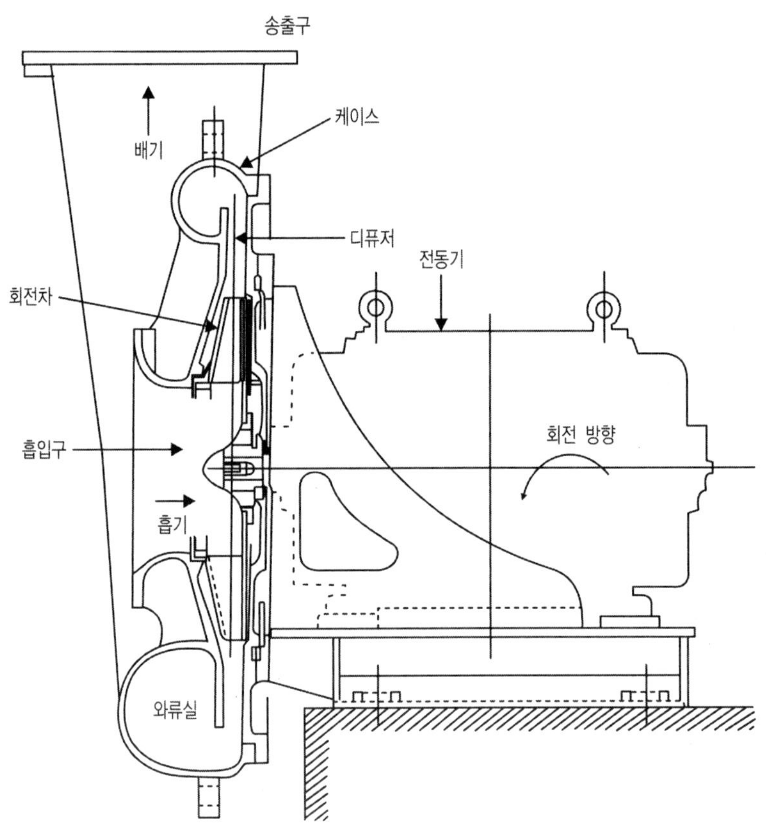

【그림 13-34 편흡입형 1단 원심 송풍기】

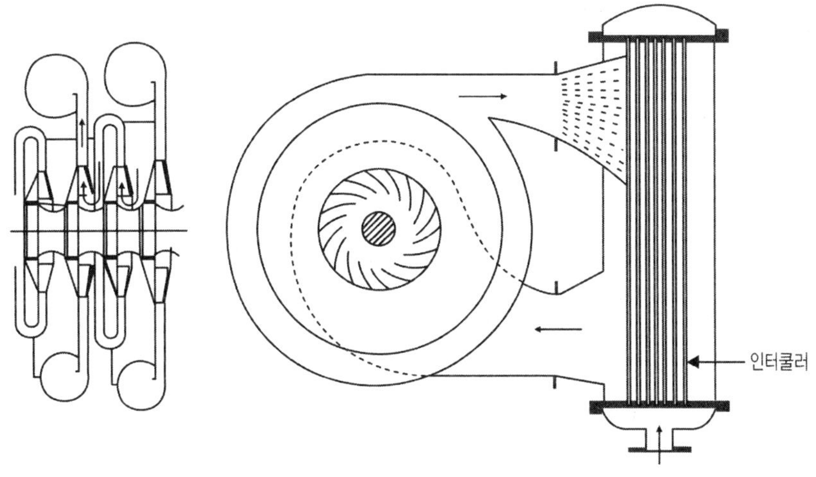

【그림 13-35 다단형 원심 압축기】

[3] 원심 송풍기의 서징

송풍기계에 특별한 외란(外亂)을 주지 않았는데도 압력과 풍향에 비교적 큰 주기적 변동이 발생하는 현상을 서징(surging)라 한다. 서징 현상 방지방법은 다음과 같다.

① 방풍(防風)에 의한 방법

② 바이패스(by-pass)를 설치하여 방풍 밸브에서 나온 기체를 흡입 쪽으로 순환시키는 방법

③ 흡입밸브 또는 흡입날개의 스로틀(throttle)에 의해 제어하는 방법

④ 출구 안내 날개의 스로틀로 흡입 스로틀과 같은 효과를 얻어 서징을 방지하는 방법

⑤ 날개 출구각도를 작게 하여 좌우 특성 곡선을 얻어 서징 범위를 없애거나 또는 범위를 좁히는 방법

⑥ 회전속도의 제어로 항상 서징 한계 밖에서 운전할 수 있도록 하는 방법

3. 축류형 송풍기 및 압축기

[1] 축류 송풍기 및 압축기의 개요

(1) 축류 송풍기의 개요

① 풍압 650㎜Aq, 풍량 2000m^3/min, 효율 65~80%의 범위까지 제작이 가능하다.

② 무압형(無壓形)과 유압형(有壓形)으로 분류된다.

③ 낮은 풍압, 큰 풍량용으로 고속회전에 적합하다.

④ 소형의 경우는 전동기 축에 직접 회전축을 설치하여 사용할 수 있다.

⑤ 효율이 좋다.

(2) 축류 압축기의 개요

① 고정익(靜翼)과 동익(動翼)을 교대로 배열할 수 있다.

② 한 단위의 압력비율은 1.1 정도이다.

③ 로터(rotor)나 동익은 높은 주속(周速)에 견딜 수 있다.

[2] 분류와 구조

(1) 축류 팬(axial fan)

회전차 날개 수는 2~10매, 안지름과 바깥지름의 비율은 압력비율에 의하여 다르므로 대개 0.3~0.5, 효율은 60~80% 정도이다.

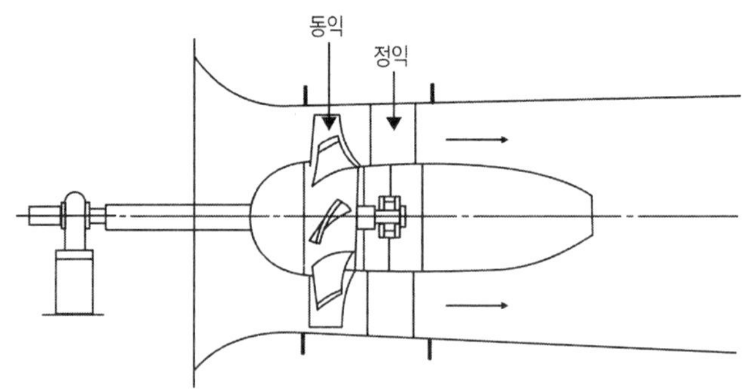

【그림 13-36 1단 후치 정익형 축류 팬】

(2) 축류 송풍기(axial blower)

압력이 100㎜Aq에서 $1kgf/cm^2$ gauge 정도까지를 축류 송풍기라 부르고, 구조는 축류 팬이나 축류 압축기와 비슷하다.

(3) 축류 압축기(axial compressor)

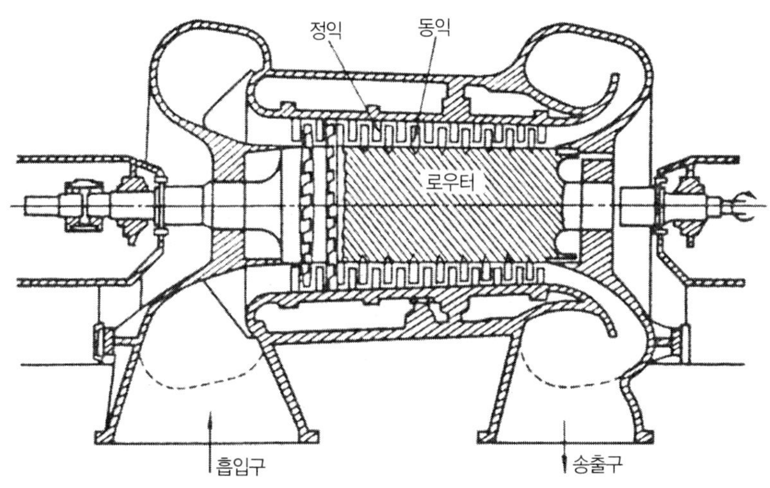

【그림 13-37 다단 축류 압축기】

로터(rotor)에 고정시킨 동익(動翼)과 동익 사이에 정익(靜翼)을 조합시킨 것이며 흡입구멍에서 익렬 전까지의 증속 구간, 익렬에서의 에너지 증가 구간, 익렬 전의 디퓨저에서 송출구멍까지의 감속 구간 등 3구간으로 분할된다.

4. 왕복 압축기

왕복 압축기는 실린더 속의 피스톤이 왕복 운동을 하면서 공기나 가스를 흡입밸브로부터 실린더에 흡입하여 이를 압축하고 송출밸브로 압송하는 압축기이다.

이 압축기의 특징은 다음과 같다.

① 압력비율이 높다.

② 풍량은 압력변화에 따라 거의 변화하지 않는다.

③ 큰 풍량에는 부적합하다.

④ 회전속도가 낮다.

⑤ 기계적 접촉부분이 많다.

⑥ 송출유량 맥동적이므로 공기탱크가 필요하다.

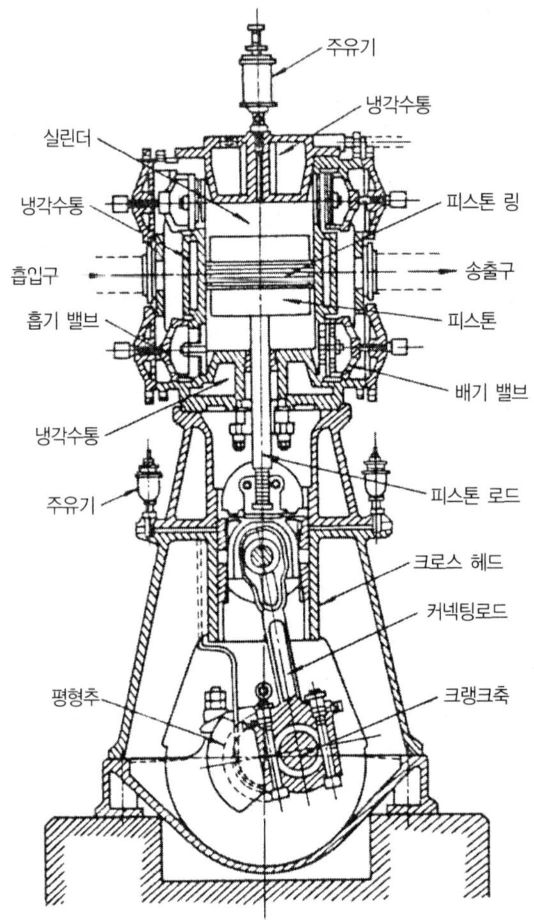

【그림 13-38 왕복 입형 압축기의 구조】

5. 회전형 압축기

[1] 회전형 압축기의 개요

회전형 압축기는 원심 압축기에 비해 압축작동이 회전방향에 대해 연속적이며, 기체가 항상 일정한 방향으로 흐르고, 흡입밸브, 송출밸브, 크랭크 기구 등이 필요 없다. 따라서 회전속도를 높인 수 있고 소형 경량으로 할 수 있다. 회전형 압축기는 다음과 같은 특징이 있다.

(1) 회전형 압축기의 장점

① 원심형과 같이 부하의 저항 변화에 따라 유량이 증감되는 경우가 없다.

② 일정한 회전속도에서 그 송출유량이 대략 일정하다.

③ 회전속도가 변하더라도 압력비율의 저하 없이 송출유량을 회전속도에 비례하게 할 수 있다.

④ 풍량에 대한 압력비율, 구동동력의 관계는 송출구멍을 스로틀하여 풍량을 감소시킴에 따라 압력비율이 증가하고, 구동동력도 급증한다.

(2) 회전형 압축기의 단점

① 로터와 다른 부분의 압력차이 때문에 고장이 발생하기 쉽다.

② 구조상 흡입 기체에 오일이 혼합되기 쉽다

③ 소음이 비교적 크다.

[2] 회전형 압축기의 종류

(1) 루츠(roots)형 압축기

케이스 속에 2개의 기어를 지닌 한 쌍의 로터를 90° 위상을 달리하여 설치하므로 축 끝에 둔 기어에 의하여 서로 역 방향으로 회전시켜 기체를 흡입 및 송출하는 기계이다.

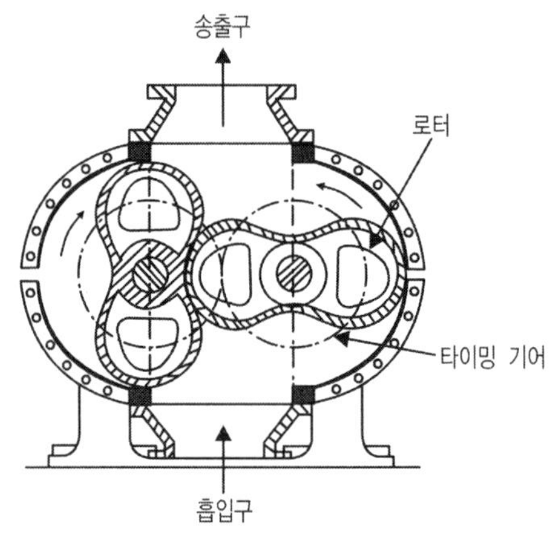

【그림 13-39 루츠형 압축기】

(2) 나사 압축기

리솔름(Lysholm)압축기라고도 부르며, 암, 수의 두 로터는 서로 다른 형상이며 일반적으로 숫로터는 4줄의 나선형 볼록 면의 이(齒)를 가지며, 암로터는 6줄의 오목 면의 이(齒)를 지니다. 이 로터는 그 측단에 설치된 기어에 의해 루츠형과 같이 서로 매우 작은 간극을 유지하면 회전하여 기체를 압송한다.

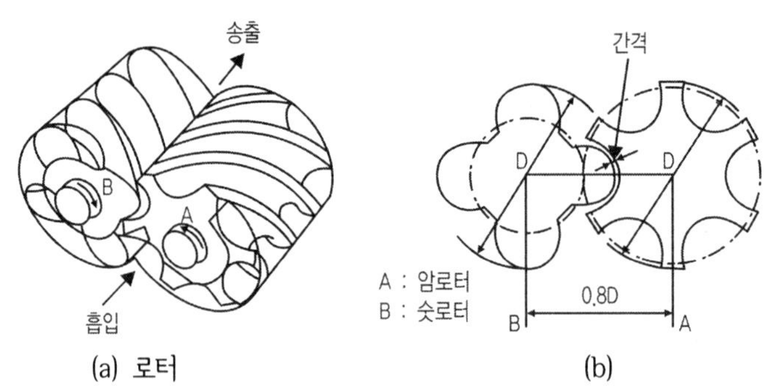

(a) 로터 (b)

【그림 13-40 나사 압축기】

(3) 가동익(可動翼) 압축기

케이스에 대해 편심이 되도록 설치한 로터에 많은 얇은 판의 날개를 끼워서 제작한다. 날개는 회전에 의한 원심력과 스프링 등의 힘에 의해 케이스 안쪽 벽에 밀어 부처지면서 회전하며 베인 펌프와 같은 작동 원리에 따라 기체를 압축하고 송출시킨다.

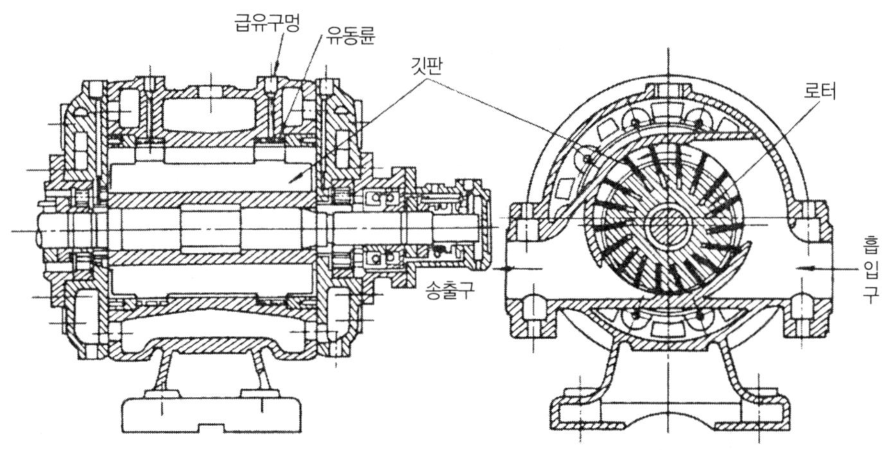

【그림 13-41 가동익 압축기】

6. 진공 펌프(vacuum pump)

진공펌프는 대기압력 이하, 절대 진공까지의 낮은 압력의 기체를 대기압력까지 압축하는 기계이며, 압축기의 일종이다.

[1] 진공 펌프의 진공도를 표시하는 방법

① 절대 진공을 100%로 한 %로서 표시하는 방법

② 절대 진공을 760㎜Hg로 한 수은주로 표시하는 방법

즉, 진공도 V_c(%)와 절대압력 p[kgf/㎠]의 관계는 다음과 같다.

$$p = p_a\left(1 - \frac{Hg}{760}\right) = p_a\left(1 - \frac{Vc}{100}\right)$$

여기서, p_a : 대기압력[kgf/cm^2]

Hg : 진공도[㎜Hg]

[2] 진공펌프와 압축기의 차이점

① 흡입기체의 압력이 낮은 경우에는 압력비율이 매우 크다.

② 기체의 밀도가 적으므로 실린더 크기가 동력에 비해 크다.

③ 이론동력의 최대점은 압력비율의 중간, 즉 중간 진공에서 흡입하는 쪽에 있게 된다.

④ 고압이 됨에 따라 다단 압축기의 경우에는 실린더 지름이 적어지지만, 진공펌프는 일반적으로 같은 치수이다.

⑤ 밸브 등의 공기저항이 되는 부분을 가급적 적게 하며, 특히 동력이 증가하는 것을 피한다.

13-10 유압기계

유압기계는 오일을 매개체로 하여 유압펌프로 오일의 압력 에너지를 부여하여 파이프, 제어밸브 등을 통해 유압모터와 실린더로 보내어 소용의 동력을 주는 장치이며, 파스칼의 원리를 응용한다.

【파스칼의 원리(Pascal's principle)】

밀폐된 용기 내에 액체를 가득 채우고 그 용기에 압력을 가하면 그 내부의 압력은 각 면에 수직으로 작용하며, 용기 내의 어느 곳이든 똑같은 압력이 작용한다.

1. 유압 기계의 장·단점

[1] 유압 기계의 장점

① 작은 동력으로 큰 힘을 얻을 수 있으며, 동력의 분배와 집중이 쉽다.

② 과부하 방지 및 원격 조작이 가능하다.

③ 넓은 범위의 무단(無斷)변속이 가능하고, 회전운동 및 직선 운동이 가능하다.

④ 작동 속도 조정이 가능하며, 진동이 작고 작동이 원활하다.

⑤ 동력 전달이 원활하다.

[2] 유압 기계의 단점

① 작동유의 온도 변화에 따라 액추에이터의 속도가 변한다.

② 배관이 까다로우며, 작동유의 누출이 많다.

③ 에너지 손실이 크고, 작동유가 연소할 염려가 있다.

④ 작동유의 흐름 속도에 제한을 받으므로 액추에이터의 작동 속도에 한계가 있다.

2. 유압 기계의 구성 요소

[1] 유압 펌프

(1) 유압펌프의 개요

유압펌프는 원동기로부터 공급되는 기계적 에너지를 밀폐된 케이스 또는 실린더 내에서 로터 회전 또는 피스톤의 왕복운동에 의하여 오일에 대한 압력 에너지로 변환하는 기계이다.

(2) 유압펌프의 특성

① 동력과 효율

펌프 동력 : 실체로 유압펌프에서 오일에 전달되는 동력을 말한다.

- $L_p = \frac{PQ}{7500}$ [PS] • $L_p = \frac{PQ}{10200}$ [kW]

여기서, P : 실제 송출압력[kgf/cm²] (단, 흡입 압력은 0으로 한다.)

Q : 실체 송출유량[㎤/s]

② 이론 동력 : 유압펌프 내부의 누출 손실이 전혀 없는 경우의 동력을 말한다.

- $L_{th} = \frac{PQ_{th}}{7500}$ [PS] • $L_{th} = \frac{PQ_{th}}{10200}$ [kW]

여기서, Q_{th} : 이론 송출유량[㎤/s] ($Q_{th} = qN$)

q : 축 1회전 당 이론 송출유량, N : 회전속도[rpm]

③ 펌프의 축 동력 : 유압펌프를 운전하는데 필요한 동력을 말한다.

- $L_s = \frac{PQ}{7500\eta}$ [PS]
- $L_s = \frac{PQ}{10200\eta}$ [kW]

여기서, η : 펌프의 전체효율

④ 유압펌프의 체적효율

$$\eta v = \frac{\text{실제 송출유량}}{\text{이론 송출유량}} = \frac{Q}{Q_{th}}$$

⑤ 유압펌프의 기계효율

$$\eta m = \frac{\text{이론 동력}}{\text{펌프 축동력}} = \frac{L_{th}}{L_s}$$

⑥ 전체효율

체적효율×기계효율

[2] 액추에이터

유압 펌프에서 공급된 유압 에너지를 직선 운동이나 회전운동과 같은 기계적인 일을 하는 기기이며 직선 운동하는 것을 실린더(cylinder), 회전 운동을 하는 것을 모터(motor)라고 한다.

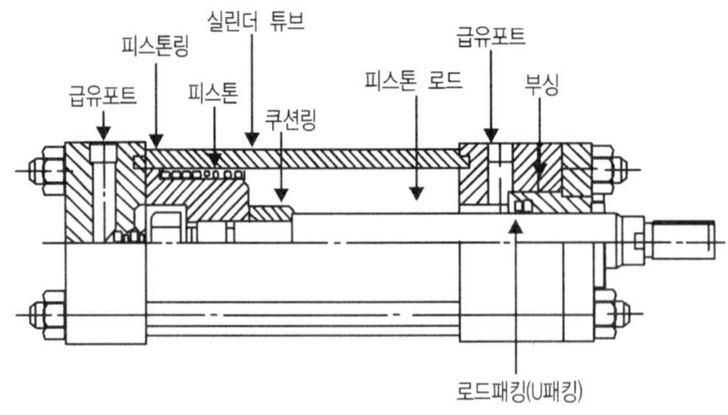

【그림 13-42 유압 실린더의 구조】

[3] 제어 밸브

(1) 압력 제어 밸브 ; 일의 크기를 결정한다.

① 릴리프 밸브(relief valve) : 회로 내의 최고 압력을 낮추어 압력을 일정하게 유지하는 밸브이며, 유압 펌프와 제어 밸브 사이에 병렬로 설치되어 있다.

② 시퀀스 밸브(sequence valve) : 2개 이상의 분기 회로를 가진 회로 내에서 액추에이터의 작동 순서를 제어한다.

③ 언로더 밸브(unloader valve;무 부하 밸브) : 회로 내의 유압이 규정 값에 도달하면 이것을 유압 펌프로 복귀시켜 펌프를 무 부하로 작동하도록 해준다.

④ 리듀싱 밸브(reducing valve; 감압 밸브) : 유량이나 입구 측의 유압과는 관계없이 미리 설정한 2차 측 압력을 일정하게 유지하는 밸브이다.

⑤ 카운터 밸런스 밸브(counter balance valve) : 한 방향의 흐름은 규제된 방향에 의한 흐름이며, 반대쪽 방향의 흐름은 자유인 밸브이며, 유압 실린더 등에서 하중이 하강할 때 그 자체 중량으로 인한 자유 낙하를 방지하는 밸브이다.

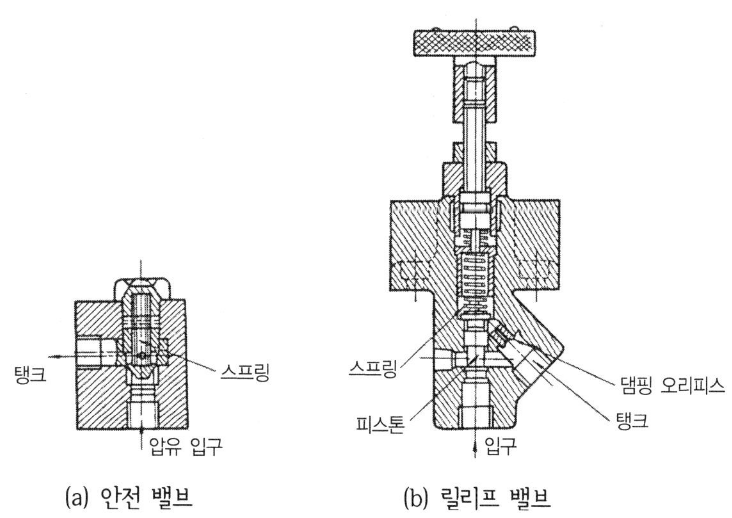

(a) 안전 밸브 (b) 릴리프 밸브

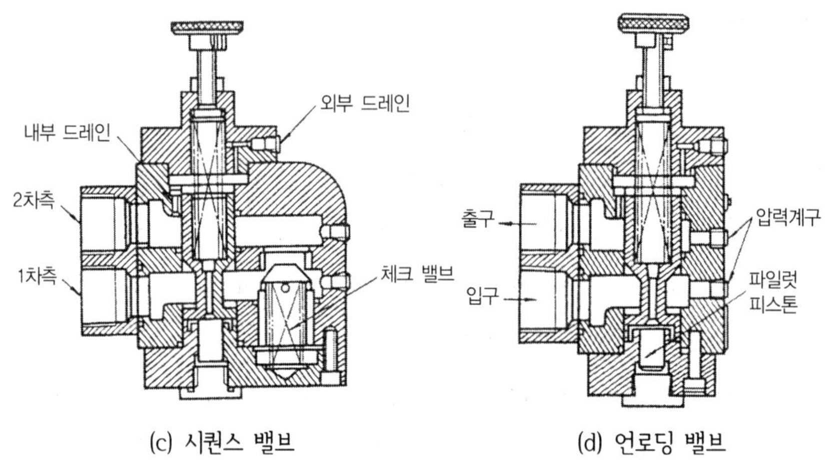

(c) 시퀀스 밸브 (d) 언로딩 밸브

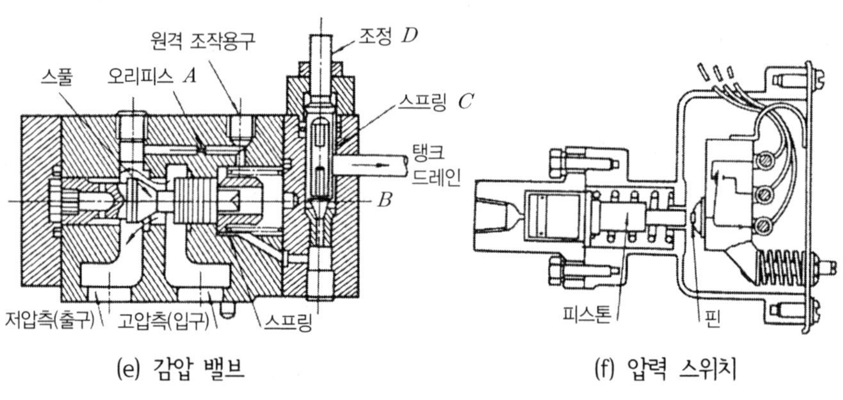

(e) 감압 밸브 (f) 압력 스위치

【그림 13-43 각종 제어밸브】

(2) 유량 제어 밸브 : 일의 속도를 결정한다

① 교축 밸브(throttle valve) : 작동유의 통로 단면적을 변화시켜 유량을 조절한다.

② 압력 보상부 유량 제어 밸브 : 액추에이터의 부하 압력원에 압력 변동이 있어도 밸브로 흐르는 유량을 설정된 값으로 유지한다.

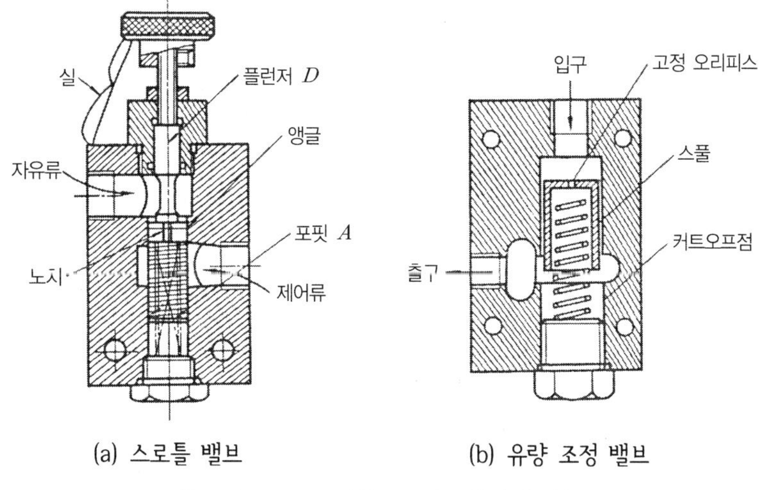

(a) 스로틀 밸브　　(b) 유량 조정 밸브

【그림 13-44 각종 유량 제어밸브】

(3) 방향 제어 밸브

① 체크 밸브(check valve) : 역류를 방지하는데 사용한다.

② 디셀러레이션 밸브 : 액추에이터를 감속시키고자 할 때 사용한다.

③ 스풀 밸브 : 직선 운동이나 회전운동으로 작동유의 흐름 방향을 바꾸고자 할 때 사용한다.

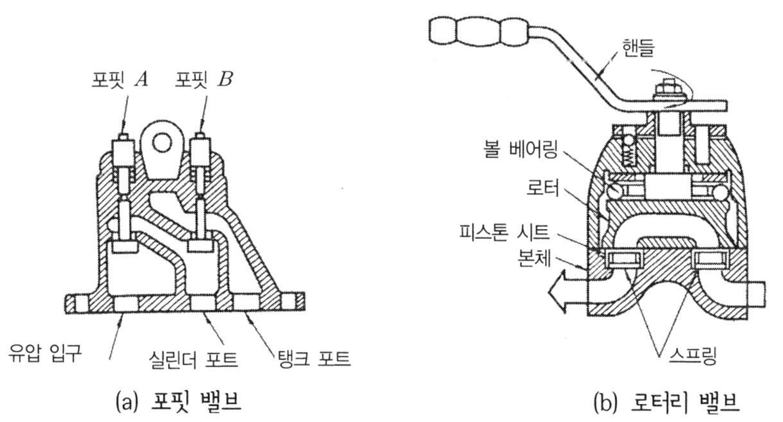

(a) 포핏 밸브　　(b) 로터리 밸브

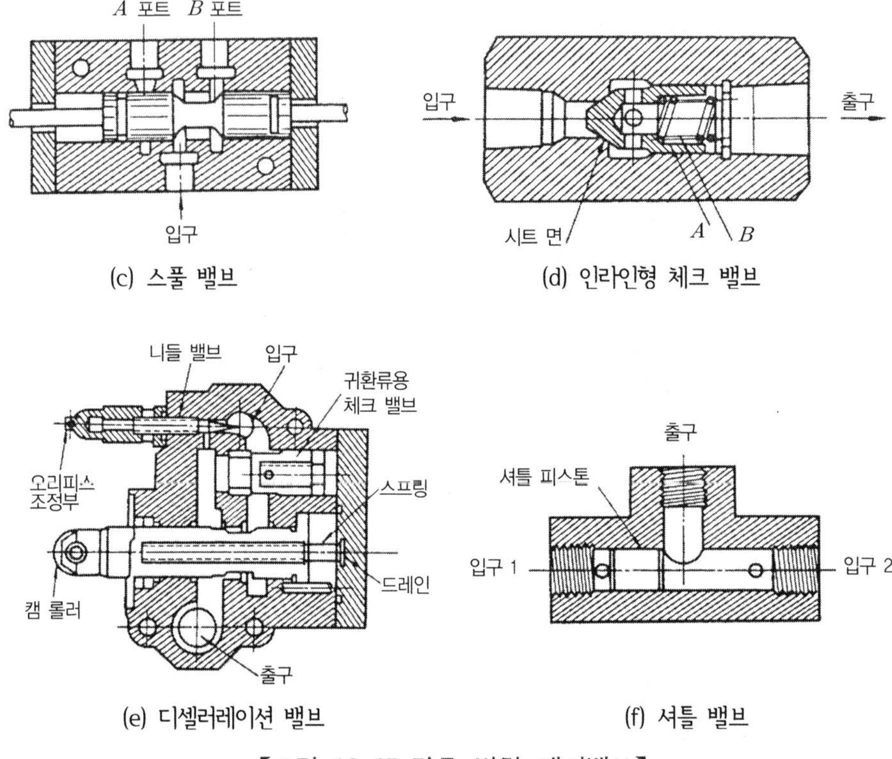

【그림 13-45 각종 방향 제어밸브】

[4] 어큐뮬레이터(accumulator, 축압기)

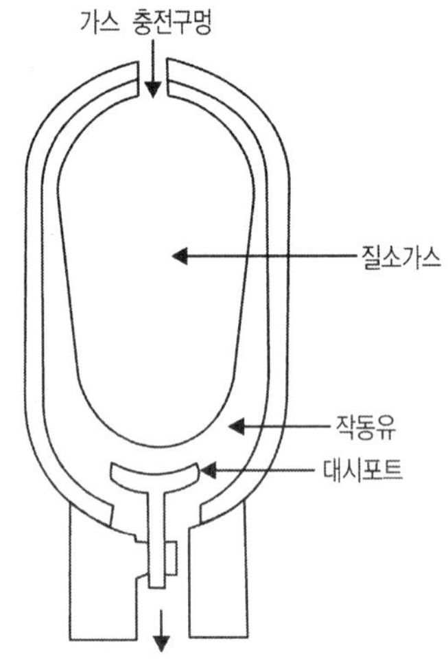

【그림 13-46 어큐뮬레이터의 구조】

유압 회로 내에서 발생하는 맥동적인 압력이나 충격파를 저축하거나 회로 내의 압력이 부족되는 순간 압력을 보상해주며, 또 온도 변화에 따른 오일의 체적 변화에 대한 보상 등을 하는 기구이다. 그리고 어큐뮬레이터는 질소 가스가 봉입된 형식을 주로 사용한다.

3. 작동유의 구비조건

① 강인한 유막을 형성할 수 있는 점성과 유동성이 있을 것

② 비중이 적당할 것

③ 인화점 및 발화점이 높을 것

④ 비압축성이어야 하며, 윤활 성능이 좋을 것

⑤ 점도와 온도와의 관계가 좋을 것

⑥ 물리적, 화학적으로 변화가 없고 안정될 것

연습문제

1. 다음 중에서 터보형(Turbo type) 펌프에 속하지 않는 것은?
   ㉮ 왕복식 펌프
   ㉯ 원심식 펌프
   ㉰ 축류식 펌프
   ㉱ 사류식 펌프

해설 터보형(Turbo type) 펌프의 종류에는 원심식 펌프, 사류식 펌프, 축류식 펌프가 있다.

2. 다음 펌프 중 용적형 펌프는?
   ㉮ 원심 펌프　㉯ 축류 펌프
   ㉰ 왕복 펌프　㉱ 제트 펌프

해설 용적형 펌프에는 왕복형 펌프, 특수형 펌프, 회전형 펌프 등이 있다.

3. 다음 중 왕복운동을 하는 펌프는?
   ㉮ 제트 펌프　㉯ 수격 펌프
   ㉰ 피스톤 펌프　㉱ 기어 펌프

해설 왕복운동을 하는 펌프에는 피스톤 펌프와 플런저 펌프가 있다.

4. 분사 펌프(jet pump)는 다음 중 어느 분류에 해당하는가?
   ㉮ 사류형 펌프
   ㉯ 용적식형 펌프
   ㉰ 특수형 펌프
   ㉱ 베인형 펌프

해설 분사 펌프(제트 펌프)는 특수 펌프에 속한다.

5. 다음 펌프 중 가장 높은 고압에 사용할 수 있는 펌프는?
   ㉮ 원심 펌프　㉯ 축류 펌프
   ㉰ 사류 펌프　㉱ 왕복 펌프

6. 디퓨저(diffuser) 펌프, 볼류트(Volute) 펌프 등이 해당되는 펌프는?

㉮ 원심 펌프
㉯ 왕복식 펌프
㉰ 축류 펌프
㉱ 회전 펌프

해설 원심펌프의 종류에는 볼류트 펌프(회전차 바깥둘레에 안내날개가 없는 것)와 디퓨저 펌프(터빈 펌프, 회전차 바깥둘레에 안내날개가 있는 것)가 있다.

7. 원심펌프의 안내날개 설치에 관한 설명으로 틀린 것은?

㉮ 유량을 증대시키기 위해
㉯ 높은 양정을 얻기 위해
㉰ 액체의 속도에너지를 압력에너지로 변환시키기 위해
㉱ 압력과 속도에너지를 가급적 유효에너지로 변환시키기 위해

해설 원심펌프의 안내날개의 역할은 높은 양정을 얻기 위해, 액체의 속도에너지를 압력에너지로 변환시키기 위해, 압력과 속도에너지를 가급적 유효에너지로 변환시키기 위해 사용한다.

8. 70m의 물속의 수압은 수은주의 높이로 약 몇 m인가?

㉯ 0.68　　㉯ 36.4
㉰ 3.68　　㉱ 5.15

해설 수은은 비중이 13.6이므로 $\frac{70\text{m}}{13.6} = 5.15\text{m}$

9. 관루 내를 흐르는 유체의 평균 유속이 3m/sec이고, 유량이 9.9㎥/sec일 때 관의 단면적은?

㉮ 3.3m
㉯ 29.7m²
㉰ 0.3m²
㉱ 1.65m²

해설 $Q = v \times A$

[여기서, Q : 유량(㎥/sec), v : 유속(m/sec), A :단면적(m²)]

$\therefore\ A = \frac{9.9m^3/\text{sec}}{3m/\text{sec}} = 3.3m^2$

10. 직경이 20cm와 30cm의 파이프가 수직으로 직결되어 있다. 직경 30cm 파이프 내의 유속이 3.6m/sec이면 직경 20cm 파이프 내의 유속은 약 몇 m/sec인가?

㉮ 7.2　　㉯ 8.1
㉰ 9.6　　㉱ 12.0

해설 $V=\frac{Q}{A}$

[여기서, V : 유속(m/s), Q : 유량(m³/s), A: 단면적(m²)]

① $Q=V \times A=3.6 \times \frac{\pi \times 0.3^2}{4}=0.2545m^3/s$

② $V=\frac{Q}{A}=\frac{0.2545}{\frac{\pi \times 0.2^2}{4}}=8.1m/s$

11. 옥상 물탱크의 자유표면에서 수면 아래의 깊이가 20m인 지점에 있는 작업장 급수밸브의 수압 몇 kgf/㎠인가?(단, 물의 비중량 γ=1000kgf/㎥이다.)

㉮ 0.02　　㉯ 0.2
㉰ 2.0　　㉱ 20

해설 $P=m\gamma h$ [여기서, P: 수압(kgf/㎠), γ : 물의 비중량(kgf/㎤), h: 깊이(㎝)]

$\therefore\ p=\frac{1000}{1000000}\times 2000=2kgf/cm^2$

12. 흡입 양정이 10m이고, 송출 양정이 30m인 펌프의 전양정은 몇 m인가?

㉮ 3m　　㉯ 20m
㉰ 30m　　㉱ 40m

해설 전 양정이란 실제 양정과 손실 수두를 합친 양정을 말한다. 즉, 전양정=흡입 양정+송출 양정이다.

13. 펌프에서 관의 길이 ℓ[m], 마찰계수 f, 유체의 평균 유속 V[m/sec]일 때 관의 마찰 손실 수두 h_f를 구하는 공식은?(단, 관은 한 변이 b[m]인 정사각형이며, R_h는 수력 반지름이고, 원관의 지름 d[m]이다.)

㉮ $h_f=f\frac{\ell}{d}\frac{V^2}{2g}$　　㉯ $h_f=f\frac{d}{\ell}\frac{V}{2g}$

㉰ $h_f=f\frac{4\ell}{Rh}\frac{V^2}{2g}$　　㉱ $h_f=\frac{f}{4}\frac{\ell}{Rh}\frac{V^2}{2g}$

해설 마찰 손실수두 $h_f = \frac{f}{4}\frac{\ell}{Rh}\frac{V^2}{2g}$ 이다.

14. 직경 500㎜인 파이프 속을 평균속도가 1.8m/sec로 흐를 때 관의 길이가 60m 이면 손실수두는 약 몇 m인가?(단, 관 마찰계수는 f=0.02이다.)

㉮ 0.785

㉯ 0.397

㉰ 0.223

㉱ 0.120

해설 $h = \lambda \times \frac{I}{d} \times \frac{v^2}{2g}$

[여기서, h: 손실수두, λ: 관의 마찰계수, I: 관의 길이(m), d: 관의 지름(m), v: 유속(m/s), g: 중력가속도(㎨)]

$\therefore\ h = 0.02 \times \frac{60}{0.5} \times \frac{1.8^2}{2 \times 9.8} = 0.397$

15. 길이 200m, 내경 80㎜인 주철관에 유속이 4m/s로서 물이 흐르고 있다. 마찰계수가 0.03일 때 마찰 손실수두는 약 몇 m인가?

㉮ 6.12 ㉯ 6.42

㉰ 61.2 ㉱ 64.2

해설 $hf = 0.03 \times \frac{200}{0.08} \times \frac{4^2}{2 \times 9.8} = 61.2$

16. 높이(위치수두) 8m인 지점에서의 압력이 15kgf/㎠, 속도가 15m/sec라면 이 물의 총 수두는 몇 m인가?(단, 물의 비중량은 1000kgf/㎥으로 한다.)

㉮ 169.5

㉯ 178.2

㉰ 20.9

㉱ 158.8

해설 $H = \frac{v^2}{2g} + \frac{P}{\gamma} + h$

[여기서, H: 총 수두, v : 속도, g : 중력가속도(9.8㎨), P: 압력, γ : 물의 비중량, h : 높이(위치수두)]

$\therefore\ H = \frac{15^2}{2 \times 2.8} + \frac{15 \times 10^4}{1000} + 8 = 169.5\text{m}$

17. 총 양정이 90m, 공급수량 1.56㎥/min인 펌프의 동력은 약 몇 PS가 필요한가? (단, 물의 비중은 1이고, 효율은 0.9이다.)

㉮ 18.72 ㉯ 31.20
㉰ 34.67 ㉱ 62.40

해설 $PS = \frac{\gamma QH}{75 \times 60 \times \eta} = \frac{1000 \times 1.56 \times 90}{75 \times 60 \times 0.9} = 34.67$

여기서, γ : 물의 비중, Q : 공급수량, H : 총 양정, η : 효율

18. 전 양정이 25m, 유량이 25ℓ/sec인 유압 펌프에 공급되는 축동력은 약 몇 kW인가?(단, 유체의 비중량은 900kgf/㎥이고, 이 펌프의 효율은 85%이다.)

㉮ 4.69 ㉯ 6.49
㉰ 46.87 ㉱ 64.88

해설 $Lw = \frac{\gamma QH}{102\eta} = \frac{900 \times 0.025 \times 25}{102 \times 0.85} = 6.49kW$

여기서, L_w: 축 동력(kw), H: 전양정(m), γ: 유체의 비중량(kgf/㎥), Q: 송출량(㎥/min), η: 전달효율

19. 전양정 5.5m, 유량 10㎥/min인 급수 펌프의 전효율이 90%일 때 이 펌프의 축동력으로 가장 적합한 것은?

㉮ 7.5(kW) ㉯ 9(kW)
㉰ 10(kW) ㉱ 15(kW)

해설 $kW = \frac{1000 \times 5.5 \times 10}{102 \times 60 \times 0.9} = 9.985$

20. 유효낙차 100m, 유량 200㎥/sec인 수력 발전소의 수차에서 이론 출력을 계산하면 몇 kW인가?

㉮ 400×10^3
㉯ 300×10^3
㉰ 196×10^3
㉱ 100×10^3

해설 이론 출력(kW) $= \frac{\text{유효낙차} \times \text{유량}}{102}$

$$= \frac{100 \times 200 \times 10^3}{102} = 196 \times 10^3$$

21. 총 양정이 3m, 공급유량 2.5㎥/min인 펌프의 동력은 약 몇 kW가 필요한가?(단, 유체의 비중은 0.82이고, 펌프효율은 0.9이다.)

㉮ 0.56 ㉯ 1.12

㉰ 2.24 ㉱ 4.48

해설 $kW = \frac{\gamma QH}{102\eta}$ [여기서, γ: 유체의 비중, Q: 공급유량(㎥/min), H: 총양정(m), η: 펌프효율]

$\therefore\ kW = \frac{0.82 \times 1000 \times 2.5 \times 3}{102 \times 60 \times 0.9} = 1.1165$

22. 지름이 20㎜의 관속에 평균속도 20m/s의 물이 흐르고 있을 때 유량은 약 몇 ㎥/s인가?

㉮ 628

㉯ 62.8

㉰ 6.28

㉱ 0.628

해설 $Q = AV$[여기서, Q:유량, A: 관의 단면적, V:흐름속도]

$\therefore\ 0.785 \times 0.2^2 \times 20 = 0.628$ ㎥/s

23. 저장 탱크에서 유입되는 유입구의 형상 중 관로(管路)에 생기는 부차적인 손실 계수가 가장 작은 것은?

㉮ 탱크 벽면에서 90°각을 이루고 만날 때

㉯ 탱크 벽면에서 45°각도로 모따기하여 만날 때

㉰ 탱크 벽면에서 크게 라운딩한 형상으로 만날 때

㉱ 탱크 벽면에서 유입 관이 앞으로 돌출하였을 때

해설 저장 탱크에서 유입되는 유입구의 형상 중 관로(管路)에 생기는 부차적인 손실 계수가 가장 작은 것은 탱크 벽면에서 크게 라운딩한 형상으로 만날 때이다.

24. 다음 중 펌프의 캐비테이션의 방지책이 아닌 것은?

㉮ 펌프의 설치 높이를 가능하면 낮춘다.

㉯ 펌프의 회전수를 높게 한다.

㉰ 편 흡입을 양 흡입 펌프로 고쳐서 사용한다.

㉱ 흡입 비속도를 적게 한다.

해설 펌프의 캐비테이션(공동 현상) 방지책

① 펌프의 설치 높이를 가능하면 낮춘다.
② 펌프의 회전수를 낮게 한다.
③ 편 흡입을 양 흡입 펌프로 고쳐서 사용한다.
④ 흡입 비속도를 적게 한다.
⑤ 흡입 양정을 낮게 한다.
⑥ 2대 이상의 펌프를 사용한다.
⑦ 회전 차가 물속에 완전히 잠기도록 한다.

25. 다음 중 펌프의 캐비테이션(cavitation)현상 방지책으로 틀린 것은?

㉮ 펌프 설치를 낮춘다.
㉯ 회전수를 작게 한다.
㉰ 양 흡입을 단 흡입으로 바꾼다.
㉱ 수직 축 펌프를 사용한다.

26. 펌프를 운전할 때 출구와 입구의 압력 변동이 생기고 유량이 변하는 현상을 무엇이라고 하는가?

㉮ 수격 현상　　㉯ 공동 현상
㉰ 서징 현상　　㉱ 유체 고착 현상

해설 서징(surging) 현상이란 펌프를 운전할 때 출구와 입구의 압력 변동이 생기고 유량이 변하는 것을 말한다. 즉 한숨을 쉬는 것과 같은 현상으로 소음과 진동을 내는 펌프의 운전 중에 발생하는 현상이다.

27. 한숨을 쉬는 것과 같은 현상으로 소음과 진동을 내는 펌프의 운전 중에 발생하는 현상은?

㉮ 서징현상　　㉯ 공동현상
㉰ 수격현상　　㉱ 침식현상

28. 유압회로 중에서 과도적으로 발생하는 압력변동에 의해 서지(surge) 압력이 발생하는데 그 크기 변화에 직접적으로 관계없는 것은?

㉮ 관로의 깊이
㉯ 관의 관성
㉰ 기름의 압축성
㉱ 밸브의 형태

해설 서지(surge) 압력의 크기 변화에 직접적인 관계를 주는 것으로는 관로의 깊이, 관의 관성, 기름의 압축성 등이다.

29. 송출량이 많고, 저양정인 경우 적합하며, 일명 프로펠러 펌프라고도 하는 것은?

㉮ 터빈 펌프

㉯ 기어 펌프

㉰ 축류 펌프

㉱ 왕복 펌프

해설 축류 펌프는 송출량이 많고, 저양정인 경우 적합하며, 프로펠러 펌프라고도 부른다.

30. 다음 펌프 중에서 주기적으로 양수하므로 맥동이 생기는 대표적인 것은?

㉮ 원심 펌프　　㉯ 축류 펌프

㉰ 왕복 펌프　　㉱ 기어 펌프

해설 왕복 펌프는 피스톤 또는 플런저의 왕복 운동에 의하여 액체를 흡입하여 소요의 압력으로 송출하는 펌프이며, 주기적으로 맥동이 발생되는 펌프이다.

31. 왕복 펌프에서 공기실의 가장 주된 역할은?

㉮ 밸브의 개폐를 쉽게 한다.

㉯ 밸브의 닫혀있을 때 누설이 없게 한다.

㉰ 송출되는 유량의 변동을 적게 한다.

㉱ 피스톤(또는 플런저)의 운동을 원활하게 한다.

해설 왕복 펌프에서 공기실의 주 역할은 송출되는 유량의 변동을 적게 한다.

32. 다음 중 왕복 펌프의 밸브 구비요건이 아닌 것은?

㉮ 밸브의 개폐가 정확해야 한다.

㉯ 물이 밸브를 지날 때의 저항이 최대한 커야 한다.

㉰ 누설이 정확하게 방지되어야 한다.

㉱ 내구성이 양호해야 한다.

해설 밸브의 구비조건

① 밸브의 개폐가 정확해야 한다.

② 누설이 정확하게 방지되어야 한다.

③ 내구성이 양호해야 한다.

④ 밸브의 무게가 가벼워야 한다.

⑤ 물이 밸브를 통과 할 때 저항을 가능한 한 최소로 해야 한다.

⑥ 밸브의 닫힘과 열림이 원활해야 한다.

33. 왕복 단동 펌프에서 피스톤 행정이 L(m), 실린더의 지름을 D(m), 회전수가 N(rpm)이라 할 때 이론 토출 유량 Q_{th}(㎥/s)를 구하는 식은?

㉮ $Q_{th} = \frac{\pi D^2 \times L \times N}{60}$

㉯ $Q_{th} = \frac{\pi D^2 \times L \times N}{4 \times 60}$

㉰ $Q_{th} = \frac{\pi D \times L \times N}{60}$

㉱ $Q_{th} = \frac{D \times L \times N}{60}$

해설 이론 토출 유량 $Q_{th} = \frac{\pi D^2 \times L \times N}{4 \times 60}$

34. 단동 왕복 펌프 피스톤 지름이 20cm, 행정 30cm, 피스톤의 매분 왕복횟수가 80, 체적효율 92%일 때 펌프의 양수량은 약 몇 ㎥/min인가?

㉮ 0.35　　㉯ 0.7
㉰ 0.82　　㉱ 1.4

해설 $Q = \eta \times 0.785 \times D^2 \times n \times L$
[여기서, Q:펌프의 양수량, η: 체적효율, D:피스톤 지름, n: 피스톤 매분 왕복횟수, L:행정]
$\therefore Q = 0.9 \times 0.785 \times 0.2^2 \times 0.3 \times 80 = 0.687$ ㎥/min

35. 마찰 펌프, 와류 펌프, 웨스코 펌프라고도 하며 송출량이 적고 양정이 높은 곳에 사용되는 것은?

㉮ 제트 펌프　　㉯ 재생 펌프
㉰ 기포 펌프　　㉱ 왕복 펌프

해설 재생 펌프는 마찰 펌프, 와류 펌프, 웨스코 펌프라고도 하며 송출량이 적고 양정이 높은 곳에서 사용한다.

36. 다음 중 반동수차가 아닌 것은?

㉮ 프란시스 수차
㉯ 펠톤 수차
㉰ 프로펠러 수차
㉱ 카플란 수차

해설 반동 수차의 종류에는 프란시스 수차, 프로펠러 수차, 카플란 수차 등이 있다.

37. 다음 중 공압 장치를 응용하여 실제 사용되는 예가 아닌 것은?
   ㉮ 머시닝센터의 자동 문 개폐장치
   ㉯ 드릴머신의 이송 자동화 장치
   ㉰ 자동 세척장치
   ㉱ 디프 드로잉 프레스

38. 공기(空氣)기계는 작동유체가 액체가 아닌 기체이기 때문에 다음과 같은 점에 주의할 필요가 있다. 틀린 것은?
   ㉮ 기체는 압축성이 있다는 것
   ㉯ 팽창할 때에는 온도 변화가 따른다는 것
   ㉰ 기체는 단위 체적 당 중량이 액체에 비하여 대단히 작다는 것
   ㉱ 유로 및 관로에서의 경제 유속을 물에 비하여 1/10배 정도로 낮게 해야 한다는 것

해설 공기(空氣)기계를 사용할 때 고려할 사항
① 기체는 압축성이 있다는 것
② 팽창할 때에는 온도 변화가 따른다는 것
③ 기체는 단위 체적 당 중량이 액체에 비하여 대단히 작다는 것

39. 압력비를 가장 높게 할 수 있는 압축기는?
   ㉮ 송풍기
   ㉯ 축류압축기
   ㉰ 왕복압축기
   ㉱ 회전압축기

해설 압력비를 가장 높게 할 수 있는 압축기는 왕복압축기이다.

40. 공기압 회로에서 다수의 에어 실린더나 액추에이터를 사용할 때, 각 작동순서를 미리 정해두고 그 순서에 따라 움직이고 싶은 경우 사용하는 밸브로 가장 적합한 것은?
   ㉮ 언로딩 밸브　　㉯ 공기 밸브
   ㉰ 공기 리베터　　㉱ 시퀀스 밸브

해설 시퀀스 밸브는 공기압 회로에서 다수의 에어 실린더나 액추에이터를 사용할 때, 각 작동순서를 미리 정해두고 그 순서에 따라 움직이고 싶은 경우 사용하는 밸브이다.

41. 유압 및 공기압 용어 중 '감압 밸브, 체크 밸브, 릴리프 밸브 등에서 밸브 시트를 두드려 비교적 높은 음을 내는 일종의 자려진동현상'을 의미하는 용어는?

㉮ 피드백 ㉯ 언더랩

㉰ 채터링 ㉱ 오버랩

해설 채터링이란 '감압 밸브, 체크 밸브, 릴리프 밸브 등에서 밸브 시트를 두드려 비교적 높은 음을 내는 일종의 자려진동현상'을 말한다.

42. 공압 실린더와 연결되어 스로틀 밸브를 조정하여 정밀한 속도제어를 위해 사용되는 것은?

㉮ 어큐뮬레이터

㉯ 루브리케이터

㉰ 속도제어 밸브

㉱ 하이드로 체크 유닛

해설 하이드로 체크 유닛은 공압 실린더와 연결되어 스로틀 밸브를 조정하여 정밀한 속도제어를 위해 사용된다.

43. 다음 중 압축기 뒤에 설치되어 압축공기를 저장하는 공기탱크의 기능으로 틀린 것은?

㉮ 맥동을 방지하거나 평준화한다.

㉯ 다량의 공기 소비시 급격한 압력 상승을 방지한다.

㉰ 비상시에도 일정시간 운전 가능하다.

㉱ 압력 용기이므로 법적 규제를 받는다.

해설 공기탱크의 기능

① 맥동을 방지하거나 평준화한다.

② 비상시에도 일정시간 운전 가능하다.

③ 압력 용기이므로 법적 규제를 받는다.

44. 공기 압축기로부터 토출되는 고온의 압축 공기를 공기 건조기로 보내기 전에 1차 냉각하여 수분을 제거하는 것으로 일명 후부 냉각기라고도 하는 것은?

㉮ 압축공기 필터

㉯ 저장탱크(Air tank)

㉰ 흡착식 건조기(Absorption dryer)

㉱ 애프터 쿨러(After cooler)

해설 애프터 쿨러(After cooler)란 공기 압축기로부터 토출되는 고온의 압축 공기를 공기 건조기로 보내기 전에 1차 냉각하여 수분을 제거하는 것으로 일명 후부 냉각기라고도 한다.

45. 공기가 흐르는 통로의 크기를 가감시켜서 공기의 흐르는 양을 조절하는 것으로 니들형, 격판형 등이 있는 밸브를 무엇이라고 하는가?

㉮ 셔틀 밸브　　㉯ 체크 밸브
㉰ 차단 밸브　　㉱ 유량 제어 밸브

해설 유량 제어 밸브는 공기가 흐르는 통로의 크기를 가감시켜서 공기의 흐르는 양을 조절하는 것으로 니들형, 격판형 등이 있다.

46. 공기압 회로 중 압축공기 필터의 내용으로 타당하지 않는 것은?

㉮ 수분 먼지가 침입하는 것을 방지하기 위해 설치한다.
㉯ 공기 출구부에 설치한다.
㉰ 드레인 배출 방식으로 수동식과 자동식이 있다.
㉱ 필터는 오염의 정도에 따라서 엘리먼트를 선정할 필요가 있다.

해설 압축공기 필터의 기능은 수분·먼지가 침입하는 것을 방지하기 위해 공기 입구 부분에 설치하며, 드레인 배출 방식으로 수동식과 자동식이 있다. 또 필터는 오염의 정도에 따라서 엘리먼트를 선정할 필요가 있다.

47. 원심 송풍기의 전압이 250㎜Aq, 회전수 960rpm, 풍량이 16㎥/min일 때 이 송풍기의 회전수를 1400rpm으로 증가시키면 풍량은 몇 ㎥/min인가?

㉮ 19.32
㉯ 23.33
㉰ 34.03
㉱ 49.62

해설 $16m^3 : 960 = x : 1400$

$$x = \frac{16m^3 \times 1400}{960} = 23.33m^3$$

48. 어떤 터보압축기가 3×10^4rpm으로 회전할 때 유량이 $12\text{m}^3/\text{min}$를 발생시킨다. 이 압축기의 회전수를 4×10^4rpm으로 증가시켰을 때 유량 ㎥/min은?

㉮ 37.92　　㉯ 21.3
㉰ 16　　㉱ 9

해설 $3 \times 10^4 : 12 = 4 \times 10^4 : x$에서

$$x = \frac{12 \times 4 \times 10^4}{3 \times 10^4} = 16$$

49. 다음 중 유압의 기초적인 원리라 할 수 있는 파스칼의 원리에 대한 설명이 아닌 것은?

㉮ 유체의 압력은 면에 직각으로 작용한다.
㉯ 각 점에서의 압력은 모든 방향으로 같다.
㉰ 가한 압력은 유체 각부에 같은 세기로 전달된다.
㉱ 유체의 압력은 압력을 직접 받는 면이 가장 크다.

해설 파스칼의 원리는 유체의 압력은 면에 직각으로 작용하며, 각 점에서의 압력은 모든 방향으로 같고, 가한 압력은 유체 각부에 같은 세기로 전달된다.

50. 유압의 장점에 대한 설명이 잘못된 것은?

㉮ 힘과 속도를 자유롭게 변속시킬 수 있다.
㉯ 열의 냉각 장치를 취할 필요가 없다.
㉰ 과부하에 대한 안전장치가 필요하다.
㉱ 적은 장치로 큰 출력을 얻을 수 있다.

해설 유압의 특징은 힘과 속도를 자유롭게 변속시킬 수 있고, 열의 냉각 장치를 필요로 하며, 과부하에 대한 안전장치가 필요하고, 적은 장치로 큰 출력을 얻을 수 있다.

51. 다음 중 일반적인 유압 펌프의 종류가 아닌 것은?

㉮ 베인 펌프 ㉯ 플런저 펌프
㉰ 기어 펌프 ㉱ 커플링 펌프

해설 유압 펌프의 종류에는 베인 펌프, 기어 펌프, 플런저 펌프, 나사 펌프 등이 있다.

52. 건설차량, 산업 건설기계, 산업차량, 트랙터, 콤바인 등에 사용되는 펌프로서 구조가 소형이며 간단하고 가격도 싸다. 다만 가변 용량이 곤란하며 누설이 많아 최고 압력이 7MPa 이하인 펌프는 어느 것인가?

㉮ 베인 펌프
㉯ 기어 펌프
㉰ 피스톤 펌프
㉱ 다단 펌프

해설 기어 펌프는 건설차량, 산업 건설기계, 산업차량, 트랙터, 콤바인 등에 사용되는 펌프로서 구조가 소형이며 간단하고 가격도 싸다. 다만 가변 용량이 곤란하며 누설이 많아 최고 압력이 7MPa 이하인 펌프이다.

53. 유압 기기에서 기어(치차) 펌프를 사용할 때 장점과 단점의 설명으로 틀린 것은?

㉮ 구조가 간단하다.

㉯ 토출량을 가변적으로 사용하기 편리하다.

㉰ 내부 누설이 다른 펌프에 비교하여 크다.

㉱ 다른 유압 펌프에 비해서 먼지에 강하다.

해설 기어 펌프의 특징은 구조가 간단하며, 맥동이 적으며, 정용량형이다. 또 다른 유압 펌프에 비하여 먼지에 강하며, 내부 누설이 다른 펌프에 비하여 크다.

54. 기어 펌프의 모듈이 3, 치수가 16, 이의 폭이 18mm인 펌프가 1200rpm으로 회전하면 이론 송출량은 약 몇 ℓ/min인가?

㉮ 65.1

㉯ 19.5

㉰ 1.5

㉱ 0.3

해설 $V_{th} = \frac{2 \times \pi \times m^2 \times z \times b \times n}{1,000,000} (\ell/min)$

[여기서, V_{th} : 이론 송출량(ℓ/min), m : 모듈, z : 치수, b : 치폭(mm), n : 회전수(rpm)]

$\therefore V_{th} = \frac{2 \times \pi \times 3^2 \times 16 \times 18 \times 1200}{1,000,000} = 19.53\ell/min$

55. 베인 펌프의 특징에 관한 설명으로 틀린 것은?

㉮ 작동유의 점도에 제한이 있다.

㉯ 비교적 고장이 적고 수리 및 관리가 용이하다.

㉰ 베인의 마모에 의한 압력 저하가 발생되지 않는다.

㉱ 기어 펌프나 피스톤 펌프에 비해 토출 압력의 맥동 현상이 적다.

해설 베인 펌프의 특징은 비교적 고장이 적고 수리 및 관리가 용이하고, 베인의 마모에 의한 압력 저하가 발생되지 않으며, 기어 펌프나 피스톤 펌프에 비해 토출 압력의 맥동 현상이 적다.

56. 펌프의 토출압이 60kgf/㎠, 토출량이 30ℓ/min인 유압 펌프의 펌프동력은 몇 마력(PS)인가?

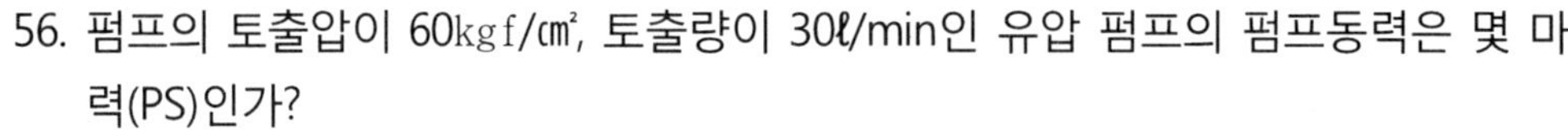

㉮ 3　　㉯ 4

㉰ 5　　㉱ 6

해설 유압 펌프의 펌프동력(PS) $= \dfrac{\text{토출압력} \times \text{토출량}}{75 \times 60}$

$= \dfrac{60 \times 30000}{75 \times 60 \times 100} = 4$

57. 단동 피스톤 펌프에서 실린더 직경 20cm, 행정 20cm, 회전수 80rpm, 체적효율 90%이면 토출 유량(㎥/min/min)은?

㉮ 0.261　　㉯ 0.271

㉰ 0.452　　㉱ 0.502

해설 토출 유량=체적효율×실린더 단면적×행정×회전속도

$= 0.9 \times 0.785 \times 0.2^2 \times 0.2 \times 80 = 0.452$ ㎥/min

58. 베인 펌프의 구성요소가 아닌 것은?

㉮ 베인(날개)　　㉯ 회전자

㉰ 피스톤　　㉱ 캠링

59. 다음 유압장치 중 유체가 가지는 에너지(유량과 압력)을 기계적 에너지(토크나 힘)로 변환시키는 것은?

㉮ 유압 펌프　　㉯ 플런저 펌프

㉰ 액추에이터　　㉱ 어큐뮬레이터

해설 액추에이터란 작동유의 압력과 유량을 기계적인 에너지로 바꾸는 기기의 총칭이다.

60. 다음 유압 기기의 구성요소 중 유압 액추에이터인 것은?

㉮ 유압 펌프

㉯ 유량 실린더

㉰ 제어 밸브

㉱ 유압 조절밸브

해설 액추에이터에는 유압 모터와 유압 실린더가 있다.

61. 안지름이 16cm, 추력 F=5ton, 피스톤의 속도 V= 40m/min인 유압 실린더에서 필요로 하는 유압은 몇 kgf/㎠인가?

㉮ 14.3 ㉯ 24.9
㉰ 31.2 ㉱ 46.7

해설 $F = 0.785D^2 \times P$에서

$$P = \frac{F}{0.785D^2} = \frac{5000}{0.785 \times 16^2} = 24.88\,\text{kgf/㎠}$$

62. 다음 그림에서 피스톤 로드가 미는 힘 F는?(단, P_1, P_2는 내부 압력, D_1은 실린더 안지름, D_2는 로드 지름이다.)

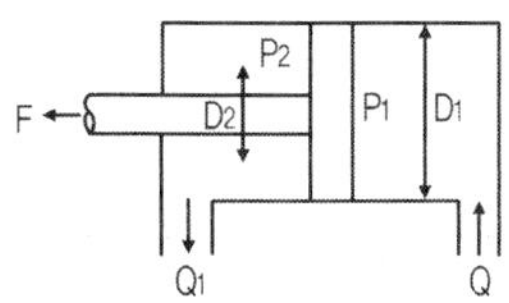

㉮ $F = \frac{\pi}{4}[D_1^2P_2 + (D_1^2 - D_2^2)P_1]$

㉯ $F = \frac{\pi}{4}[D_1^2P_1 - (D_1^2 - D_2^2)P_2]$

㉰ $F = \frac{\pi}{4}[D_1^2P_2 - (D_1^2 - D_2^2)P_1]$

㉱ $F = \frac{\pi}{4}[D_1^2P_1 + (D_1^2 - D_2^2)P_2]$

63. 그림의 실린더 A부 단면적이 4000㎟, 축 d부를 뺀 B부 단면적 3000㎟인 때 압력 P_1=30kgf/㎠, P_2 = 5kgf/㎠이면 추력 F는 몇 kgf인가?

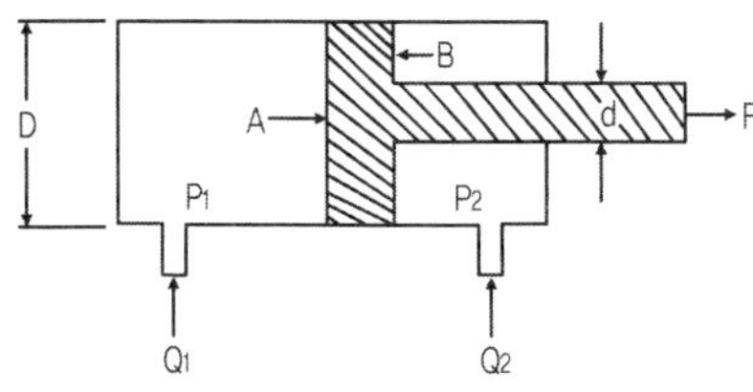

㉮ 850 ㉯ 1050
㉰ 1200 ㉱ 1350

해설 $F = 0.785 \times D^2 \times P_1 - 0.785 \times (D^2 - d^2) \times P_2$

= (40×30) - (30×5) = 1050kgf

64. 유체기계의 유압 기기의 제어 밸브의 종류가 아닌 것은?

㉮ 압력제어 밸브 ㉯ 유량제어 밸브
㉰ 방향제어 밸브 ㉱ 유속제어 밸브

해설 제어 밸브의 종류에는 압력제어 밸브, 유량조절 밸브, 방향제어 밸브가 있다.

65. 유압제어 밸브에서 압력제어 밸브에 속하지 않는 것은?

㉮ 릴리프 밸브 ㉯ 리듀싱 밸브
㉰ 체크 밸브 ㉱ 카운터 밸런스 밸브

해설 압력 제어 밸브의 종류에는 릴리프 밸브, 시퀀스 밸브, 언로더 밸브, 리듀싱 밸브, 카운터 밸런스 밸브 등이 있다.

66. 압력제어 밸브 중에서 릴리프 밸브(relief valve)의 설명으로 맞는 것은?

㉮ 회로의 일부에 배압을 발생시키고자 할 때 사용하는 밸브
㉯ 회로내의 최고 압력을 낮추어 압력을 일정하게 하는 밸브
㉰ 두 개 이상의 분기회로를 가진 회로 내에서 작동순서를 제어하는 밸브
㉱ 유량이나 입구 측의 압력크기와는 관계없이 미리 설정 한 2차측 압력을 일정하게 해주는 밸브

해설 릴리프 밸브는 회로내의 최고 압력을 낮추어 압력을 일정하게 하는 밸브이다.

67. 유체를 한쪽 방향으로만 흐르게 하여 역류를 방지하는 밸브는?

㉮ 슬루스 밸브 ㉯ 스톱 밸브
㉰ 볼 밸브 ㉱ 체크 밸브

해설 체크 밸브는 역류를 방지하며 유체를 한쪽 방향으로만 흐르게 하는 작용을 한다.

68. 유압 기기의 부속 기기 중 유압 에너지의 축적, 압력보상, 맥동제거 및 충격 완충의 역할을 하는 것은?

㉮ 증압기 ㉯ 탱크용 필터
㉰ 축압기 ㉱ 필터 엘리먼트

해설 축압기(어큐뮬레이터)는 유압 에너지의 축적, 압력보상, 맥동제거 및 충격 완충의 역할을 하는 기구이다.

69. 축압기(accumulator)의 설치 목적으로 틀린 것은?

㉮ 유압 에너지의 축적용

㉯ 충격 압력의 완충용

㉰ 유압 펌프의 맥동 흡수용

㉱ 유압 요동 액추에이터 대체용

70. 유압장치에 사용되는 유압유 저장용의 용기로 어큐뮬레이터라고도 하는 유압 부속 기기는?

㉮ 축압기 ㉯ 유압 필터

㉰ 증압기 ㉱ 유압 유닛

71. 유압장치 부속 기기류 중 유압탱크용 필터로 가장 적합한 것은?

㉮ 스트레이너 ㉯ 어큐뮬레이터

㉰ 보조 릴리프 필터 ㉱ 바이패스 필터

72. 흡입관 하부에 스트레이너(strainer)를 설치하는 이유로 다음 중 가장 적합한 것은?

㉮ 불순물 침투 방지 ㉯ 유량 조절

㉰ 양정을 높이기 위해 ㉱ 역류 방지

해설 흡입관 하부에 스트레이너(strainer)를 설치하는 이유는 불순물 침투 방지이다.

73. 유압 작동유의 구비조건으로 올바른 것은?

㉮ 압축성이어야 한다.

㉯ 열을 방출하지 아니하여야 한다.

㉰ 장시간 사용하여도 화학적으로 안정하여야 한다.

㉱ 외부로부터 침입한 불순물을 침전 분리시키지 않아야 한다.

해설 작동유의 구비조건

① 열을 방출하는 냉각작용이 있어야 하며, 비 압축성일 것

② 체적 탄성계수가 크고, 밀도가 작을 것

③ 장시간 사용하여도 화학적으로 안정되어야 하며, 외부로부터 침입한 불순물을 침전 분리시킬 수 있어야 한다.

④ 점도지수가 높아 하며, 물리적 및 화학적 안정성이 클 것

74. 유압 기기의 유압 작동유가 구비해야 할 성질로 올바른 것은?

㉮ 열전달율이 낮을 것
㉯ 열팽창 계수가 클 것
㉰ 압축률(압축성)이 높을 것
㉱ 증기압이 낮고, 비점이 높을 것

75. 작동유가 갖추어야 할 성질 중 틀린 것은?

㉮ 윤활성　　㉯ 유동성
㉰ 기화성　　㉱ 내산성

해설 작동유가 갖추어야 할 성질은 윤활성, 유동성, 내산성, 부식 방지성 등이다.

76. 작동유의 압력을 0kgf/㎠에서 30kgf/㎠까지 증가시켰을 때 체적이 0.2% 감소하였다고 한다. 이때 압축률은 몇 kgf/㎠인가?

㉮ 4.24×10^{-5}
㉯ 5.46×10^{-5}
㉰ 6.66×10^{-5}
㉱ 7.24×10^{-5}

해설 $\frac{0.2\%}{30\text{kgf/cm}^2} = 6.66 \times 10^{-5}$

77. 유·공압 요소 중 회전 및 왕복운동 등의 운동부분의 밀봉에 사용되는 실의 총칭으로 정의되는 용어는?

㉮ 가스킷(gasket)　　㉯ 패킹(packing)
㉰ 초크(choke)　　㉱ 피스톤(piston)

해설 패킹(packing)은 유·공압 요소 중 회전 및 왕복운동 등의 운동부분의 밀봉에 사용되는 실의 총칭으로 정의되는 용어이다.

78. 유압용 가스켓이 갖추어야 할 필요조건과 가장 관계가 적은 것은?

㉮ 마찰계수가 적을 것　　㉯ 충분한 강도를 가질 것
㉰ 유체에 의해 변질되지 않을 것　　㉱ 유연성을 유지할 것

해설 가스켓이 갖추어야 할 조건은 충분한 강도를 가질 것, 유체에 의해 변질되지 않을 것, 유연성을 유지할 것 등이다.

79. 유압 회로 중 속도제어 회로인 것은?

㉮ 무부하 회로　　㉯ 미터 인 회로
㉰ 로킹 회로　　㉱ 일정 모터 구동 회로

해설 속도제어 회로에는 미터 인 회로(meter-in circuit), 미터 아웃 회로(meter-out circuit), 블리드 오프 회로(bleed-off circuit)가 있다.

80. 4포트 3위치 방향 전환 밸브의 중간 위치 형식 중 센더 바이패스형이라고도 하며, 중립위치에서 펌프를 무부하 시킬 수 있고 실린더를 임의의 위치에 고정 시킬 수 있는 것은?

㉮ 오픈 센터형　　㉯ ABR 접속형
㉰ 클로즈 센터형　　㉱ 탠덤 센터형

해설 탠덤 센터형은 4포트 3위치 방향 전환 밸브의 중간 위치 형식 중 센터 바이패스형이라고도 하며, 중립위치에서 펌프를 무부하 시킬 수 있고 실린더를 임의의 위치에 고정 시킬 수 있다.

81. 가는 유리관을 액체 속에 세웠을 때 관을 따라 올라가거나 내려가는 모세관 현상에서 액면의 높이에 가장 큰 영향을 주는 것은?

㉮ 관의 길이　　㉯ 액체의 분량
㉰ 관의 지름　　㉱ 대기의 압력

해설 가는 유리관을 액체 속에 세웠을 때 관을 따라 올라가거나 내려가는 모세관 현상에서 액면의 높이에 가장 큰 영향을 주는 것은 관의 지름이다.

1	㉮	11	㉰	21	㉯	31	㉰	41	㉰	51	㉱	61	㉯	71	㉮	81	㉰
2	㉰	12	㉱	22	㉱	32	㉯	42	㉱	52	㉯	62	㉯	72	㉮		
3	㉰	13	㉱	23	㉰	33	㉯	43	㉯	53	㉯	63	㉯	73	㉰		
4	㉰	14	㉯	24	㉯	34	㉯	44	㉱	54	㉯	64	㉱	74	㉱		
5	㉱	15	㉰	25	㉰	35	㉯	45	㉱	55	㉮	65	㉰	75	㉰		
6	㉮	16	㉮	26	㉰	36	㉯	46	㉯	56	㉯	66	㉯	76	㉰		
7	㉮	17	㉰	27	㉮	37	㉱	47	㉯	57	㉰	67	㉱	77	㉯		
8	㉱	18	㉯	28	㉱	38	㉱	48	㉰	58	㉰	68	㉰	78	㉮		
9	㉮	19	㉰	29	㉰	39	㉰	49	㉱	59	㉰	69	㉱	79	㉯		
10	㉯	20	㉰	30	㉰	40	㉮	50	㉯	60	㉯	70	㉮	80	㉱		

개정판 **선박 재료학**

지 은 이 | 양현수

펴 낸 이 | 김형근

펴 낸 곳 | 도서출판 기한재

신 주 소 | 경기도 파주시 회동길 56
구 주 소 경기도 파주시 교하읍 문발리 535-11
(파주출판문화정보산업단지)

전 화 | 031)955-0900~2

팩 스 | 031)955-0100

등 록 | 1990년 3월 15일 제2-968호

발 행 | 2014년 12월 15일 1판 1쇄

정 가 | 18,000원

Published by Kihanjae Co.
ISBN 978-89-7018-749-5
http://www.kihanjae.com
E-mail : kihanjae@hanmail.net